Gehirn, Psyche und Gesellschaft

Stephan Schleim

Gehirn, Psyche und Gesellschaft

Schlaglichter aus den Wissenschaften vom Menschen

Stephan Schleim
Theorie und Geschichte der Psychologie
Universität Groningen
Groningen, Niederlande

ISBN 978-3-662-62228-5   ISBN 978-3-662-62229-2   (eBook)
https://doi.org/10.1007/978-3-662-62229-2

Die Deutsche Nationalbibliothek verzeichnet diese Publikation in der Deutschen Nationalbibliografie; detaillierte bibliografische Daten sind im Internet über http://dnb.d-nb.de abrufbar.

© Der/die Herausgeber bzw. der/die Autor(en), exklusiv lizenziert durch Springer-Verlag GmbH, DE, ein Teil von Springer Nature 2021
Das Werk einschließlich aller seiner Teile ist urheberrechtlich geschützt. Jede Verwertung, die nicht ausdrücklich vom Urheberrechtsgesetz zugelassen ist, bedarf der vorherigen Zustimmung der Verlage. Das gilt insbesondere für Vervielfältigungen, Bearbeitungen, Übersetzungen, Mikroverfilmungen und die Einspeicherung und Verarbeitung in elektronischen Systemen.
Die Wiedergabe von allgemein beschreibenden Bezeichnungen, Marken, Unternehmensnamen etc. in diesem Werk bedeutet nicht, dass diese frei durch jedermann benutzt werden dürfen. Die Berechtigung zur Benutzung unterliegt, auch ohne gesonderten Hinweis hierzu, den Regeln des Markenrechts. Die Rechte des jeweiligen Zeicheninhabers sind zu beachten.
Der Verlag, die Autoren und die Herausgeber gehen davon aus, dass die Angaben und Informationen in diesem Werk zum Zeitpunkt der Veröffentlichung vollständig und korrekt sind. Weder der Verlag, noch die Autoren oder die Herausgeber übernehmen, ausdrücklich oder implizit, Gewähr für den Inhalt des Werkes, etwaige Fehler oder Äußerungen. Der Verlag bleibt im Hinblick auf geografische Zuordnungen und Gebietsbezeichnungen in veröffentlichten Karten und Institutionsadressen neutral.

Einbandabbildung: © VectorMine; Adobe Stock

Planung und Lektorat: Margit Maly, Bettina Saglio
Springer ist ein Imprint der eingetragenen Gesellschaft Springer-Verlag GmbH, DE und ist ein Teil von Springer Nature.
Die Anschrift der Gesellschaft ist: Heidelberger Platz 3, 14197 Berlin, Germany

Meinen langjährigen Leserinnen und Lesern

Inhaltsverzeichnis

Teil I Neurophilosophie und das Leib-Seele-Problem

1	Warum der Neurodeterminist irrt	3
2	Gibt es das Leib-Seele-Problem gar nicht?	9
3	Körper ist Geist	13
4	Wie ähnlich sind Tiere und Menschen?	25
5	Bin ich derselbe wie vor und in einem Jahr?	33
6	Das Einmaleins des Leib-Seele-Problems	47

Teil II Zum Verhältnis von Wissenschaft und Religion

7	Neurotheologie – über mögliche und unmögliche Schlüsse	67
8	Hirnforschung oder Religion: Wer ist hier Dualist?	75
9	Hirnforschung oder Religion: Hirnscanner im Himmel?	81

10	Zum Verhältnis von Glauben, Philosophie und Naturwissenschaft	95
11	Ausblick	105

Teil III (Un)Moralische Gehirne – Neuro-Ethik und mehr

12	Darf man seinen Hund essen?	111
13	Moral – Sache des Gefühls?	115
14	MAOA: Strafminderung wegen Aggressionsgen	119
15	Gehirndoping: Immer mehr leisten?	123
16	Adam Lanza oder die Gene eines Massenmörders	131
17	Terror hat immer auch soziale Ursachen	137
18	Ausblick	147

Teil IV Philosophie psychischer Störungen

19	Genderdysphorie: Psychische Störung oder nicht?	153
20	Was sind Ursachen von Depressionen?	159
21	Mehr über Ursachen von Depressionen	171
22	Was heißt es, dass psychische Störungen Gehirnstörungen sind?	189
23	Warum man Burn-out nicht als Modeerscheinung abtun sollte	193
24	Das Einmaleins psychischer Störungen	203

Teil V Lebensphilosophie

25	Wer bin ich?	225
26	Willensfreiheit und die WC-Kabine	229
27	Psychologie der Freiheit	233
28	Von der Schönheit zum Schönheitswahn	237
29	Der Preis fürs „perfekte Leben"	243
30	Zur Psychologie des KZ Dachau	253
31	Deutsche wollen weniger Stress – doch wie?	267
32	Ausblick	277

Teil VI Gedanken über Sexualität und sexuelle Orientierung

33	Vom Nachteil, „homosexuell" zu sein	281
34	Menschliche Sexualität – was wissen wir wirklich?	285
35	Science: Genetik kann Sexualverhalten nicht erklären	293
36	Was noch zur sexuellen Orientierung gesagt werden muss	303
37	Ausblick und Schluss	319

Epilog: Gehirn, Psyche und Gesellschaft: Was es für unsere Gesundheit bedeutet ... 323

Literatur ... 337

Einleitung

Gehirn, Psyche und Gesellschaft – das steht für drei Sichtweisen auf den Menschen: Themen wie Aggressivität, Freiheit, Religiosität, Sexualität oder unser psychisches Wohlbefinden allgemein werden in der Wissenschaft seit einigen Jahrzehnten zunehmend biologisch untersucht, als Produkte von Gehirnaktivierungen und genetischen Faktoren. Die Willensfreiheitsdebatte, in der einige führende Hirnforscher nicht weniger als das Fundament unserer moralischen und rechtlichen Ordnung in Frage stellten, ist uns in guter Erinnerung geblieben. Was sagt das über unser Menschenbild aus? Und was über die Erklärungsversuche aus anderen Disziplinen wie der Psychologie, Soziologie und Philosophie oder, allgemeiner gesagt, der Geistes-, Kultur-, Sozial- und Wirtschaftswissenschaften?

Diese Veränderungen in der Wissenschaft habe ich am eigenen Leib miterlebt. Mit meinem Schwerpunkt auf Philosophie und Psychologie im Studium sprachen wir schon über die sogenannten Spiegelneuronen oder die Neuro-Ethik, lange bevor diese Begriffe in der öffentlichen Diskussion auftauchten. Nach Forschungsbesuchen am Max Planck-Institut für Hirnforschung in Frankfurt am Main und der Biologischen Fakultät des international renommierten *California Institute of Technology* in der Nähe von Los Angeles kehrte ich nach Deutschland zurück, um in den Universitätskliniken Frankfurt und Bonn – als wissenschaftlicher Mitarbeiter in der Psychiatrie – Moralverhalten mit den Verfahren der bildgebenden Hirnforschung zu untersuchen. Da mich dieser Forschungsansatz nicht überzeugte, wechselte ich 2009 in die Theoretische Psychologie an der Universität Groningen. Nach einer Zeit als – meines Wissens deutschlandweit bisher einziger – Universitätsprofessor für Neurophilosophie (Ludwig Maximilians-Universität München) bin ich seit 2015 Assoziierter Professor im niederländischen Groningen.

Ich habe also viele „Wissenschaften vom Menschen" von innen heraus kennengelernt. Und über diese Erfahrungen habe ich seit 2007 in meinem Blog MENSCHEN-BILDER beim Spektrum Verlag für ein breites Publikum geschrieben. So sind im Laufe der Zeit fast 300 Artikel entstanden, auf die von Leserinnen und Lesern sowie wiederum von mir mit rund 17.000 Kommentaren reagiert wurde (Stand Juni 2020). Das vorliegende Buch ist eine Auswahl der meiner Meinung nach 33 wichtigsten Beiträge über den Menschen in überarbeiteter Form, neu zusammengestellt und mit Einführungen und Ausblicken versehen.

Es ist mir ein großes Anliegen, dass Menschen nicht bloß als Resultat neuronaler Schaltkreise verstanden werden. Der Reduktionismus, den manche Vertreter der Hirnforschung mit Vehemenz nahelegen, ist meiner Meinung nach nicht so sehr Ergebnis der Forschung, sondern in den entsprechenden Methoden und Versuchen bereits so angelegt. Mit anderen Worten: Wer auf diese Weise auf den Menschen – mit all seinen Facetten – schaut, der kann *prinzipiell* nur zu dem Ergebnis kommen, dass wir nichts anderes sind als die Aktivität unserer Nervenzellen. Der Reduktionismus spiegelt also vielmehr *das Denken mancher Hirnforscher* als *die Ergebnisse der Hirnforschung* wider. Und hier kommen die anderen beiden erwähnten Perspektiven ins Spiel.

Tatsächlich ist es nicht so, dass mit dem Aufstieg von Biologie, insbesondere der Genetik, und den Neurowissenschaften seit den 1980er Jahren wesentliche Befunde der Psychologie oder Sozialwissenschaften widerlegt worden wären. Vielmehr gerieten sie in Vergessenheit, da sie verglichen mit den neuen Verfahren der biomedizinischen Wissenschaft weniger interessant erschienen. Wie im Buch wieder und wieder aufgezeigt wird, führt das leider dazu, dass die besten wissenschaftlichen Erkenntnisse nicht mehr wahrgenommen werden, während man mit teuren genetischen und bildgebenden Verfahren der sprichwörtlichen Nadel im Heuhaufen nachjagt. In manchen Bereichen wäre wohl sogar die Metapher vom „Heiligen Gral" angemessener. Dabei werden noch so kleine und für die Praxis völlig irrelevante Funde erst in Fachzeitschriften und dann in vielen Medien zu Durchbrüchen aufgeblasen. Ältere und fundierte Kenntnisse bekommen hingegen wenig bis gar keine Aufmerksamkeit, weil sie weniger interessant erscheinen.

Wenn es bei den hier vorliegenden Themen bloß um intellektuelle Spielchen ginge, dann könnte man noch ein Auge zudrücken. Tatsächlich stehen aber Phänomene wie Aggression, Terrorismus, Sexualität und psychische Störungen im Mittelpunkt unserer Gesellschaft und gesellschaftspolitischer Diskussionen, bei denen nicht selten die Gefühle hochkochen. Gute wissenschaftliche Argumente sind darum nicht nur für unser Denken und für gesellschaftspolitische Entscheidungen von Bedeutung, sondern tatsächlich für die Lebenspraxis vieler Menschen: Denken Sie an diejenigen, die bei Gewaltverbrechen verletzt werden oder gar ums Leben kommen, intersexuelle Kinder, an denen unwiderrufliche Operationen durchgeführt werden, oder die vielen Millionen psychotherapeutischen und psychiatrischen Patienten, die inzwischen verschiedenste Therapien angeboten bekommen.

Wie ich im Buch wieder und wieder aufzeige, ist der Mensch ein soziales Wesen, das sich auch nur im sozialen Kontext und in Beziehung zu anderen Menschen verstehen lässt. Zudem ist auch die Betrachtung kultureller Unterschiede und von Veränderungen im Laufe der Geschichte von Bedeutung. Die Art und Weise, wie wir erst in Wissenschaft und Medizin und dann später im Alltag über uns selbst sowie andere denken und sprechen, ist weder „vom Himmel gefallen" noch von der Natur gegeben, sondern wiederum selbst ein Ergebnis unserer kulturellen Entwicklung. Der Psychologie kommt hier eine besondere Bedeutung zu, da sie ein Bindeglied zwischen Naturwissenschaften auf der einen und Sozial- und Geisteswissenschaften auf der anderen Seite ist. Der Mensch lässt sich nicht reduktionistisch verstehen, sondern nur pluralistisch; der Schwerpunkt auf die Neurowissenschaften führt in vielen Bereichen zum Erkenntnisverlust und darum zu Nachteilen für viele Menschen.

Gehirn, Psyche und Gesellschaft sind alles Ebenen, die wir zum Verständnis brauchen. Dabei kann keine die anderen ersetzen. Dafür habe ich Ihnen aus verschiedenen Bereichen Artikel ausgewählt und in sechs Teilen zusammengefasst. Diese sind in den nächsten Absätzen einleitend beschrieben, bevor wir mit einigen philosophischen Grundlagen beginnen und danach verschiedene konkrete Beispiele aus dem Alltag besprechen werden.

Der erste Teil über Neurophilosophie und das Leib-Seele-Problem wird von der Frage bestimmt, was der Mensch ist. Seit den 1980ern traten einige Hirnforscher mit der weitreichenden These auf, den gesamten Menschen anhand seines Gehirns erklären zu können. Doch nach wie vor gibt das Bewusstsein Forscherinnen und Forschern große Rätsel auf. Auch für unsere Gesellschaft wesentliche Annahmen wie die der personalen Identität in der

Zeit, sind Sie in einem Jahr noch derselbe wie heute, bleiben eine große Herausforderung. Für Philosophen und Psychologen sind solche Fragen nicht weniger schwierig. Handelt es sich dann doch um Illusionen?

Sowohl den Kern als auch den roten Faden durch die Kapitel bietet das Leib-Seele-Problem, das den Zusammenhang zwischen psychischen und physikalischen Vorgängen grundlegend problematisiert. Ich lade meine Leserinnen und Leser dazu ein, mit mir die Sprache zu schärfen und so den scheinbaren Widerspruch zwischen Philosophie, Geisteswissenschaften, Psychologie und Naturwissenschaften aufzulösen: Erklärungen sollten so einfach wie möglich sein, doch auch so umfassend wie nötig.

Im zweiten Teil geht es um das Verhältnis von Wissenschaft und Religion. Insbesondere unter dem Stichwort der „Neurotheologie" kam die Diskussion auf, ob Funde der Hirnforschung uns zentrale Thesen religiöser Lehren in einem neuen Licht sehen lassen. Fragen nach der Existenz einer immateriellen Seele und der Möglichkeit ihres Fortbestehens nach dem Tod stehen hierbei im Mittelpunkt. Bei einer näheren Analyse der zum Teil provokanten Behauptungen aus der Perspektive der Hirnforschung wird das Bewusstsein dafür geschärft, welche Fragen sich überhaupt mit den Mitteln der Hirnforschung beantworten lassen. An dem Prinzip der intellektuellen Redlichkeit müssen sich sowohl Naturwissenschaftler als auch Theologen orientieren.

„Neuro-Ethik und mehr" ist das Thema des dritten Teils. Von den Grundlagen moralischer Überzeugungen über die einflussreiche Diskussion zur (vor allem pharmakologischen) „Verbesserung" des Menschen kommen wir schließlich zu „gefährlichen" Gehirnen. Versuche, kriminelles Verhalten biologisch zu erklären, gab es in den letzten zwei Jahrhunderten viele. Die zunehmende Radikalisierung in verschiedenen Gesellschaften lässt sich aber schon allein aus dem Grund nicht genetisch erklären, da die genetische Selektion nur über viele Generationen hinweg zum Tragen kommt. Ich plädiere schließlich für einen Ansatz in der Wissenschaft, der dem psychologischen, sozialen und kulturellen Wesen des Menschen wieder mehr Aufmerksamkeit schenkt.

Im vierten Teil werden psychische Störungen ausführlich behandelt. Die wahrscheinlich weniger bekannte Genderdysphorie, ein neues Wort für die Geschlechtsidentitätsstörung, wird gleich am Anfang beleuchtet. Sie bietet sich für ein paar erste Überlegungen zum Thema an, da es zurzeit so scheint, als würde diese psychiatrische Kategorie für Transsexuelle in naher Zukunft aus den Diagnosehandbüchern gestrichen, wie es in der Vergangenheit mit der Homosexualität passiert ist. Danach geht es in die Tiefe der Depressionen, die mitunter schon als „Volkskrankheit" bezeichnet wird:

Was macht das Störungsbild aus, was gilt als Ursache, welche Geschlechts- und sozialen Unterschiede sind hierzu bekannt? Die Analyse führt immer wieder auf die Frage, was es eigentlich bedeutet, dass psychische Störungen Gehirnstörungen sein sollen, worauf ich in Kap. 22 eine klare Antwort gebe. Nach der Behandlung der heute auch oft diskutierten Kategorie „Burn-out" schließe ich den Teil mit einem zusammenfassenden und grundlegenden Artikel, dem „Einmaleins psychischer Störungen".

Mit den Themen des fünften Teils über Lebensphilosophie habe ich mich anfänglich schwergetan. Als ich mit dem Bloggen anfing, war ich gerade einmal 27 Jahre alt. Und wie viel „Lebensweisheit" kann man als junger Mann schon besitzen? Bald schon nahm ich aber einen klaffenden Riss zwischen wissenschaftlichen, insbesondere psychologischen Studien und philosophischen Diskussionen wie der zur Willensfreiheit auf der einen Seite und dem echten Leben auf der anderen wahr. Sollte nicht auch die moderne Wissenschaft im Endeffekt zu Ergebnissen führen, die uns im Alltag zu wichtigen Einsichten und schließlich einem besseren Leben verhelfen?

Ein sehr anschauliches Beispiel hierfür bietet meine Erzählung zu der WC-Kabine: Um das Jahr 2010 herum berichteten immer mehr psychologische Studien – in Teil 3 werden einige ausführlicher besprochen – das Ergebnis, dass auf den ersten Blick irrelevante Faktoren wie ein schmutziger Schreibtisch oder ein stinkender Mülleimer unser moralisches Urteilen beeinflussen. Nun sah ich schlimme Beleidigungen, die unsere Studierenden auf die WC-Tür gekritzelt hatten. Würden diese mein Denken und Handeln beeinflussen?

Die Artikel zum Thema Stress und Möglichkeiten des Umgangs damit knüpfen zudem nahtlos an den vierten Teil an. Im fünften Teil geht es aber nicht so sehr darum, wie Psychologen oder Psychiater Stress definieren und behandeln, sondern was der Stress für unser Leben bedeutet und wie wir damit umgehen können. Am Ende werden westliche und östliche Weisheiten vorgestellt, die uns Menschen schon seit Jahrhunderten bei der Bewältigung von Herausforderungen im Leben helfen wollen.

Im sechsten und letzten Teil sprechen wir einen intimen, vielleicht sogar den intimsten Bereich des Menschen an: sein Sexualverhalten. Der Schwerpunkt liegt hier auf dem Vergleich von Hetero-, Bi- sowie Homosexualität und woher diese Bezeichnungen überhaupt kommen. Wie auch in den vorhergehenden Teilen werden verschiedene genetische und sozialwissenschaftliche Daten und Erklärungen miteinander verglichen. In dem letzten Kapitel vor dem Ausblick und Schluss werden zudem häufige Fragen von Leserinnen und Lesern zu dieser Thematik direkt aufgegriffen und beantwortet.

Teil I

Neurophilosophie und das Leib-Seele-Problem

Dieser Teil beginnt mit einem gewissermaßen „klassischen" Artikel in meinem Blog. Dass ich mich mit bestimmten, weitreichenden Erklärungsansprüchen der Hirnforschung kritisch auseinandersetze, dürfte inzwischen bekannt sein. In dem Beitrag über den „Irrtum des Neurodeterministen" vom Juli 2012 habe ich das sehr selbstbewusst und markant auf den Punkt gebracht. Der Artikel war mit knapp 500 Kommentaren auch lange Zeit der meistkommentierte in meinem Blog.

Als Kontext möge sich der Leser die Zeit vorstellen, in der führende Hirnforscher wie Antonio Damasio, Christof Koch oder Francis Crick den Standpunkt vertraten, dass man durch philosophisches Analysieren in der Menschheitsgeschichte nicht sehr weit gekommen sei. Die Denker sollten jetzt einfach mal den Mund halten und die Macher aus den Naturwissenschaften die Probleme – etwa das Rätsel des Bewusstseins – lösen lassen. Äußerst provokant brachte dies bereits 1981 der Nobelpreisträger Roger Sperry auf den Punkt, als er meinte, Ideologien, Philosophien, religiöse Weltmodelle und alle Wertesysteme schlechthin würden mit den Erkenntnissen der Hirnforschung stehen und fallen.

Nach diesem zugegebenermaßen etwas anspruchsvollen ersten Artikel des Buches geht es mit Beiträgen zum Leib-Seele-Problem, der Frage nach dem Unterschied zwischen Menschen und Tieren sowie dem Rätsel der personalen Identität in der Zeit weiter. Der letzte Artikel über „Das Einmaleins des Leib-Seele-Problems" wurde speziell erst im Mai 2020 für dieses Buch geschrieben, um den Themenkomplex des ersten Teils mit einem zusammenfassenden Essay abzuschließen.

1

Warum der Neurodeterminist irrt

Für den Neurodeterministen legt das Gehirn alles fest, lässt sich der Mensch auf sein Gehirn reduzieren. Warum diese Annahme nicht nur philosophisch und wissenschaftlich falsch ist, sondern auch gesellschaftlich gefährlich, lesen Sie hier.

Der Mensch ist sein Gehirn; das Gehirn legt den Menschen fest; wir können den Menschen verstehen, wenn wir sein Gehirn verstehen – all dies sind Varianten der These mancher Hirnforscher und Philosophen, die ich gerne unter dem Begriff „Neurodeterministen" zusammenfasse.

Die neurodeterministsiche These wurde beispielsweise schon von Francis Crick („The Astonishing Hypothesis"), Gerhard Roth („Das Gehirn und seine Wirklichkeit"), Wolf Singer („Ein neues Menschenbild? Gespräche über Hirnforschung") oder erst kürzlich von Dick Swaab, einem niederländischen Neurologen, vertreten. In dessen Buch „Wij zijn ons brein" (dt. „Wir sind unser Gehirn"), das sich in den Niederlanden mehr als 400.000-mal verkaufte und das kürzlich in deutscher Übersetzung erschien, heißt es beispielsweise, wir besäßen kein Gehirn, sondern wären eines – bestimmte Krankheiten, psychischer wie körperlicher Art, und beispielsweise auch sexuelle Vorlieben könnten im Körper lokalisiert und so erklärt werden.

Man muss schon lange interpretieren, um eine Formulierung der neurodeterministischen These zu finden, die nicht schon auf den ersten Blick unsinnig oder falsch ist. Dass beispielsweise die Identifikation der Person mit ihrem Gehirn in die Irre führt, lässt sich unmittelbar dadurch einsehen, dass man einem davon eine Eigenschaft zuweist und prüft, ob diese dem anderen zukommt – Identität setzt identische Eigenschaften voraus.

Beispiele hierfür kann sich jeder ausdenken: Ich kann Fahrrad fahren; mein Gehirn kann es aber nicht (wohl aber trägt es zu diesem Können bei). Ich kann Verträge abschließen; mein Gehirn kann dies nicht (dito). Ich werde dafür als Person zur Verantwortung gezogen, wenn ich sie nicht einhalte, nicht mein Gehirn. Ich habe Freunde; mein Gehirn hat keine Freunde (was könnten meine Freunde mit meinem Gehirn, beispielsweise präpariert in einem Glas mit Nährlösung, schon anfangen, außer es in die Vitrine zu stellen?). Ich trinke gleich einen Kaffee; mein Gehirn kann jedoch keinen Kaffee trinken (auch wenn es beim Verhalten eine Rolle spielt und sich die Konsequenzen des Kaffeetrinkens auf es auswirken). Und so weiter.

Ohne alles ist unser Gehirn nichts

Mein Coblogger Christian Hoppe[1] verwendet gerne die Formulierung, „Ohne Hirn ist alles nichts" (siehe auch sein gleichnamiges Buch, in dem ein Beitrag von mir über „Gedankenlesen" enthalten ist). Wie ich unlängst in seinem Beitrag über Neurotheologie[2] erfuhr, geht dies auf die Mutter Christian Elgers, Direktor der Bonner Universitätsklinik für Epileptologie, zurück. Wir können das Postulat so verstehen, dass das Gehirn eine notwendige Voraussetzung für alle Geistestätigkeiten des Menschen ist. In meiner Replik[3] argumentierte ich dafür, dass es sich dabei um ein philosophisches Postulat handelt und um keinen naturwissenschaftlichen Satz.

Der Neurodeterminist, um den es mir hier geht, geht aber weiter als es Hoppes Postulat – oder das der Mutter seines Chefs – ausdrückt: Für ihn bestimmt schließlich das Gehirn die Gesamtheit des Menschen, ist also nicht nur notwendige, sondern auch hinreichende Bedingung. In meinem Buch „Die Neurogesellschaft" versuche ich zu zeigen, dass die Aussage des Neurodeterministen schon für die Hirnforschung selbst falsch ist und noch weniger für den Menschen in seiner natürlichen, zwischenmenschlichen, sozialen und kulturellen Umwelt. Schließlich ist es (im gelingenden) Experiment schon die Hand des Experimentators, die mittels der experimentellen Situation das Gehirn festlegt, um so ein bestimmtes, reproduzierbares Verhalten zu erzeugen. **Das Gehirn *wird* gemäß der experimentellen Logik**

---

[1] https://www.scilogs.de/blogs/blog/wirklichkeit
[2] https://www.scilogs.de/blogs/blog/wirklichkeit/2012-05-21/gott-und-gehirn-hirnforschung-als-herausforderung-f-r-die-theologie
[3] https://www.scilogs.de/blogs/blog/menschen-bilder/2012-05-22/neurotheologie-ber-m-gliche-und-unm-gliche-schl-sse

also festgelegt und nicht umgekehrt. Selbst wenn das Gehirn für dieses Verhalten notwendig ist, ohne die Situation würde das Verhalten gar nicht auftreten.

Auch wenn ich der Meinung bin, dass für Hoppes philosophisches Postulat einige Vernunftgründe sprechen, sehe ich gleichzeitig das Risiko, dass es zu einseitig verstanden wird: Eben nur mit Bezug auf die Richtung, in der das Gehirn das Verhalten beeinflusst und nicht, umgekehrt, die Situation das Gehirn. Ergänzend möchte ich daher das Postulat formulieren, **dass das Gehirn ohne alles nichts ist.**

Damit überhaupt ein Gehirn entstehen kann, müssen schon zahlreiche Voraussetzungen vorliegen, die nicht diesem Gehirn selbst entstammen. Die entsprechenden Phasen der Entwicklung eines Menschen zu beschreiben, überlasse ich lieber einem Biologen. Es gehört aber inzwischen zum Allgemeinwissen, das sich etwa per Gesetz in mehreren Ländern auf Weinflaschen niederschlägt, dass Alkoholkonsum in der Schwangerschaft zu verschiedenen Entwicklungsstörungen führen kann. Auch hier kann das Gehirn also durch Umwelteinflüsse entscheidend beeinflusst werden.

Ein anderes anschauliches Beispiel kam mir jüngst durch eines meiner liebsten Hobbys, den Tanz, in den Sinn. Auf einem Festival sah ich kürzlich die Vorführung[4] einer niederländischen Tanzgruppe und darüber stieß ich auf die Musikantin Lindsey Stirling. Ihrer Wikipedia-Seite[5] entnehme ich, dass sie ihren Vater schon im Alter von nur fünf Jahren um Violinunterricht bat. Dieser Wunsch dürfte ihr Leben – und ihr Gehirn – nachhaltig beeinflusst haben. Doch woher kam ihr Wunsch? War ihr das angeboren?

Anders als bei Grundbedürfnissen wie Hunger und Durst wird das Bedürfnis nach Violinunterricht nicht aus sich heraus entstehen – es setzt schließlich voraus, dass es überhaupt so etwas wie Violinen gibt; und tatsächlich heißt es auf der Wikipedia-Seite, dass die klassische Musik, die ihr Vater spielte, also ein Umwelteinfluss, diesen Wunsch auslöste. Dass sie ihn verwirklichen konnte, hing entscheidend von der Unterstützung seitens der Eltern sowie dem gesellschaftlichen Rahmen ab. Andernfalls gäbe es jetzt nicht die so erfolgreiche Musikantin Lindsey Stirling, obwohl das Gehirn dieser hypothetischen anderen Frau dasselbe Gehirn eines fünfjährigen Mädchens als Vorläufer gehabt hätte. Ohne alles ist das Gehirn nichts.

Das bringt mich zu einem eigenen Beispiel: Ich leide sehr darunter, dass ich kein Instrument gelernt habe. Ich weiß noch, dass meine Mutter in

---

[4]https://www.youtube.com/watch?v=MQ4mR_-zAUc
[5]https://en.wikipedia.org/wiki/Lindsey_Stirling

unserer alten Wohnung eine Heimorgel hatte. Doch nach einem Umzug, als ich erst sechs Jahre alt war, wurde sie dann verkauft, weil die neue Wohnung zu klein war, wie es hieß. Womöglich ist mir damit die Chance entgangen, frühen Kontakt mit diesem Instrument zu haben.

Beim Tanz verhält es sich ähnlich: Freunde von mir werden sich noch an mein peinliches Zappeln erinnern, wenn wir früher in die Disco gingen. Mir waren die normalen Bewegungen, die man so auf der Tanzfläche sah, einfach nicht genug. Mir war jedoch nie in den Sinn gekommen, dass man – abgesehen von den klassischen Gesellschaftstänzen, die ich zu steif fand – auch Tanzunterricht nehmen kann; in meinem Bekanntenkreis gab es damals aber niemanden, der mir als Vorbild hätte dienen können. Es sollte bis zu meinem neunundzwanzigsten Lebensjahr dauern, bis ich intensiv mit Tanzunterricht anfing, wofür das Angebot in Bonn, wo ich damals meine Doktorarbeit schrieb, mitentscheidend war. Inzwischen kennt man mich als leidenschaftlichen Tänzer.

Das Neurodeterminismus-Postulat ist gesellschaftlich gefährlich

Es geht hier jedoch nicht nur um Philosophie, um ein mehr oder weniger der einen oder anderen Geisteshaltung. Nein, dem Neurodeterminismus zu folgen ist gefährlich, wenn es uns dazu verleitet, nur auf der Ebene des Gehirns nach Problemen des Menschen oder gar der Gesellschaft zu suchen und dafür andere Möglichkeiten aus den Augen zu verlieren. Beispielsweise verweist der Psychiater Peter Kramer auf die psychopharmakologischen Pillen, die in den 1950er und 1960er Jahren vermehrt unzufriedenen Hausfrauen gegeben wurden, sodass die Pillen sogar als „Mother's Little Helpers" bezeichnet wurden (siehe auch dieses gleichnamige Lied der Rolling Stones[6] – die Mutter stirbt hierin am Ende an einer Überdosis der Medikamente).

Dabei befanden sich diese Frauen vielleicht in einer unangenehmen sozialen Situation, die ihnen feste Rollen vorschrieb, und wäre es eine Alternative zu Beruhigungsmitteln oder Stimmungsaufhellern gewesen, ihnen mehr Freiheit zur Gestaltung ihrer eigenen Lebensentwürfe zu geben. Angesichts der hohen Anzahl psychischer Erkrankungen[7] sollten wir jedenfalls

---

[6]https://www.youtube.com/watch?v=tfGYSHy1jQs
[7]https://www.scilogs.de/blogs/blog/medicine-amp-more/2012-07-04/auf-dem-weg-zur-weltspitze-zivilisationskrankheiten-in-deutschland

nicht die Frage aus den Augen verlieren, was die „Mother's Little Helpers" und die Alternativen der heutigen Zeit sind. In der Diskussion um Gehirndoping[8] habe ich wiederholt darauf hingewiesen, dass die heutigen Stimulanzien beziehungsweise Durchhaltepillen – in der Sprache der alten Rollenmodelle – womöglich „Papas neue Helferlein" sind.

Ich habe eingangs darauf verwiesen, eine Interpretation der neurodeterministischen These zu suchen, die nicht schon auf den ersten Blick unsinnig ist. Da ich hierzu bisher vonseiten der Neurodeterministen leider sehr wenig gelesen habe, habe ich sie nun selbst als epistemische These formuliert: Was können wir über zukünftiges Verhalten von Menschen wissen, wenn wir über ein vollständiges Gehirnwissen verfügen? Ein starker Neurodeterminist müsste behaupten, wir könnten das zukünftige Verhalten eines Menschen vollständig voraussagen, wenn wir alles Wissen über sein Gehirn hätten. Die Beispiele, die ich hier diskutiert habe, genügen schon, um diese These als falsch zurückzuweisen. Menschliches Verhalten ist eine Interaktion von Gehirn, Körper und Umwelt – dies zu leugnen widerspricht nicht nur der Alltagserfahrung und der verhaltenswissenschaftlichen Logik, sondern ist zudem noch gesellschaftlich gefährlich.

weiterführende Literatur

Crick, F. (1994). *The astonishing hypothesis: The scientific search for the soul.* New York: Scribner.
Kramer, P. D. (1993). *Listening to Prozac.* New York: Viking.
Roth, G. (1997). *Das Gehirn und seine Wirklichkeit, 5.* Frankfurt a. M.: Suhrkamp.
Schleim, S. (2011). *Die Neurogesellschaft: Wie die Hirnforschung Recht und Moral herausfordert.* Hannover: Heise.
Singer, W. (2004). Verschaltungen legen uns fest. Wir sollten aufhören, von Freiheit zu sprechen. In C. Geyer (Hrsg.), *Hirnforschung und Willensfreiheit. Zur Deutung der neuesten Experimente.* Frankfurt a. M.: Suhrkamp.
Swaab, D. F. (2011). *Wir sind unser Gehirn: wie wir denken, leiden und lieben.* München: Droemer.
Vogelsang, F., & Hoppe, C. (2008). *Ohne Hirn ist alles nichts: Impulse für eine Neuroethik.* Neukirchen-Vluyn: Neukirchener Verl.-Haus.

---

[8]https://www.scilogs.de/blogs/blog/menschen-bilder/cognitive-enhancement

2

Gibt es das Leib-Seele-Problem gar nicht?

Frank Rösler, emeritierter Professor für Allgemeine und Biologische Psychologie an der Universität Marburg, hält das Leib-Seele-Problem für eine „irrige Idee". Jagen Philosophinnen und Philosophen nur einem Gespenst hinterher? Nicht so schnell, Herr Rösler!

In meinem Studium habe ich hunderte Seiten darüber gelesen. Danach habe ich in meiner Magisterarbeit rund zweihundert Seiten darüber geschrieben. Heute behandele ich es in Vorlesungen selbst: Die Rede ist vom Leib-Seele-Problem, bei dem es um die Frage geht, was Körper und Geist sind und wie sie miteinander in Beziehung stehen.

Zugegeben, das Porträt des für sein Lebenswerk mit vielen Preisen ausgezeichneten Psychologieprofessors Frank Rösler in *Gehirn&Geist* liegt schon eine Weile zurück. Die Juli-Ausgabe vom Jahr 2015 ist irgendwie immer wieder ans untere Ende meines Zeitschriftenstapels gerutscht. Daher las ich erst heute, was Rösler als seinen „wissenschaftlichen Traum" bezeichnet:

„Dass man die irrige Idee vom ‚Leib-Seele-Problem' aufgibt. Es existieren lediglich unterschiedliche methodische Zugänge zum Gehirn-Geist-System, aber keine zwei unterschiedlichen Entitäten, die auf obskure Weise miteinander kommunizieren. Psychische Phänomene sind ohne biologisches Substrat nicht denkbar, und umgekehrt erzeugt auch das einfachste Nervensystem bereits psychische Phänomene wie ‚Lernen'."[1]

Jagen Philosophinnen und Philosophen also seit Unzeiten einem Scheinproblem hinterher? Ist die Rede von Körper und Geist – ‚Leib' und ‚Seele'

---

[1] *Gehirn&Geist*, 7/2015, S. 53.

hören sich heute ja schon etwas angestaubt an – nichts als eine Phantomdebatte? Interessanterweise äußerte sich Cornelia Exner, Professorin für Klinische Psychologie, in ihrem Porträt in der Folgeausgabe von *Gehirn&Geist* wie folgt auf die Frage nach ihrer Leseempfehlung:

„Natürlich Poppers und Eccles' ‚Das Ich und sein Gehirn', das mich ja schon als Studentin für die Neurowissenschaften begeistert hat! Als Neuropsychologe kommt man am Leib-Seele-Problem nicht vorbei."[2]

Die beiden Psychologieprofessoren könnten einander augenscheinlich kaum mehr widersprechen. Was der eine als „irrige Idee" ansieht, würde die andere wohl am liebsten ins Pflichtenheft aller Psychologiestudierenden schreiben. Nehmen wir uns daher Röslers Aussage mit dem sprachanalytischen Seziermesser vor.

Die Schlüsselwörter sind hierbei: „unterschiedliche methodische Zugänge" (mit denen man Gehirn-Geist erforscht), „unterschiedliche Entitäten" (die es nicht gebe) und schließlich „psychische Phänomene" sowie „biologische Substrate" derselben. Zusammengefasst: Es gebe also biologische Substrate, psychische Phänomene und unterschiedliche Wege, diese zu erforschen; ferner setze die Existenz psychischer Phänomene notwendigerweise biologische Substrate voraus.

Die Äußerungen über methodische Zugänge würde ich eher in den epistemologischen (von altgriechisch *episteme* = Wissen) Bereich einordnen. Das heißt, es sind Aussagen darüber, wie wir Wissen von der Welt erlangen können. Wo von Phänomenen und Substraten die Rede ist, handelt es sich nach meinem Verständnis um metaphysische Aussagen: Hier wird etwas darüber gesagt, was es in der Welt gibt.

Ohne zu weit auszuschweifen, können wir uns vielleicht auf folgende Ausgangsideen einigen: Dass es „biologische Substrate" gibt, das wissen wir durch die Beobachtung lebender Organismen. Wie wir auf die „psychischen Phänomene" kommen, ist wahrscheinlich komplizierter. Gehen wir davon aus, dass wir diese zum einen selbst erleben können, zum anderen aber auch im Verhalten sehen.

Rösler nennt selbst das Beispiel Lernen: Ein Mensch, der Autofahren gelernt hat, verhält sich im Auto anders als ein Mensch, der dies nicht gelernt hat. Wir können auf unterschiedliche Wiese beschreiben, wie dieses Lernen geschieht (zum Beispiel in der Fahrschule) und auch, wie wir seinen Zielzustand feststellen (etwa die Führerscheinprüfung).

---

[2] *Gehirn&Geist*, 8/2015, S. 53.

Die Frage, ob nun das psychische Phänomen „Lernen" ohne biologisches Substrat möglich ist, beantwortet sich jedenfalls für das Beispiel „Autofahren" von selbst: Dafür braucht man nämlich nicht nur ein Auto, sondern auch eine Fahrerin beziehungsweise einen Fahrer.

„Was aber, wenn ein Roboter aus Silizium das Auto steuert?", wendet der Funktionalist ein, dessen Theorie besagt, dass die psychischen Vorgänge durch ihre Funktion charakterisiert sind, also durch Eingabe, innere Verarbeitung und Ausgabe (Verhalten). „Oder gar, wenn es sich selbst steuert?" Und von Vertretern der Extended-Mind-Hypothese, die psychische Vorgänge auf Hilfsmittel in der Außenwelt ausdehnt, hören wir: „Wird das Auto nicht selbst Teil des psychischen Phänomens ‚Autofahren lernen'?"

Beides ist für unsere Diskussion kein Problem: Einer Funktionalistin können wir entgegenkommen, indem wir statt vom „biologischen", vom „körperlichen", „materiellen" oder „physikalischen Substrat" sprechen. Oder wir widerlegen den Funktionalismus mit einem Bio-Essenzialismus, also der Position, dass nur Lebewesen psychische Phänomene haben können. Die Extended-Mind-Vertreterin stellt auch keine Gefahr dar: Sie bestreitet ja nicht, dass es ein Substrat gibt, sondern wirft nur die Frage auf, ob es sich über den Organismus hinaus ausdehnt.

Zurück zu Rösler: Wir können also festhalten, dass wir gute Gründe für die Annahme haben, dass es die Dinge, von denen der Psychologieprofessor spricht, auch wirklich gibt. Psychische Phänomene und biologische Substrate gehören nicht ins Reich der Fabelwesen.

Was machen wir jetzt mit den „methodischen Zugängen", von denen Rösler sprach? Er hat selbst jahrzehntelang mit der Elektroenzephalographie (EEG) gearbeitet. Das heißt, er beobachtete Muster der Hirnströme, während Versuchspersonen beispielsweise etwas lernten. Die Änderung der Muster würde er dann vielleicht einen Hinweis auf das biologische Substrat des psychischen Phänomens „Lernen" nennen, jedenfalls für den untersuchten Fall.

Jetzt kommt aber die Krux der ganzen Diskussion: Wir müssen uns die Aussagen des vorherigen Absatzes nämlich noch einmal auf der sprachanalytischen Zunge zergehen lassen. Denn auch das Wissen vom biologischen Substrat ist uns immer nur indirekt über die Sinne gegeben: Wir können es mit den Händen fühlen, mit den Augen sehen oder auch ein Messresultat am Forschungsinstrument ablesen. Das heißt, nicht nur das Psychische ist ein Phänomen, sondern auch das Biologische.

„Aber halt!", mag ein metaphysischer Realist jetzt einwerfen. „Das Biologische können wir doch fühlen. Es hat Temperatur. Besser noch: Wir können es mit Gummibällen bewerfen (sprich: mit Teilchen darauf schießen) und die kommen zurück. Es hat also Substanz! Das ist beim Psychischen nicht so. Das können wir nicht fühlen, jedenfalls nicht mit den Händen, es hat keine Temperatur und Werfen bringt auch nichts."

Man könnte jetzt mit den berühmten Tischen des Astrophysikers Arthur Eddington (1882–1944) erwidern, dass auch die Substanz des Biologischen bei näherer wissenschaftlicher Untersuchung verschwindet (anders: Wie materiell ist Materie überhaupt?). Doch darauf will ich jetzt nicht hinaus.

Nein, der Punkt ist, dass das mit Händen Gefühlte, die Temperatur und sogar auch die Gummibälle uns wiederum nur als Phänomene gegeben sind. Zu sagen, dass diese in irgendeiner Weise „realer" sind, als das Lernen, bringt uns in schwieriges metaphysisches Fahrwasser. Oder um sich eines Wortes Röslers zu bedienen: Es ist schlichtweg obskur.

Tja – und so sind wir schließlich doch nicht viel schlauer als nach dem Lesen von Herbert Feigls berühmtem Aufsatz „The ‚Mental' and the ‚Physical'" aus dem Jahr 1958. . Das heißt, sowohl das psychische Phänomen als auch das biologische Substrat könnte, metaphysisch gesprochen, zwei verschiedene Seiten einer uns unbekannten Substanz sein. Oder um es mit dem Philosophen Kant zu sagen: Das „Ding an sich" können wir nicht erkennen.

Setzen wir uns zum Schluss also mit allen, mit Rösler, Feigl, Eddington und Kant, in Platons Höhle. Setzen wir uns dort vors Feuer, studieren wir die Phänomene und zerbrechen wir uns den Kopf darüber, wie die Welt „wirklich" ist. Welch ein herrliches Symposion (altgriechisch wörtlich für „zusammen trinken"). Aber der letzte macht das Licht aus! Also das Feuer. Und zum Schluss wird eine Stimme flüstern, dass wir Röslers Aussage, das „Leib-Seele-Problem" sei eine irrige Idee, soeben performativ widerlegt haben.

Aber als Alliteration war es schön.

Literatur

Feigl, H. (1958/1967). *The „mental" and the „physical": The essay and a postscript.* Minneapolis: University of Minnesota Press.

3

Körper ist Geist

Ist die Hirnforschung wirklich schon dazu in der Lage, den Zusammenhang vom Bewusstsein und den Hirnprozessen zu erklären? Eine Replik auf den Neurowissenschaftler Konrad Lehmann und Abschied vom Leib-Seele-Problem.

Der Konrad Lehmann von der Universität Jena wies in seinem Artikel vom 27. Mai 2017 auf Probleme hin, Bewusstsein naturwissenschaftlich zu erklären.[1] Er kritisierte das uneingelöste Versprechen des Materialismus beziehungsweise Physikalismus und diskutierte alternative Ansätze, wie den Panpsychismus, Idealismus und praktischen Materialismus.

Meiner Meinung nach muss man Aussagen über das Sein (also *ontologische* Aussagen) klarer von Aussagen über unsere Erkenntnis (also *epistemische* Aussagen) trennen, als Lehmann dies getan hat. Außerdem sollte man ein Problem klarer definieren, bevor man es diskutiert.

Nach einer Replik auf den Artikel Lehmanns möchte ich meine eigenen Gedanken zum Leib-Seele-Problem zur Diskussion stellen. Dabei gehe ich auch auf Aussagen über den Erkenntniswert der Neurowissenschaften zum Verständnis des Bewusstseins ein. Mein Vorschlag ist, sich vom traditionellen Leib-Seele-Problem zu verabschieden, da es eher ein Problem unseres Denkens als ein Problem der Welt ist.

---

[1] https://www.heise.de/tp/features/Denken-mit-Leib-und-Seele-3593478.html

Siegeszug der Neurowissenschaften

Lehmann steigt mit dem Siegeszug der Neurowissenschaften um die Jahrtausendwende in seinen Artikel ein. Dieser habe zu einer „Bankrotterklärung der Philosophie" geführt, da man fortan eine Erklärung des Bewusstseins von naturwissenschaftlicher, statt philosophischer Seite erwartet habe. Neben „Bewusstsein" werden noch Begriffe wie Ich-Konzept, Subjektivität, Qualia, Ruhezustand (des Gehirns) oder Schizophrenie (als Beispiel) eingeführt und in einen Erklärungszusammenhang mit dem Leib-Seele-Problem gebracht.

Halten wir einen Moment inne und rekapitulieren wir, was hier passiert: Es ist zweifellos nicht nur eine Eigenart Konrad Lehmanns, Begriffe wie Leib, Seele, Körper, Geist, Bewusstsein, Ich, Subjektivität, Qualia, Ruhezustand oder Schizophrenie zu verwenden. Uns fällt auf, dass dies alles Substantive sind, oder in Allgemeinsprache: Haupt-, Ding- oder Nennwörter.

Substantive sind uns seit unserer frühesten Entwicklung bekannt: Da gab es Mama und Papa, Spielzeuge, Tische, Stühle, Nahrungsmittel, vielleicht auch Haustiere wie eine Katze oder einen Hund. Sind nun Leib, Seele, Ich, Qualia und so weiter genauso Dinge wie Tische und die Hauskatze? Wenn wir uns nicht über die Bedeutung solcher Begriffe im Klaren sind, dann ist womöglich am Ende die ganze Diskussion für die Katz.

Beispiel Schizophrenie

Fangen wir mit dem einfachsten Begriff von Lehmanns Liste an, nämlich der Schizophrenie. Wir werden sehen, dass schon dieser gar nicht so einfach ist. Das Beispiel der Schizophrenie wird von dem Neurowissenschaftler eingeführt, um zu veranschaulichen, wie die Hirnforschung das Selbst- oder Ich-Konzept erklären könnte:

Hirnforscher hätten ein Default-Mode-Netzwerk (warum nicht deutsch Ruhezustandsnetzwerk?) entdeckt, das mit verschiedenen selbstbezogenen Aktivitäten in Zusammenhang gebracht worden sei. Da Lehmann diese Gehirnregionen nicht namentlich nennt, hole ich dies eben nach:

Es sind im Wesentlichen der mediale (in der Mitte gelegene) präfrontale Kortex, also ein Bereich im vorderen Stirnlappen, der ebenfalls in der Mitte gelegene hintere zinguläre Kortex, so genannt nach dem den Balken umschließenden Gyrus cinguli (deutsch: Gürtelwindung), der dahinter

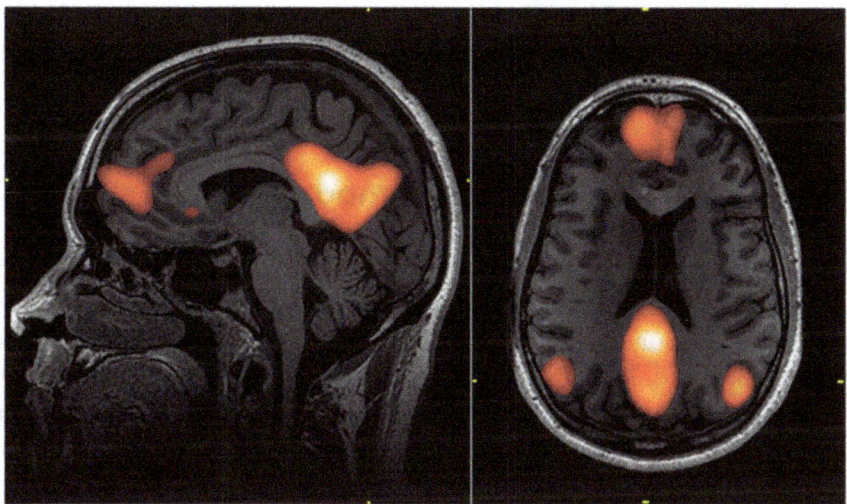

Abb. 3.1 Darstellung des Ruhezustandsnetzwerks: Auf dem Seitschnitt links sehen wir links den medialen präfrontalen Kortex, rechts den hinteren zingulären Kortex sowie den Precuneus. Diese Strukturen sind auch rechts auf dem Schnitt von oben gut zu sehen; dazu kommen unten die beidseitig am äußeren Gehirnrand gelegenen Gyri angulares. (Quelle: Graner et al. 2013. Lizenz: CC BY 3.0)

angrenzende Precuneus (der so heißt, weil er vor dem Keil, lateinisch *cuneus*, liegt), und schließlich der weiter außen gelegene Gyrus angularis (deutsch: winklige Windung) (Abb. 3.1).

Suggestive Erklärung

Als Erklärung wird nun angeboten, dass einerseits bei Schizophrenen eine Ich-Störung vorliege, andererseits bei diesen Patienten Abweichungen des Ruhezustandsnetzwerks gefunden worden seien. Diese und einige andere ähnliche Funde würden darauf hindeuten, dass dieses Netzwerk das Ich- oder Selbstkonzept erzeugt.

Dieses Argumentationsmuster ist so beliebt wie suggestiv: Weil A (Ich-Störung) mit S (Schizophrenie) zusammenhängt, und B (Abweichung des Netzwerks) mit S zusammenhängt, hängt vielleicht auch A mit B zusammen (also das Ich-Konzept dem Gehirnnetzwerk). *Vielleicht*, muss man betonen, vielleicht aber auch nicht.

Das ist wichtig, da die meisten Erklärungen mit den Methoden der bildgebenden Hirnforschung nach diesem Muster funktionieren. Sie könnten also stimmen – sie könnten genauso gut aber auch falsch sein. Es handelt sich daher bestenfalls um vorläufige Erklärungen, auch bei den anderen Beispielen der Neurowissenschaften, die Lehmann diskutiert.

Ruhezustand im Kernspintomographen

Nebenbei noch eine Bemerkung zum Namen des Ruhezustandsnetzwerks: Dieses wurde so genannt, als Hirnforscher sich fragten, was im Gehirn von Versuchspersonen vorgeht, die nichts tun, also im „Ruhezustand" oder englisch eben im „Default Mode" sind.

Die Plausibilität dieser Benennung können Sie zuhause nachprüfen: Tun Sie einmal nichts! Ihnen wird auffallen, dass das gar nicht so einfach ist. Nichts! Wahrscheinlich entstehen Gedanken, Erinnerungen, Ablenkungen … Meditierende können ein Lied davon singen, wie schwierig Nichtstun ist. Manche Leute können nicht meditieren, weil dann unerträgliche Ängste und Gedanken hochkommen.

Wenn Hirnforscher so vom Ruhezustand sprechen, dann meinen sie schlicht, dass Versuchspersonen ohne konkrete Aufgabe in der Röhre eines Kernspintomographen liegen. Psychologisch wie phänomenologisch ist dieser Zustand aber überhaupt nicht klar definiert. Wir können uns ziemlich sicher sein, dass die Menschen nicht nichts tun.

Was ist Schizophrenie?

Kommen wir zurück zur Eingangsfrage: Was ist eigentlich Schizophrenie? Schließlich werden hier ja eine Reihe von Dingen miteinander in Beziehung gebracht: Ich, Gehirnnetzwerk, psychische Störung. Machen wir es nicht zu kompliziert, und halten wir uns an die fünf im amerikanischen Diagnosehandbuch DSM-5 genannten Symptome: 1) Wahnvorstellungen, 2) Halluzinationen, 3) unorganisierte Sprache, 4) stark unorganisiertes oder krampfhaftes Verhalten und 5) sogenannte Negativsymptome wie eingeschränkter Gefühlsausdruck.

Von diesen fünf müssen mindestens zwei über einen „signifikanten Zeitraum" bestehen und mindestens eines der Symptome muss (1), (2) oder (3) sein. Kombinatorisch komme ich damit auf mindestens 22 Möglichkeiten, die diese Bedingungen erfüllen. Alle diese Varianten fassen wir unter einem Wort zusammen, nämlich Schizophrenie, wobei die Symptome (1) bis (5) natürlich schon sehr komplexe Begriffe sind.

Der springende Punkt ist, dass „Schizophrenie" also kein Ding ist, sondern schlicht ein Oberbegriff, den sich Experten ausgedacht haben, um tausende von möglichen Wahrnehmungen zusammenzufassen. Wir alle sind Experten des Verdinglichens, in Fachsprache „reifizieren" (von lateinisch *res* = Ding). Verdinglichungen können erst einmal äußerst praktisch sein.

Probleme des Verdinglichens

Philosophisch schräg wird es, wenn jemand solchen „Dingen" kausale Eigenschaften zuschreibt, etwa der Form: Wegen meiner Schizophrenie habe ich Halluzinationen, wegen meiner Depressionen bin ich niedergeschlagen, wegen meiner Angststörung traue ich mich nicht aus dem Haus, wegen meiner Aufmerksamkeitsstörung kann ich nicht aufpassen. Umgekehrt ist es richtig: Weil ich (unter anderem) Halluzinationen habe, niedergeschlagen bin, Angst habe, mich nicht konzentrieren kann, gibt man mir die Diagnose Schizophrenie, Depression, Angststörung, ADHS und so weiter.

Es handelt sich also nicht um echte Dinge in der Welt, wie Bäume, Tische oder Stühle, sondern um eine Redeweise, um eine Sprachpraxis. Damit ist mitnichten gesagt, dass es die Probleme nicht gibt oder dass die Menschen nicht leiden. Es ist schlicht aufgezeigt, dass manche Wörter eine *soziale Funktion* erfüllen. Daher ändern sie sich auch im Laufe der Zeit, wie es eben bei Diagnosen wie Schizophrenie, Depression, Angststörung oder ADHS zweifellos der Fall ist.

Warum ist das nun relevant? Weil Menschen (u. a. Konrad Lehmann) behaupten, mit den Methoden der Hirnforschung könne man diese „Dinge" erklären, die schlicht Teil einer sinn- wie funktionsstiftenden sozialen Praxis sind. Wäre es aber nicht ein sehr komischer Zufall, wenn die Natur beim Einrichten unserer Gehirne berücksichtigt hätte, in welcher Weise wir in einer bestimmten Kultur und in einer bestimmten Zeit Sprache verwenden? Man müsste fast schon an eine höhere Intelligenz glauben, die das Universum erschaffen hat, nähme man diesen Gedanken ernst!

Soziale Konstrukte – und ihre Folgen

Mit anderen Worten: Manche Begriffe sind *soziale Konstrukte*. Wer jetzt denkt, damit sei „Schizophrenie" ins Reich der Fabelwesen verbannt, der irrt sich. Mitunter haben die Betroffenen, wie gesagt, Probleme oder gar schwerste Probleme. Die Diagnose ist eine Reaktion des heutigen

Gesundheitswesens darauf; sie bestimmt auch, wie die Gesellschaft mit diesen Menschen umgeht.

Da sie für manche Personen beinahe vernichtend ist, schlägt etwa der Maastrichter Psychiatrieprofessor und Schizophrenieexperte Jim van Os vor, den Begriff abzuschaffen. In provokanter Manier formuliert er das manchmal so: „Es gibt keine Schizophrenie."[2] Kollegen warfen ihm daraufhin vor, er würde die Antipsychiatrie der 1970er Jahre wiederbeleben.

Auch unser Begriff von Verantwortlichkeit ist so ein soziales Konstrukt. Wenn Sie einmal vor Gericht stehen, werden Sie am eigenen Leib erfahren, was es heißt, verantwortlich gemacht zu werden. Wenn die Protagonisten der Willensfreiheitsdebatte Recht haben, dann geschieht das, obwohl niemand jemals verantwortlich war. Hier kollidiert die Ebene des Seins mit der des Normativen: Wir *machen* Menschen verantwortlich, weil das unsere soziale Praxis ist.

Die Beispiele ließen sich ewig fortsetzen: Ob jemand als „Soldat", als „feindlicher Kämpfer", als „Rebell" oder gar „Terrorist" angesehen wird, hat schwerwiegende Folgen; auch dies sind in Gesetzen oder gesetzesähnlichen Strukturen festgelegte Begriffe, also soziale Konstrukte. Oder denken Sie daran, ob jemand als „Flüchtling" angesehen wird, als „Arbeitsmigrant", „sozialer Schmarotzer" und so weiter. Kehren wir aber nach diesem Exkurs zurück zum eigentlichen Thema.

Leib, Seele, Körper, Geist

In Lehmanns Liste hatten wir noch die anderen Begriffe: Leib, Seele, Körper, Geist, Bewusstsein, Ich, Subjektivität, Qualia. Ob diese Wörter eher für konkrete Dinge wie Tische und Stühle stehen oder für Definitionen wie Schizophrenie, das kann und will ich hier nicht abschließend erklären. Das Leib-Seele- oder Körper-Geist-Problem lösen zu wollen, ohne sich dessen bewusst zu sein, halte ich aber für aberwitzig.

An dieser Stelle nur so viel zu den Begriffen: Der Leib ist eine veraltende Bezeichnung für den Körper; mit dem Wort will man vielleicht einen lebendigen, „beseelten" Körper von anderen Körpern unterscheiden. Welche Funktion „Seele" außerhalb theologischer Diskurse, der Poesie und Redewendungen („die Seele schmerzte", „Seelenklempner") spielt, ist mir nicht

---

[2] Siehe dazu das Interview mit Jim van Os in Schleim (2020).

klar. Der Körper eines Menschen scheint mir recht eindeutig abgegrenzt, nämlich durch die Außenhaut.

Mit dem Geist (englisch *mind*) verhält es sich schwieriger: Als Substantiv (Dingwort) suggeriert der Begriff, dass es ein eigenes Ding „Geist" gibt; Ähnliches gilt für „Ich". Um Probleme der Verdinglichung wie bei der Schizophrenie zu vermeiden, ist mein Vorschlag: Reden wir vielmehr von geistigen oder psychischen *Prozessen*.

Eigenschaften psychischer Prozesse

Hier kommt ein wesentlicher Beitrag der Philosophie ins Spiel. Was ist denn, je nach Vorliebe der (Fremd-) Sprache, Geistiges, Mentales (von lateinisch *mens*) oder Psychisches (von altgriechisch *psyché*)? Eben dasjenige, das sich auf etwas bezieht, in der Fachsprache: *intentionaler* Gehalt. Der Gedanke an ein Auto, genauer gesagt der gedankliche Prozess als etwas sich in der Zeit Vollziehendes, bezieht sich eben auf dieses Auto. Oder auch die Erlebnisqualität eines Prozesses, in der Fachsprache: *phänomenaler* Gehalt. Das ist das, was etwa beim Betrachten des blauen Himmels als Qualität der Blauwahrnehmung erlebt wird.

Damit fallen auch die mysteriösen „Qualia" vom Tisch, ein Begriff, den man sowieso in der Allgemeinsprache nicht versteht. Vielleicht haben sich Philosophen einmal gedacht, wenn es Bewusstseinserlebnisse gibt, dann müsste es auch solche Dinge geben, Qualia, wie es eben Bäume, Tische und Stühle gibt. Dieses verdinglichende Denken bringt uns aber nicht weiter, verwirrt uns im Gegenteil vielleicht.

Man könnte schließlich weiter Fragen: Und was ist Bewusstsein? Eine Eigenschaft von Prozessen, eben phänomenaler Prozesse. Und das Subjekt? Dasjenige, das diese Prozesse hat, also den phänomenalen Gehalt erlebt. Mir ist klar, dass damit nicht alle Fragen vom Tisch sind, doch kommen wir so beim Verstehen und vielleicht sogar Überwinden des Leib-Seele-Problems einen Schritt weiter:

Materialismus und Physikalismus

Jetzt kommt nämlich nicht mehr die Frage auf, was Leib und Seele sind, oder moderner gesprochen: Körper und Geist, und wie sich die zwei Dinge zueinander verhalten. Anstatt von mehr oder weniger mysteriösen Dingen zu reden, sprechen wir von Prozessen, die sich in der Welt vollziehen.

Wie beziehen wir uns auf diese Prozesse? Mit Sprache. Und auch die Naturwissenschaften sind eine Sprachpraxis.

Der Standpunkt eines Materialisten, den Lehmann als gescheitert ansah, würde bedeuten: Es gibt nur materielle Prozesse. Dass man inzwischen auch vom „Physikalismus" spricht, liegt nicht nur daran, wie der Neurowissenschaftler erklärt, dass Physikern irgendwann aufgefallen ist, dass Energie (und was ist mit Information?) grundlegender als Materie sein könnte.

Den Begriff haben nämlich mit Otto Neurath und Rudolf Carnap bedeutende Wissenschaftstheoretiker des 20. Jahrhunderts eingeführt. Sie hatten dabei die These im Sinn, dass nur solche Aussagen eine Bedeutung haben, die sich letztlich in der Sprache der Naturwissenschaft beziehungsweise Physik ausdrücken lassen; der logische Empirismus war geboren. Wie dem auch sei, Lehmann hat recht, dass Materialismus und Physikalismus heute mehr oder weniger synonym verwendet werden.

Ein anderes Leib-Seele-Problem

Kehren wir aber zum Leib-Seele-Problem zurück: Dieses besteht jetzt in der Frage, wie sich geistige/mentale/psychische Prozesse zu materiellen/physikalischen Prozessen verhalten. Die Frage, was Erstere sind, ließ sich oben zumindest vorläufig beantworten; es ist anzumerken, dass Letztere auch nicht trivial sind. Die Philosophin Barbera Montero (1999) bezeichnete es einmal als „Körperproblem" (englisch *body problem*), dass sich auch die Frage, was genau das Physikalische ist, nicht eindeutig beantworten lässt.

Philosophen machen es sich manchmal leicht und sagen: Es ist eben das, wovon die Physik handelt. Als ob sich das nicht im Laufe der Zeit ändern würde! Und was würde passieren, wenn Physiker eines Tages Bewusstsein erforschten? Dann fiele Psychisches und Physikalisches per Definition zusammen.

Wenn wir an den Panpsychismus denken, den auch Lehmann diskutierte, erscheint das gar nicht mehr so abwegig: Immerhin liebäugeln mit Christof Koch und Giulio Tononi auch zwei führende neurowissenschaftliche Pioniere auf dem Gebiet der Bewusstseinsforschung mit dem Gedanken, dass Bewusstsein ein Grundbaustein des Universums ist, im Falle Tononis jedenfalls ab einem bestimmten Grad der Komplexität informationsverarbeitender Systeme.

Aber bleiben wir noch etwas länger beim Leib-Seele-Problem: Wie verhalten sich also die beiden Arten von Prozessen (psychisch und physikalisch) zueinander? Woher wissen wir überhaupt, dass es solche gibt? Aus der Erfahrung. Auch physikalische Prozesse müssen beobachtet werden, um sie beschreiben zu können.

Das geschieht heute im Wesentlichen mit den Methoden der Experimentalphysik und anderer Naturwissenschaften. Im Falle der psychischen Prozesse kommt zur eigenen Erfahrung und der Erfahrungen anderer, über die wir uns verbal wie nonverbal verständigen, auch die psychologische Wissenschaft.

Problem der mentalen Verursachung

Konrad Lehmann kommt schließlich auf das Problem der mentalen Verursachung zu sprechen:

„Alle ontologischen Modelle (außer dem Dualismus) sind sich einig, dass die Welt 'kausal geschlossen' ist: Jeder materielle Zustand der Welt wird vollständig und ausschließlich vom vorangegangenen Zustand verursacht. Der physische Zustand zum Zeitpunkt t_n ist hinreichend, um den physischen Zustand zum Zeitpunkt t_{n+1} zu erklären. Zusätzlich verursachen materielle Zustände im Materialismus auch noch mentale Zustände – wie auch immer sie das tun – und sind ebenfalls hinreichend, um diese zu erklären. Daraus folgt aber, dass keine andere Bedingung notwendig sein kann, um den physischen Zustand t_{n+1} oder die mentalen Zustände zu erklären."[3]

Hier vermischt Lehmann leider Seinsaussagen (ontologisch) mit Wissensaussagen (epistemisch). Ob die Welt kausal geschlossen ist oder nicht, ist eine Aussage darüber, wie die Welt ist; was wir aber erklären können, ist eine Aussage darüber, was wir wissen können. Die beiden können Hand in Hand gehen, müssen es aber nicht: Beispielsweise könnten prinzipiell kausal deterministische Prozesse für uns unerklärbar sein; oder kausal indeterministische Prozesse könnten durch uns erklärt werden.

Um mit dem Determinismusproblem nicht noch ein weiteres Fass ohne Boden aufzumachen, sei darauf verwiesen, dass Kausalität nicht so eine grundlegende naturwissenschaftliche Kategorie sein muss, wie das Zitat es unterstellt. In den Natur- und Sozialwissenschaften, sicherlich in den Neurowissenschaften und der Psychologie, wird beispielsweise oft mit probabilistischen Kausalbegriffen gearbeitet:

---

[3] https://www.heise.de/tp/features/Denken-mit-Leib-und-Seele-3593478.html

Probabilistische Verursachung

Prozess A verursacht Prozess B probabilistisch, wenn das Eintreten von A das Eintreten von B wahrscheinlicher macht und dies nicht allein auf einen Prozess C zurückzuführen ist, der A und B probabilistisch verursacht. Das hört sich nur auf den ersten Blick kompliziert an, ist uns tatsächlich aber gut vertraut. Eine Aussage wie diejenige, dass Rauchen die Gesundheit gefährdet, entspricht diesem Schema.

Natürlich geht es um einen Kausalzusammenhang, wenn man sagt, dass Rauchen Lungenkrebs verursachen kann. Der Zusammenhang ist probabilistisch, denn niemand weiß genau, nach wie vielen Zigaretten der Krebs entsteht, sodass man eine Zigarette vorher aufhören könnte. Es handelt sich zudem um wissenschaftlich bestätigte Aussagen und es gibt konkrete Versuche einer mechanistischen Erklärung, auch wenn viele Fragen ungeklärt sind und es vielleicht für immer bleiben werden.

Lineares Denken zu einfach

Lehmanns Aussage unterliegt ein lineares und jedenfalls in seiner Allgemeinheit wissenschaftlich unbrauchbarer Kausalitätsbegriff. Denken wir beispielsweise auch an eine Feedback-Schleife, in der System A System B verstärkt, System B aber A hemmt. Solche Schleifen gibt es im Gehirn zuhauf. Es gibt ganz klar einen Ursache-Wirkung-Zusammenhang, doch wer genau verursacht hier was? Wo fängt es an, wo hört es auf?

Mit diesem linearen Denken fährt Konrad Lehmann fort, wenn er schließlich schreibt: „Die mentalen Zustände können also weder andere mentale Zustände bewirken – denn die sind ja schon durch die Materie erzeugt –, noch können sie auf die Materie zurückwirken – denn deren Veränderungen sind ja vollständig in der kausal geschlossenen materiellen Welt begründet."

Das stimmt aber nur unter der Annahme, dass ein Prozess bloß eine vollständige Ursache haben kann. Stellen wir uns eine standrechtliche Verurteilung vor: Fünf Soldaten erschießen einen Deserteur. Es ist zwar nicht wahrscheinlich, doch aber möglich, dass die fünf Kugeln den Unglücklichen zum selben Zeitpunkt treffen und töten. Lehmann müsste sagen: Wenn eine Kugel den Mann umbringt, können es die anderen vier nicht. Das ist aber doch möglich!

Mentale Verursachung im Alltag

An mentaler Verursachung ist auch nichts Mysteriöses. Man braucht sich nur einen Wald vorzustellen, schon entstehen entsprechende Gehirnaktivierungen; diese lassen sich ebenfalls messen, sonst würden Computer-Gehirn-Schnittstellen überhaupt nicht funktionieren.

Auch aus der Wissenschaft wissen wir zum Beispiel seit Langem, dass Prüfungsstress bei Studierenden Erkältungen wahrscheinlicher macht (Stewart-Brown, 1998). Dabei geht es beispielsweise um die Prüfung (intentionaler Gehalt) und das Erleben von Unruhe oder gar Angst (phänomenaler Gehalt). Solche Prozesse können wir gar nicht anders beschreiben als psychisch! Und doch sind sie kausal wirksam in der Welt. Auch hier gibt es Hypothesen über die Mechanismen, wie beim erwähnten Lungenkrebsbeispiel.

Interdisziplinäre Zusammenarbeit

Um es zusammenzufassen: Philosophie, Psychologie und Physik müssen sich nicht widersprechen; sie können sich auch sinnvoll ergänzen. Das Leib-Seele-Problem ist, so verstanden, kein prinzipielles, sondern ein offenes Problem, das zu philosophischen Analysen einlädt und empirische wie theoretische Forschung erfordert. Vom Leib-Seele-Problem, wie Lehmann und viele andere es formulierten, können wir uns verabschieden.

Natürlich *ist* es ein Rätsel, *wie* Bewusstseinsprozesse entstehen und was sie bewirken. *Dass* es sie gibt, das müssen wir aber nicht bezweifeln.

Der Materialismus/Physikalismus wurde oft so formuliert, dass Psychisches nichts anderes ist als Physikalisches. Das klingt so, als würden wir etwas verlieren, von dem wir doch wissen, dass es besteht. Formulieren wir es einmal anders herum, dann wird daraus eine spannende Herausforderung: Körper ist Geist! Wie kann es nur möglich sein, dass in einem Körper, in einem Nervensystem Bewusstseinsprozesse entstehen?

Die Befunde, die angeblich zeigen, dass Psychisches nur Physikalisches sei, denken wir an Läsionsstudien (also Studien nach Gehirnschäden) oder Experimente mit elektrischer Stimulation des Nervensystems, sind doch überhaupt nicht neu – sie wurden uns nur in den letzten zwanzig Jahren immer wieder als neu verkauft. Warum? Weil Wissenschaftlerinnen und Wissenschaftler in zunehmendem Maße auf die Medien angewiesen sind und öffentliche Aufmerksamkeit genießen.

Schon in der Antike gab es Untersuchungen etwa an Gladiatoren mit Kopfverletzungen; man denke an den griechischen Arzt und Anatomen Galenos von Pergamon, der später in Rom tätig war. Aus dem alten Ägypten sind Therapien überliefert, Kopfschmerzen mit Zitteraalen (elektrische Stimulation des Gehirns) zu behandeln. Und wie lange schon werden psychedelische Drogen in allen Kulturen der Welt zur Bewusstseinsveränderung verwendet? Trinken Sie ein paar Biere und erleben Sie es selbst!

Offene Herausforderung

Man muss keine Probleme erfinden, wo es sie nicht gibt. Man sollte aber umgekehrt auch nicht unterstellen, dass bunte Aktivierungswolken, die man auf einen anatomischen Gehirnschnitt projiziert, viel erklären. Es handelt sich schlicht um statistische Konstrukte (etwa t-Werte) für einen physikalischen Stellvertreter (Magnetfeldunterschiede) für einen biologischen Stellvertreter (Blutflussunterschiede) dessen, was bestimmte Aspekte neuronaler Prozesse sein *könnten*.

Es ist also nicht so, dass man auf solchen Bildern direkt Gedankenprozesse sehen würde; tatsächlich sieht man noch nicht einmal Gehirnprozesse, sondern nur statistische Ergebnisse, die eine bestimmte Farbe bekommen haben. Das Leib-Seele-Problem, so verstanden, ist eine offene Herausforderung, kein unlösbares Problem. So viel steht aber fest: Die Methoden, um es zu knacken, müssen wir erst noch erfinden.

Literatur

Graner, J., Oakes, T., French, L., & Riedy, G. (2013). Functional MRI in the investigation of blast-related traumatic brain injury. *Frontiers in Neurology, 4*(16). https://dx.doi.org/10.3389/fneur.2013.00016

Montero, B. (1999). The body problem. *Noûs, 33*(2), 183–200.

Schleim, S. (2020). *Psyche & psychische Gesundheit (Telepolis): Philosophen, Psychologen und Psychiater im Gespräch.* Hannover: Heise.

Stewart-Brown, S. (1998). Emotional wellbeing and its relation to health. Physical disease may well result from emotional distress. *BMJ, 317*(7173), 1608–1609. https://dx.doi.org/10.1136/bmj.317.7173.1608.

4

Wie ähnlich sind Tiere und Menschen?

Was unterscheidet den Menschen vom Tier? Diese Frage hat in der Wissenschaft eine lange Tradition. Hier erfahren Sie wichtige Gedanken aus Philosophie und Hirnforschung zur Frage.

Heute in der Wissenschaft gebräuchliche Wendungen wie „Menschen und andere Tiere" oder „menschliche und nichtmenschliche Primaten" bringen zum Ausdruck, dass die Trennlinie zwischen Mensch und Tier vielleicht gar nicht so deutlich ist, wie dies traditionell gedacht wurde (Abb. 4.1). Als Vertreter dieser Tradition werden gerne René Descartes oder Immanuel Kant zitiert. Für Ersteren waren Tiere nur Automaten, für Letzteren moralisch nur insofern interessant, als Menschen durch das Quälen von Tieren verrohen und dann auch anderen Menschen eher Leid zufügen könnten.

Vom Mäuse- zum Menschengehirn

In der Biologie, Psychologie, Hirnforschung, Anthropologie und Philosophie haben sich in den vergangenen Jahrzehnten viele Forscherinnen und Forscher mit der Frage beschäftigt, wie ähnlich Tiere und Menschen sind. Ich erinnere mich an den Vortrag eines namhaften Hirnforschers, der meinte, vom Mäuse- zum Menschengehirn gebe es eher quantitative als qualitative Unterschiede: bloß mehr vom Gleichen.

Man kann sich jetzt vor Augen führen, dass ein Mäusegehirn mit ca. 0,4 g Gewicht 71 Mio. Neuronen hat, das eines Meerschweinchens bei ca. 3,8 g 240 Mio. und wir Menschen bei rund 1,5 kg 86 Mrd. Die in der Forschung

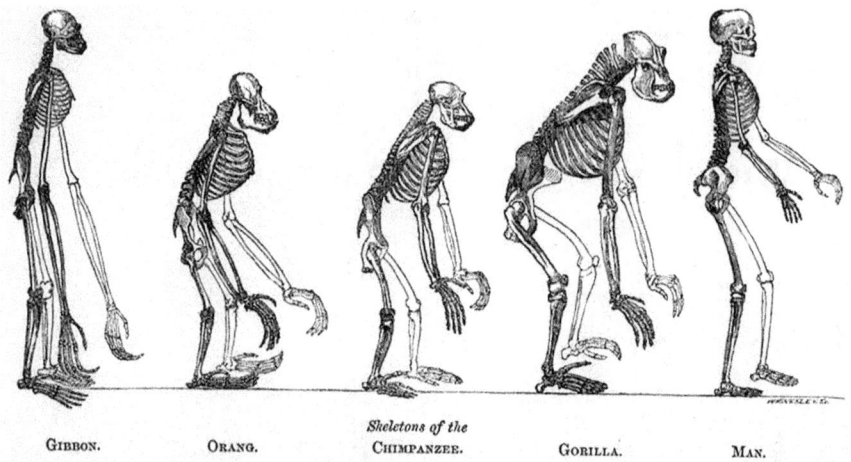

Abb. 4.1 Die Frage, wie sehr sich Mensch und Tier ähneln, wurde schon im 19. Jahrhundert heiß diskutiert. Die Idee der gemeinsamen Abstammung, hier nahegelegt mit einer Abbildung aus Thomas H. Huxleys Essay „Evidence as to Man's Place in Nature" von 1863, stieß auf viel Gegenwehr. Da Huxley, anders als sein Zeitgenosse Charles Darwin, den öffentlichen Disput nicht scheute, bekam er später den Spitznamen „Darwins Bulldogge"

beliebten Makaken aus der Familie der Rhesusaffen kommen bei ca. 87 g auf etwa mehr als 6 Mrd. Nervenzellen (Abb. 4.2).

Quantität oder Qualität?

Wenn man so zählt, Gewicht und Nervenzellen, dann sieht man tatsächlich nur einen quantitativen, keinen qualitativen Unterschied. Das ist aber nicht überraschend, sondern schlicht in der Zählweise so angelegt. Vielleicht würde man gemäß dieser Logik wenigstens schlussfolgern dürfen, dass ein Spiegelei mit 60 g Gewicht, jedoch keinen Nervenzellen, qualitativ anders ist als ein Menschengehirn. Oder handelt es sich bei null gegenüber 86 Mrd. doch wieder nur um einen quantitativen Unterschied? Und wie verhält sich das bei einer Kartoffel?

Wenn man anders schaut und etwa Gehirnstrukturen betrachtet, kommen andere Fragen auf: Denken wir an die F5 genannte Region im Gehirn der bereits erwähnten Makaken. Dort fanden vor einiger Zeit italienische Hirnforscher Nervenzellen, die später als „Spiegelneuronen"

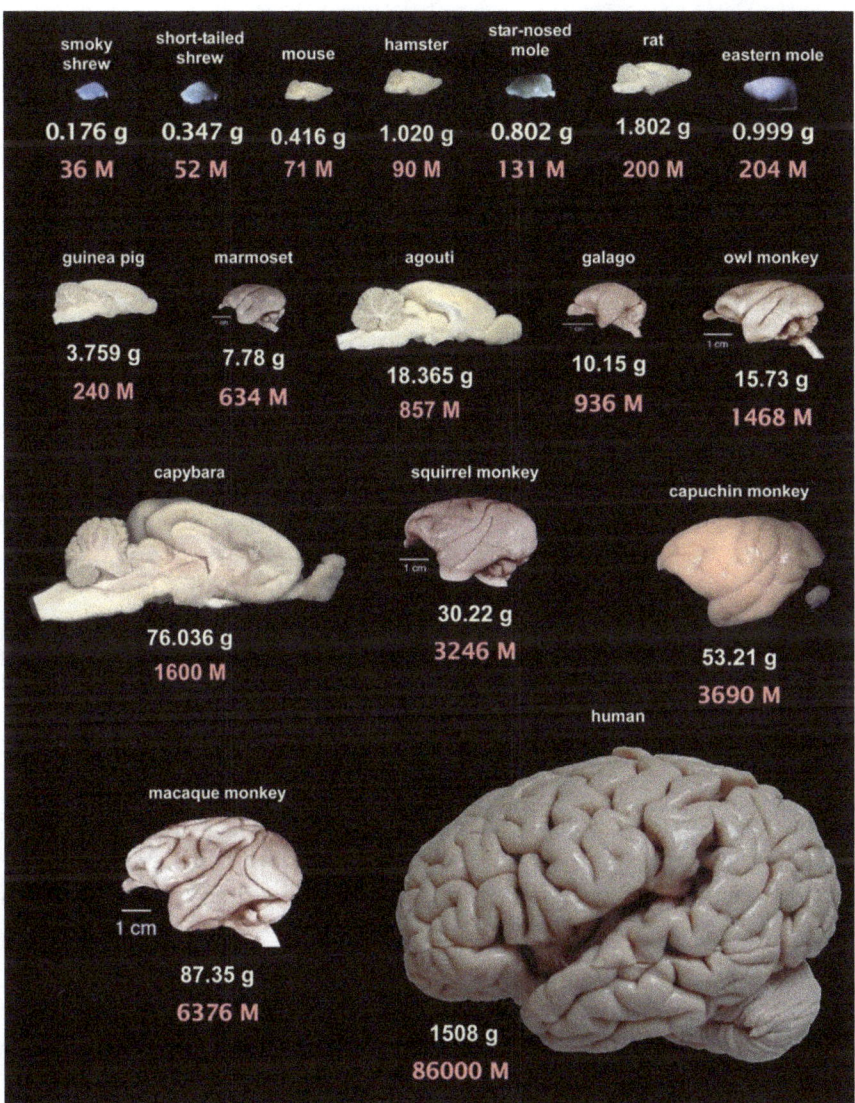

Abb. 4.2 Mit einer neuen Methode zählte die brasilianische Hirnforscherin Suzana Herculano-Houzel die Anzahl der Nervenzellen in den Gehirnen von Menschen und verschiedener Tiere. Schaut man nur aufs Gewicht und die Zahl, scheint es tatsächlich keinen prinzipiellen Unterschied zu geben. (Quelle: Suzana Herculano-Houzel 2009. Lizenz: Frontiers Research Foundation)

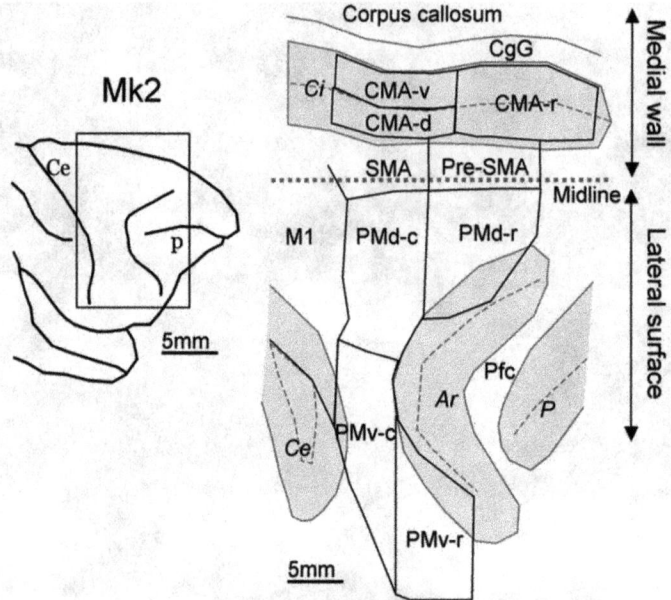

Abb. 4.3 Schematische Darstellung des prämotorischen Kortex von Makaken von Driss Boussaoud et al. (2005). Die sogenannten Spiegelneuronen fand man bei Zellableitung in der Region F5, hier nach einer anderen Konvention der Region PMv-r entsprechend. (Abdruck mit freundlicher Genehmigung von BMC)

weltberühmt werden sollten. Menschen haben aber keine Region F5. Manche argumentieren, dass unser Broca-Areal, das für die Erzeugung von Sprache wichtig ist, der Region entspricht. Quantitativ oder qualitativ? (Abb. 4.3).

Makaken- und Menschengehirne sind anders

Systematischer haben Franz-Xaver Neuber und Kollegen von der Oxford University 2014 die Gehirne von Menschen und Makaken verglichen, jedenfalls einen Teil davon: den ventrolateralen präfrontalen Kortex (vlFC; zu deutsch: zum Bauch und an der Seite gelegener Teil der vordersten Großhirnrinde). Die Untersuchung von jeweils 25 Menschen- und Affengehirnen ergab viele Gemeinsamkeiten – aber auch Unterschiede. Für den von den Forschern pragmatisch „lateral frontal pole" (FPl) getauften Bereich, also der allervorderste Teil der vordersten Großhirnrinde, doch dann bitte etwas zur Seite, gab es nämlich bei den Makaken keine Entsprechung.

Zudem gab es deutliche Unterschiede bei den funktionalen Verbindungen – salopp könnte man sagen: der Verdrahtung – von Regionen, die fürs Hören wichtig sind. Bei den Affen führten diese nur in den anterioren zingulären Kortex, bei den Menschen aber in alle anderen untersuchten Gebiete. Das passt dazu, dass wir über eine komplexe Sprache verfügen, die Affen aber nur mit Geräuschen auf bestimmte Situationen reagieren. In den Worten der Forscher:

„Wir fanden grundlegende Ähnlichkeiten aber auch bemerkenswerte Unterschiede zwischen Affen und Menschen in der Art und Weise, wie die Region vlFC mit dem Rest des Gehirns verbunden ist."[1]

Theoretisch-philosophisches Fundament

So oder so kommen wir wieder auf die Frage: Quantitativ oder qualitativ? Handelt es sich hierbei um graduelle oder prinzipielle Unterschiede? Das ist letztlich ein theoretisch-philosophisches Problem. Ohne dieses zu beantworten, ist aber die ganze Debatte darüber, wie ähnlich Tiere und Menschen sind, ziemlich sinnlos; sie hat dann schlicht kein solides Fundament.

Es ist eigentlich sinnlos, ganze Bücher zu diesem Thema zu schreiben, ohne diese philosophische Frage auch nur im Ansatz zu beantworten. Gerhard Roth, laut dem berühmten Manifest von 2004[2] einer der führenden Hirnforscher Deutschlands, tat es dennoch in seinem Werk „Wie einzigartig ist der Mensch?", das ich für die Zeitschrift *Spektrum der Wissenschaft* rezensierte.[3] Auch ohne theoretisches Fundament schlussfolgert er, der schon bei der Willensfreiheitsdiskussion mit übertriebenen Aussagen auffiel, dass sich Mensch und Tier nur graduell voneinander unterscheiden.

Offene Diskussion

Bei einer Podiumsdiskussion seltener Offenheit, die gerade im Psychologiemagazin *Gehirn&Geist* erschienen ist, sprachen die Primatologin Julia Fischer, der Philosoph Kurt Bayertz und die Entwicklungspsychologin Patricia Kanngießer über den Unterschied zwischen Mensch und Tier.[4]

---

[1] Meine Übersetzung, nach: Franz-Xaver Neuber und Kollegen (2014).
[2] https://www.spektrum.de/thema/das-manifest/852357
[3] https://www.spektrum.de/rezension/wie-einzigartig-ist-der-mensch/1126269
[4] https://www.spektrum.de/magazin/streitgespraech-was-macht-uns-menschen-aus/1457415

„In den letzten Jahrzehnten haben wir Wissenschaftler verstärkt nach den Ähnlichkeiten gesucht. Und wenn wir dann etwas Passendes entdeckten, wurde das weiterverfolgt – gefundene Unterschiede jedoch nicht. Hier liegt ein generelles Problem in der Wissenschaft vor: Was passt, wird publiziert, der Rest kommt in die Schublade." (In der Diskussion: Julia Fischer).

Dabei entsteht der Eindruck, dass die Diskussion, die mit Blick auf die Tierrechte viel Aufmerksamkeit erhielt und moralisch-rechtliche Konsequenzen nach sich zog, eher auf Eigenschaften des Wissenschaftsmarktes basiert als auf wissenschaftlichen Fakten: Alles muss neu sein, alles muss interessant klingen, kurzum: Die Botschaft muss sich gut verkaufen.

„Wenn man über die Ähnlichkeiten zwischen Mensch und Tier erst einmal genug herausgefunden hat, werden die Unterschiede wieder interessanter." (In der Diskussion: Kurt Bayertz).

Spielregeln der Wissenschaftskommunikation

Das gilt aber nicht nur, wenn Wissenschaftlerinnen und Wissenschaftler populärwissenschaftliche Bücher schreiben oder öffentliche Vorträge halten. Es fängt nämlich schon bei den wissenschaftlichen Fachzeitschriften an: Auch dort wollen Menschen an den Schalthebeln vom Neuheitswert der Ergebnisse überzeugt werden und sind Verlage davon abhängig, dass ihre Publikationen genügend Aufmerksamkeit und vor allem Zitationen erhalten. Einmal mehr bewahrheitet sich damit das bekannte Zitat des Medientheoretikers Marshall McLuhan: „Das Medium macht die Botschaft" (englisch: „The medium is the message").

Als Wissenschaftsinteressierte und gerade auch als Bloggerinnen und Blogger liegt uns aber viel daran, dass Wissenschaft nicht nur irgendeine Meinung ist. Die Diskussion um den Status der Tiere zeigt aber sehr deutlich, dass sehr viel von der Meinung der Forschenden abhängt, die sich wiederum an den (vermeintlichen) Meinungen der wissenschaftlichen Gemeinschaft und der breiten Öffentlichkeit orientiert. Immerhin wollen Karrieren gemacht, Daten publiziert und Fördermittel eingeworben werden.

Wissenschaftsfreiheit

Es geht hier nicht nur um den Ruf der Wissenschaft, sondern um ihre Freiheit schlechthin. Dass Daten nicht veröffentlicht werden können, weil sie nicht in die gängige Mode passen, ist nicht hinnehmbar – und an diesem

Beispiel sehen wir, dass dies keinesfalls nur Psychologie und andere Sozialwissenschaften betrifft, sondern auch Biologie und Primatologie. Zumindest Teile der Naturwissenschaften sind also nicht so „hart", wie es landläufig heißt.

„Hier laufen also begriffliche Debatten ab, bei denen man entweder die Unterschiede oder die Gemeinsamkeiten betont. Experimentelle Daten aus Verhaltensexperimenten müssen wir interpretieren – die eine Wahrheit gibt es nicht." (In der Diskussion: Julia Fischer).

Auch Sie, liebe Leserinnen und Leser, können einen Beitrag zur Wissenschaftsfreiheit leisten: Indem Sie sich nicht nur für witzige Wissenschaftsnews interessieren, indem Sie sich nicht nur unterhaltsame TED-Talks anschauen, sondern indem Sie sich auch auf die Suche nach den kritischen Denkerinnen und Denkern machen, die nicht nur eine knackige Story verkaufen wollen.

Eine unterhaltsame Kritik am gängigen Markt, die auch mit Hirnforschung zu tun hat, lieferte John Oliver von der *Last Week Tonight Show* in seiner Sendung über wissenschaftliche Studien.[5] Diese könnte man ganz analog auf das Thema „Spiegelneuronen" ummünzen, das in Wissenschaft wie Öffentlichkeit so viel Aufmerksamkeit erhielt.

Sie haben die Wahl

Die Schlussfolgerungen einer alternativen Wissenschaftskommunikation sind zwar weniger „sexy", aber umso realistischer. „Das hängt davon ab …" oder „teils, teils" wird man dann vielleicht häufiger lesen müssen – dafür wird man aber viel über den Stand der Forschung lernen und vor allem Schlussfolgerungen vermeiden, die vielleicht in wenigen Jahren, spätestens aber in ein paar Jahrzehnten schon wieder völlig überholt sind.

Und, ja, dass Tiere keine Gegenstände sind und aufgrund ihrer Leidensfähigkeit moralischen Schutz verdienen, versteht sich von selbst. Unsere ethische Überzeugung sollte uns aber nicht dazu führen, wissenschaftliche Befunde anders zu interpretieren und darzustellen. Das schreibt jemand, der seit dem 16. Lebensjahr im Wesentlichen Vegetarier ist.

---

[5] https://www.youtube.com/watch?v=0Rnq1NpHdmw

Literatur

Boussaoud, D., Tanné-Gariépy, J., Wannier, T., & Rouiller, E. M. (2005). Callosal connections of dorsal versus ventral premotor areas in the macaque monkey: A multiple retrograde tracing study. *BMC Neuroscience, 6*(1), 67. https://dx.doi.org/10.1186/1471-2202-6-67.
Herculano-Houzel, S. (2009). The human brain in numbers: A linearly scaled-up primate brain. *Frontiers in human neuroscience, 3,* 31–31. https://dx.doi.org/10.3389/neuro.09.031.2009.
Huxley, T. H. (1863). *Evidence as to man's place in nature.* London: Williams and Norgate.
Neubert, F. X., Mars, R. B., Thomas, A. G., Sallet, J., & Rushworth, M. F. (2014). Comparison of human ventral frontal cortex areas for cognitive control and language with areas in monkey frontal cortex. *Neuron, 81*(3), 700–713. https://dx.doi.org/10.1016/j.neuron.2013.11.012.

5

Bin ich derselbe wie vor und in einem Jahr?

Wie können wir mit Philosophie, Psychologie und Hirnforschung wissen, ob wir im Laufe der Zeit dieselbe Person bleiben? Ein Versuch über personale Identität in der Zeit unter Berücksichtigung der östlichen wie westlichen Philosophie und der Hirnforschung.

Heute wird es philosophisch. Und psychologisch zugleich. Und kann ich hoffentlich endlich einen alten Leserwunsch erfüllen, der im Zusammenhang mit dem zehnjährigen Bestehen meines Blogs am 27. September 2017[1] formuliert wurde: Die Frage nach der personalen Identität in der Zeit. Oder: Bin ich derselbe wie vor und in einem Jahr?

Natürlich ist so ein zehnjähriges Jubiläum, zumal eines Online-Tagebuchs, eine Gelegenheit, sich zu fragen, ob man eigentlich noch derselbe ist wie früher. Vielleicht schreiben Sie Tagebuch? Oder hatten Sie eine ähnliche Erfahrung beim Jubiläum des Schulabschlusses, des Studienabschlusses, der Arbeitsstelle, der Hochzeit oder eines ähnlichen Ereignisses. Waren Sie zehn Jahre später noch derselbe?

Das alltägliche Modell

Die Frage hat verschiedene Ebenen und auch verschiedene Antworten. Am einfachsten ist wohl die alltägliche oder auch die rechtliche Ebene: Gezeugt aller Wahrscheinlichkeit nach an einem Sommertage des Jahres 1979,

---

[1] https://scilogs.spektrum.de/menschen-bilder/zehn-jahre-menschen-bilder/#comment-31364

geboren urkundlich an einem Wintertage des darauffolgenden Jahres in der Stadt Wiesbaden im Land Deutschland, versehen mit Vor- und Nachnamen, fertig. Und diese „Person" schreibt jetzt einen Text, der über 39 Jahre, rund 14.400 Tage später unter demselben Namen erscheint. Es wirkt fast wie ein Wunder.

So weit, so gut. Für die Gesellschaft begann mein Dasein mit der Geburt und endet es mit dem Tod. In der Zwischenzeit werde ich als ein und dieselbe, ununterbrochen bestehende Person angesehen. Ich kann beispielsweise nicht beim Bäcker ein Brot stehlen, aufessen und zehn Minuten später zur Polizei sagen: „Da hätten Sie aber früher kommen müssen. Den Dieb gab es vor zehn Minuten, jetzt nicht mehr. *Ich* habe das Brot nicht gestohlen."

Unsere sozialen Praxen funktionieren anders. Wenn ein Freund eine seit Monaten geplante Reise schlicht mit der Begründung absagen würde, die Vereinbarung habe man mit der damaligen Person geschlossen, nicht mit ihm, würden wir uns wahrscheinlich nicht nur wundern. Wir würden uns wohl auch fragen, inwiefern eine Freundschaft mit ihm noch möglich wäre, ja inwiefern wir ihn überhaupt noch als Person ernstnehmen könnten.

Reise in die Vergangenheit

Nähern wir uns der philosophisch-psychologischen Herausforderung aber über einen Zweifelsfall an: Noch älter als mein(?) erster Blogbeitrag ist mein(?) erster Artikel auf dem Netzmagazin Telepolis. Oder sagen wir: Der erste Artikel auf Telepolis, der unter dem Namen „Stephan Schleim" veröffentlicht wurde, vor rund 5300 Tagen im Jahr 2005, hatte den Titel: „Wem gehört das Gehirn?".[2]

Spontan würde ich sagen, dass ich niemals so einen dämlichen Titel wählen würde. Und dann im Text vom „Anfang der Neurorevolution" oder dem „explodierenden Markt der Neurowissenschaften" zu schwadronieren, das geht gar nicht. Im Postfach fand ich noch eine Nachricht des behandelnden Redakteurs, der mich(?) dazu ermutigte, beim nächsten Mal einen eigenen Standpunkt zu vertreten und nicht bloß mit der Floskel „das muss die Gesellschaft entscheiden" zu schließen. Das hört sich auch nicht sehr nach mir an.

Natürlich weiß ich, dass wer 140 Artikel in einem Medium veröffentlicht hat, zuvor einen 139., 138., … 3., 2., 1. Text geschrieben haben muss. Doch

---

[2] https://www.heise.de/tp/features/Wem-gehoert-das-Gehirn-3438183.html

das setzt schon voraus, dass der Autor all dieser Artikel dieselbe Person ist, wenn auch zu verschiedenen Zeitpunkten. Und woher soll man das wissen, wenn man es nicht schlicht als angelernte Praxis akzeptiert? Frei nach dem Motto: „Das machen wir hier eben so!" Und das würde dem Anspruch der Philosophie nicht genügen, die die Frage nach dem Warum immer wieder neu stellt.

Philosophische Gedanken ...

Das Problem hat sich für den berühmten Zweifler René Descartes (1596–1650), einen der gedanklichen Väter der Neuzeit, nicht gestellt. Oder die Lösung war für ihn offensichtlich: Ich bin eine denkende Substanz (lateinisch *res cogitans*), eine immaterielle Seele, die in dieser Welt zufällig mit genau diesem einen Körper verbunden ist und ihn auf bisher ungeklärte Weise über eine Verbindung mit der Epiphyse (Zirbeldrüse) steuert. Umgekehrt nahm der Philosoph übrigens an, dass der Körper über den Zustand in dieser Gehirnregion die Seele die Welt wahrnehmen ließ und begründete damit wohl schon eine Supervenienzthese von Leib und Seele, doch das hier nur am Rande.[3]

Nun sind 370 Jahre nach Descartes' „Leidenschaften der Seele" Zirbeldrüsen und vor allem die Seelen – abgesehen vielleicht vom gleichnamigen schwäbischen Gebäck – weniger hoch im Kurs, vor allem unter Philosophen, Psychologen und Hirnforschern. Doch nicht viel später als Descartes stellten schon die britischen Empiristen, vor allem John Locke (1632–1704) und David Hume (1711–1776), die Frage nach der Identität der Person in der Zeit. Dabei suchten sie nach einer Antwort, die nicht auf keine übernatürliche Entität rekurrieren würde.

Für Locke war das entscheidende Kriterium die Kontinuität des Bewusstseins mit seinem Erinnerungsvermögen. Doch das warf eine Reihe von Problemen auf: Was ist zum Beispiel mit Phasen aus der Kindheit, an die wir uns prinzipiell nicht erinnern? War das nicht *ich*? Oder mit Erinnerungen an Erlebnisse, die wir uns fälschlicherweise selbst zuschreiben, obwohl sie anderen passierten? Oder mit Amnesien nach einer Gehirnverletzung? Endet dann die personale Identität? Und bin ich im traum- und damit bewusstlosen Schlaf nicht *ich*?

---

[3]Descartes' Zitat und was eine Supervenienzthese ist, wird im Kap. 9 genauer erklärt: Hirnforschung oder Religion: Hirnscanner im Himmel?

Schon Lockes schottischer Zeitgenosse Hume war sich solcher Schwierigkeiten bewusst und vertrat daher auch eine wesentlich zurückhaltendere Position zur personalen Identität, von deren Skepsis sich die angelsächsische analytische Philosophie bis heute nicht befreit hat. Kürzlich hat das die Philosophin Luisa Maria Schulz zusammengefasst, die noch unter dem Identitätszweifler Derek Parfit (1942–2017) an der Oxford Universität studiert hat.[4]

… und philosophische Gedankenexperimente

Parfit gründete seine Überlegungen dabei – so wie viele andere Vertreter seiner Zunft – wesentlich auf Gedankenexperimente. Ähnlich wie in dem auf einem Roman Stanislaw Lems basierenden Film „Solaris" solle man sich vorstellen, dass durch einen Teletransport auf einmal perfekt identische Doppelgänger von einem selbst existieren. Freunde von *Raumschiff Enterprise* erinnern sich vielleicht an die 150. Episode „Second Chances" der Serie *The Next Generation* aus dem Jahr 1993, in der Commander Riker einer Kopie von sich selbst begegnet, die durch eine Transporteranomalie entstanden war.

Manche Philosophen halten es nun für eine interessante Frage, wer in so einer (hypothetischen) Situation das echte Ich wäre. Hier möchte ich erst einmal als Disclaimer anführen, dass mit solchen Beispielen unsere Intuitionen auf Fälle angewandt werden, für die sie in unserer evolutionären und kulturellen Evolution gar nicht entstanden sind; der amerikanische Philosoph Daniel Dennett kritisierte solche Gedankenexperimente darum meiner Meinung nach völlig zurecht als „Intuitionspumpen". Unterhaltungswert besitzen sie trotzdem. Damit aber Erkenntnis- oder Existenzfragen (in Fachsprache: epistemische oder metaphysische Fragen) lösen zu wollen, halte ich für sehr gewagt.

Nehmen wir an, solche Fälle wären irgendwie möglich und sinnvolle Diskussionsgrundlage. Dann fällt erst einmal auf, dass eine Person und ihre Kopie schon ab dem Moment der Erschaffung des Doppelgängers unterschiedliche Bewusstseine haben. In diesem Sinne sind sie nicht mehr identisch, schlicht weil es physikalisch unmöglich ist, dass zwei Menschen zum selben Moment am selben Ort existieren können. Die beiden haben

---

[4] https://www.spektrum.de/magazin/identitaet-bleibe-ich-wer-ich-bin/1652254

also sofort unterschiedliche Erlebnisse, und sei es nur, dass der Eine vom Stanpunkt X, der Andere vom Ort Y aus guckt.

Darüber hinaus stellt sich die Frage, ob sich, je nach den technischen Details, Original und Kopie voneinander unterscheiden lassen. Wenn ja, dann hätten wir wohl die Neigung, das Original als das echte Ich und die Kopie als eine Art extrem ähnlichen eineiigen Zwilling aufzufassen: sehr ähnlich aber doch anders, eben zwei Individuen. Lässt sich hingegen kein Original ausmachen, dann ist die Frage wahrscheinlich unentscheidbar. Doch, wie gesagt, unsere Intuitionen versagen bei solchen Fällen, schlicht weil sie dafür nicht gemacht sind.

Philosophie mit Raumschiff Enterprise

Praktisch interessant wären nun Konstellationen, in denen der Doppelgänger Privilegien geltend macht, die nur *eine* Person für sich beanspruchen kann. Da ich „Solaris" nicht gesehen habe, schmücke ich im Folgenden die erwähnten Enterprise-Folge etwas aus: Durch eine Transporteranomalie blieb eine Kopie als Lieutenant Riker auf einem Planeten zurück, während die Andere auf dem Raumschiff Karriere machte und Commander wurde.

Wem der beiden gehört nun beispielsweise die geliebte Posaune? Der Commander gibt dem Lieutenant Riker am Ende der Folge das Instrument tatsächlich als Geschenk mit, da es ihm genauso gehöre. Problem gelöst. Doch nehmen wir an, Riker wäre vor dem Vorfall verheiratet gewesen und nun würden beide dieselbe Partnerin für sich beanspruchen. Beide Männer hätten eine authentische Liebesbeziehung zu der Frau. Für wen sollte sie sich entscheiden? Und auf der Grundlage welcher Gründe? Sollte sie gar mit beiden zusammenleben?

Noch komplizierter wäre es, wenn das Paar ein Kind hätte. Dabei könnte man noch einmal unterscheiden, ob das Kind vor oder nach der Transporteranomalie gezeugt wurde. In jedem Falle würde ein DNA-Test beide Männer als Vater ausweisen. Was, wenn der verschollene Lieutenant Riker nun das Sorgerecht forderte?

Wir können uns vorstellen, dass Zivilgerichte im Enterprise-Universum Lösungen für solche Probleme finden. Wir müssen es glücklicherweise nicht. Wir wollten uns hier ja auch mit der Frage beschäftigen, was personale Identität in der Zeit ist, nicht mit Science Fiction. Philosoph Parfit trieb seine Überlegungen übrigens mit anderen Beispielen noch weiter auf die Spitze. Man solle sich etwa vorstellen, getrennte Gehirnhälften von einem selbst würden in unterschiedliche Körper transplantiert. Was würde das für die Identität bedeuten?

Philosophie getrennter Hirnhälften

Auf einmal scheint Descartes' Lösung so einfach. Dumm nur, dass bisher kein Mikroskop, kein Hirnscanner oder anderes Instrument Hinweise auf eine immaterielle Seele gefunden hat. Auch das schwäbische Gebäck kann leider nicht als Lösung dienen. Würde man nun Parfits Weg ernsthaft folgen, sollte man sich erst einmal genauer mit der Phänomenologie sogenannter Split-Brain-Patienten beschäftigen. Bei diesen wurden die Verbindungen zwischen linker und rechter Gehirnhälfte getrennt.

Die Philosophin Schulz schreibt in ihrem Artikel dazu schlicht: „Der Mensch lebt danach mit zwei unabhängigen Bewusstseinsströmen weiter, die nichts voneinander wissen." Tatsächlich wird so ein Zustand manchmal operativ als letztes Mittel zur Behandlung einer Epilepsie herbeigeführt. Dabei wird das Corpus Callosum (der Balken zwischen den Hemisphären) durchtrennt. Der Neuropsychologe Roger Sperry (1913–1994) erhielt für seine Forschung dazu 1981 den Nobelpreis für Physiologie und Medizin.

Die Frage, inwiefern hier wirklich zwei getrennte Bewusstseine oder vielmehr ein Bewusstsein mit unterschiedlichem Zugang zu in der linken oder rechten Hirnhälfte repräsentierter Funktion oder Information vorliegt, kann ich hier nicht beantworten. Interessierte mögen sich selbst in die Literatur vertiefen. Aber noch einmal sei daran erinnert, dass unsere Intuitionen nicht für solche Fälle geschaffen sind, zumal man sich in Parfits Gedankenexperiment dann auch noch eine Transplantation der beiden Hemisphären in zwei unterschiedliche Körper vorstellen soll.

Eine phänomenologisch-psychologische Analyse

Im Folgenden will ich mich stattdessen erst selbst an einer phänomenologisch-psychologischen Analyse versuchen und zum Abschluss auf eine wichtige Diskussion zum Thema aus der buddhistischen Philosophie hinweisen, die mehr als tausend Jahre vor Descartes stattfand.

Um was für ein „Ding" soll es sich bei personaler Identität überhaupt handeln? Sicherlich nichts, was wir anfassen, riechen, schmecken, wiegen oder im Teilchenbeschleuniger beschießen können. Dennoch werden die meisten von uns heute Abend wohl mit der tiefen Überzeugung ins Bett gehen, dass sie am nächsten Morgen nicht nur aufwachen, sondern auch als *dieselbe Person* aufwachen werden. In diesem Sinne erleben wir uns in aller Regel als kontinuierlich in der Zeit, als der- oder dieselbe, als identisch, wenn auch durch den einen oder anderen (auf natürliche Weise oder etwa durch Drogen oder Medikamente herbeigeführten) bewusstlosen Zustand unterbrochen.

Zustände, in denen das nicht der Fall ist, rücken wir schnell ins Pathologische oder Reaktive, Letzteres etwa im Schockzustand nach einem Unfall oder Verbrechen. Fachbegriffe aus der Psychologie oder Psychiatrie sind dann Dissoziation oder Depersonalisation. Amnesien und falsche Erinnerungen haben wir bereits erwähnt. Ziel einer Therapie wäre wohl nicht zuletzt, dem Betroffenen wieder zu einer Erfahrung als einheitliche, in der Zeit kontinuierlich existierenden Person zu verhelfen.

Was sich daraus über das Bewusstsein oder hier im Speziellen für das Erfahren der personalen Identität lernen lässt, muss ich, wie im Fall der Split-Brain-Patienten, den Klinikern überlassen. Ich will stattdessen erst einmal zur Feststellung kommen, dass wir uns selbst zwar als kontinuierlich – mit den genannten Unterbrechungen – existierende Person erleben, wir das nach dem kulturgeschichtlichen Wegfallen der Seele aber auch nicht ohne Weiteres an einem körperlichen Substrat festmachen können:

Alles ist im Fluss

Jede Zelle des Körpers ändert sich und wird irgendwann wieder ersetzt; auch jeder Gehirnzustand geht wieder in einen anderen über. Bisher wurde auch kein „Selbstmodul" oder Wesenskern im Gehirn gefunden. Der Hirnforscher, Psychiater und Philosoph Georg Northoff (2017) hat allerdings das meines Wissens bisher anspruchsvollste Modell dafür entwickelt, wie aus zeitlich veränderlichen Gehirnprozessen ein Erleben von sich selbst als kontinuierlich in der Zeit existierend entstehen könnte.

Dafür hat er die kortikalen Mittelstrukturen des Gehirns wie den zingulären Kortex ausgemacht, der sich um den bereits erwähnten Balken schlängelt. Das bekannte Problem solcher Untersuchungen ist aber, dass sie nur auf der allgemeinen Ebene etwas über Begleiterscheinungen (Korrelationen) zwischen Gedanken und Erlebnissen einerseits und Gehirnvorgängen andererseits aussagen können.

Northoffs Schlussfolgerung lautet dann: „[U]nsere Identität ist buchstäblich zeitlich, denn sie gründet auf zeitlichen Eigenschaften der neuronalen Aktivität in den kortikalen Mittelstrukturen".[5] Das erklärt vielleicht, warum wir uns als in der Zeit identisch *erleben*, hört sich aber nach keinem festen Wesenskern an.

Identität durch unsere Identifikationsprozesse

Darum hier ein anderer Versuch: Dass wir uns – mit den erwähnten Einschränkungen wie Schlaf oder bestimmten Verletzungen oder Traumata – als in der Zeit kontinuierlich und identisch erfahren, ist ein gelernter Gedanken-, genauer ein Identifikationsprozess. Das beste Beispiel hierfür ist die Identifikation mit unserem Körper.

Weil wir über ihn wahrnehmen und fühlen, aber auch unsere eigenen Gedanken und Gefühle mit ihm ausdrücken, vor allem aber, weil wir von anderen darüber als in der Zeit identische Personen angesprochen werden, identifizieren wir uns damit. Dabei ändert sich der Körper kontinuierlich und ist zu jedem Zeitpunkt wieder anders. Dem Vernehmen nach sind spätestens nach sieben Jahren alle Zellen einmal ausgetauscht.

Schon in der Antike wurde mit dem *Schiff des Theseus* die Frage diskutiert, wie viele Teile man von etwas ersetzen kann, bis es seine Identität verliert. Eine eindeutige Antwort gibt es darauf nicht; die brauchen wir hier aber auch nicht. Denn wenn ich mich als in der Zeit identisch erfahre, während mein Körper sich permanent ändert, dann muss erstens das Ich (wenn es keine Illusion ist) etwas anderes sein als der Körper und zweitens die Identifikation mit dem Körper als *mein* Körper kontinuierlich neu stattfinden.

Solche Identifikationsprozesse finden nun aber interessanterweise nicht nur mit dem eigenen Körper statt, sondern sogar mit den Körpern anderer Menschen bis hin zu unbelebten Gegenständen oder gar abstrakten Dingen. Ein Beispiel: Studien zur Empathie (wörtlich: Einfühlung) haben gezeigt, dass Menschen ähnliche Schmerzen erleben, wenn sie sehen, wie ihren Partnern Schmerzen zugefügt werden. Die Hirnforscher Tania Singer und Christian Keysers machten in den frühen 2000ern im Hype um die „Spiegelneuronen" damit Karriere, nachweisen zu können, dass sich sogar

---

[5]Northoff, 2017, S. 128; meine Übersetzung.

die Gehirnaktivierung der Partner beim Fühlen der schmerzhaften Reize am eigenen Leib und beim Sehen der Peinigung des Anderen ähnle.[6]

Identifikation mit Fremdem

Dieser Identifikationsprozess kann sich vom eigenen Körper, auf den von Partnern, Familienmitgliedern, sehr engen Freunden, auf materielle Dinge wie das eigene Auto oder Immaterielles wie den Lieblingsverein oder das Vaterland in dem Sinne ausdehnen, dass man sein eigenes Wohl und Wehe vom Wohl und Wehe des Andern abhängig macht. Wie es dem anderen Menschen, der Gruppe, dem Ding oder abstrakten Etwas – man denke hier etwa an Wertpapiere, in die man sein Erspartes investiert hat – ergeht, bestimmt dann in einem großen Maße unser Denken und unser Wohlbefinden.

Als Faustregel kann man sich merken, dass wir uns jedes Mal, wenn uns etwas stresst, ärgert oder verletzt, etwas Anderes über einen Identifikationsprozess gedanklich angeeignet haben.[7] Dagegen entwickelte schon die philosophische Schule der Stoa (ab ca. 300 v. Chr.) Überlegungen, die bis heute als Lebensratgeber verwendet werden. Zusammengefasst könnte man deren Ratschlag so formulieren: Identifiziere dich mit nichts, was dir nicht eigen ist.

Das Paradebeispiel hierfür ist der Sklavenphilosoph Epiktet (ca. 50–138 n. Chr.). Von ihm heißt es, dass es ihn nicht einmal berührt habe, als sein Herr und Meister ihm ein Bein verstümmelte. (Ob dieses Ereignis tatsächlich stattfand, ist allerdings historisch umstritten.) Der Sklave schrieb jedenfalls gelassen, warum sich mit dem Körper identifizieren, wo doch andere darüber herrschen? Nur das Denken sei einem jeden eigen.[8]

---

[6]Die Empathieforscherin Singer, die auch für ihre Untersuchungen zu Meditation und Mitgefühl bekannt war, hat allerdings erst vor Kurzem ihren Posten als Direktorin am Max-Planck-Institut für Kognitions- und Neurowissenschaften in Leipzig aufgegeben. Ihr attestierte eine Untersuchungskommission „erhebliches Führungsfehlverhalten", siehe https://www.tagesspiegel.de/wissen/nach-mobbing-vorwuerfen-tania-singer-ist-als-max-planck-direktorin-zurueckgetreten/23719222.html. Als Empathieforscherin muss man also nicht unbedingt sehr empathisch sein.
[7]Siehe hierzu auch die Ausführungen im Kap. 31: Deutsche wollen weniger Stress – doch wie?
[8]Siehe dazu etwa die §§1, 9 und 20 seines „Handbüchleins der Moral".

Ein diabolischer Pakt

Für die Nicht-Stoiker unter den Lesern will ich es mit einem Gedankenexperiment versuchen, jedoch einem, das ohne Science Fiction auskommt: Stellen wir uns vor, ein Multimilliardär kommt zu uns und macht uns einen Vorschlag. Für eine bestimmte, vorher vereinbarte Zeit würde er ein Team und all sein Geld dafür zur Verfügung stellen, uns alle Wünsche zu erfüllen. Nach Ablauf der Periode dürfte er dafür mit uns machen, was er will, einschließlich foltern und töten. Dass die Vereinbarung sittenwidrig und damit rechtlich unwirksam wäre, lassen wir hier außer Acht.

Jetzt ist eine entscheidende Frage, wie lange die vorhergehende Periode der Wunscherfüllung dauern würde. Bei einer halben Stunde würde wohl jeder gleich ablehnen. Warum? Weil er wüsste, dass er das zu erwartende Leid dann erleben müsste, und zwar schon bald. Derjenige identifiziert sich also mit dem Ich in dreißig Minuten, sieht sich selbst als dieselbe Person jetzt und gleich.

Würden wir die Zeitspanne auf drei, zehn oder vielleicht sogar dreißig Jahre ausdehnen, dann würde der eine oder andere aber vielleicht überlegen, ob das nicht ein gutes Angebot wäre. Dabei ändert sich aber im Prinzip nichts daran, dass der Mensch, der dann das in Zukunft zu erwartende Leid erlebt, nach dem vorherrschenden Modell derselbe ist wie der Mensch, der die Vereinbarung trifft und dann längere Zeit im Schlaraffenland lebt.

Das heißt aber, dass der Gedanke von der personalen Identität in der Zeit diffus wird und nicht absolut gilt, wenn wir lang genug in die Zukunft – oder die Vergangenheit – schauen. Und so kann auch ich nicht ohne Weiteres sagen, dass der Autor des ersten Telepolis-Beitrags unter dem Namen „Stephan Schleim" im Jahr 2005 derselbe ist wie der Autor des heutigen Artikels. Tatsächlich erinnere ich mich nicht einmal an den damaligen Vorgang.

Ausflug zur östlichen Philosophie

Zum Schluss möchte ich noch zwei Ansätze aus der östlichen Philosophie gegenüberstellen, die man nicht vernachlässigen sollte, wenn man über persönliche Identität in der Zeit nachdenkt. Zuerst einmal sei erwähnt, dass der Hinduismus und die mit ihm verbundenen philosophischen Schulen Indiens ähnlich wie die christliche Theologie von einer immateriellen Seele als Wesenskern ausgeht, dem *Atman*. Dazu heißt es in einer alten Schrift:

„Das Selbst ist allesdurchdringend, scheinend, körperlos, formlos, ganz, unverletzt, rein, alwissend, über allem erhaben…".[9]

Mit diesem Selbst könne man nicht nur in tiefer Meditation in Kontakt kommen, sondern tatsächlich auch im traumlosen Tiefschlaf, wenn wir nach wissenschaftlicher Meinung also gar keine Bewusstseinsvorgänge mehr haben. Dieses Selbst sei der Wahrnehmer, im Tiefschlaf habe er schlicht kein Objekt. „Es ist das, was wahrnimmt und nicht das wahrgenommene Objekt. Was immer Objekt ist, gehört zum Nicht-Selbst. Das Selbst ist das konstante Wahrnehmer-Bewusstsein".[10]

Interessant ist nun, dass vor diesem philosophischen Hintergrund der Buddhismus entstand (ca. 5. Jh. v. Chr.), der das genaue Gegenteil lehrt, nämlich *Anatman* oder *Anatta*, Nicht-Selbst, auch bekannt als Unpersönlichkeitslehre. Der Gedanke der Veränderlichkeit und Abhängigkeit von allem außer dem Selbst, wie ihn der Hinduismus lehrt, wird im Buddhismus radikal auf alles ausgedehnt. Auch das sei eine Erkenntnis von Meditation.

Erklärt wird das beispielsweise im Dialog zwischen dem Mönch Nagasena und dem König Milinda, der sich im 2. Jh. v. Chr. im heutigen Nordindien ereignet haben soll und einige Jahrhunderte später aufgeschrieben wurde. So soll der Mönch auf die Frage nach seinem Namen erwidert haben: „Nagasena, doch ‚Nagasena' ist nur eine Bezeichnung, ein Ettikett, ein Begriff, ein Ausdruck, ein bloßer Name, denn es findet sich keine Person als solche".[11]

Aus der Identifikation mit einer Person oder einem Selbst entsteht laut dem Buddhismus vor allem Leiden. Akzeptiert man umgekehrt die Unpersönlichkeitslehre, dann folgen Aphorismen der Form: Es gibt nur Leiden, keinen Leidenden; nur Taten, keinen Täter; und so weiter. Ohne in so einer Absolutheit aufzutreten, entspricht das auch den Empfehlungen der stoischen Ethik, sich mit nichts zu identifizieren, was einem nicht eigen ist, um Leiden zu vermeiden.

---

[9]Meine Übersetzung aus dem Englischen aus *Isha Upanishad*, 8, 1. Jahrtausend v. Chr.
[10]nach S. Radhakrishnan (1953/2018), S. 75; meine Übersetzung.
[11]Meine Übersetzung aus dem Englischen aus *Milindapanha*, II, 1.

Zusammenfassung

Dieser Essay ist ein Versuch, sich dem Thema der persönlichen Identität in der Zeit anzunähern. Einerseits erfahren wir uns in aller Regel als ein und dieselbe Person, andererseits behandeln uns unser Umfeld und die gesellschaftlichen Institutionen als solche. Über längere Zeiträume hinweg scheint diese Idee aber diffus zu werden.

Mit dem Wegfallen einer immateriellen Seele ist aber nicht klar, welche Entität (welches Ding) Träger dieser Identität sein soll. Ist das Ich, das Selbst mehr als eine gesellschaftlich adäquate und persönlich angenehme Vorstellung? Dabei sollten wir nicht vergessen, dass Urväter der Psychotherapie wie Sigmund Freud (1856–1939) oder Carl Gustav Jung (1875–1961) betonten, dass ein gesundes Ego für ein gesundes Funktionieren in der Gesellschaft wichtig ist.

Die westliche Philosophie hat bisher keine überzeugende Antwort darauf gefunden, worauf sich unsere Erfahrung personaler Identität in der Zeit konkret beziehen soll. Auch die Hirnforschung kann bisher nicht erklären, was unser Wesenskern, unser Ich oder Selbst sein sollte. Allenfalls das subjektive Erleben davon rückt in den Bereich neurowissenschaftlicher Erklärungen. Dass es irgendeine neuronale Struktur geben muss, die unserer Erfahrung zugrunde liegt, wissen wir aber schon – denn sonst hätten wir sie ja nicht.

Damit bleibt die philosophische Frage ungelöst. Und die soziale Praxis, für vergangene oder zukünftige Entscheidungen verantwortlich gemacht zu werden, geht einfach so weiter. Aus der Science Fiction-Welt entlehnte Gedankenexperimente werden das Problem wohl nicht lösen. Die hier kurz angeführten philosophisch-psychologischen Lehren legen aber den Verdacht nahe, dass uns Identifikationsprozesse auf verschiedene Arten und Weisen aus der Ruhe bringen können. Wen das anspricht, der weiß jetzt, wo er weiterlesen kann.

Und um die Titelfrage zu beantworten: Ob ich derselbe bin, wie vor oder in einem Jahr, hängt für mich von meiner Erfahrung ab. Die gesellschaftliche Konvention sagt schlicht: „Ja!" Sowohl philosophisch als auch wissenschaftlich gesehen ist aber gar nicht klar, worauf sich diese Identitätsaussage stützt. So scheint es vor allem eine moralisch-rechtliche Praxis zu sein, die unsere Gesellschaft am Leben erhält. (Der letzte Satz ist bewusst doppeldeutig.)

Literatur

Epiktet. (2019). *Handbüchlein der Moral*. Ditzingen: Reclam.
Northoff, G. (2017). Personal identity and Cortical Midline Structure (CMS): Do temporal features of CMS neural activity transform into „self-continuity"? *Psychological Inquiry, 28*(2–3), 122–131. https://dx.doi.org/10.1080/1047840x.2017.1337396.
Radhakrishnan, S. (2018). The principal upanisads. Noida: HarperCollins (Erstveröffentlichung 1953).

6

Das Einmaleins des Leib-Seele-Problems

Der Mensch als Kulturwesen oder Naturgegenstand? Der letzte Artikel des Teils über Neurophilosophie und das Leib-Seele-Problem beschäftigt sich mit dem scheinbaren Widerspruch dieser beiden Perspektiven. Wer erklärt den Menschen und wie? Die Überlegungen aus den vorherigen Kapiteln werden hierin aufgegriffen und zu einem vorläufigen Ende gebracht. Eine wichtige Rolle spielt dabei die Verwendung unserer Sprache.

Das Leib-Seele-Problem hat in unserer Kultur eine lange Geschichte. Viele werden hier zuerst an den Philosophen, Mathematiker und Physiologen René Descartes (1596–1650) denken. Dieser trennte Körper (beziehungsweise ausgedehnte Dinge) und Seelen (beziehungsweise denkende Dinge) begrifflich in zwei Domänen. Diese stünden im Menschen – und auch nur in ihm – vor allem in der Zirbeldrüse (Epiphyse) miteinander in Verbindung. Dieses Organ schien Descartes wegen seiner zentralen Lage im Gehirn der passende Ort für die Leib-Seele-Wechselwirkung.

Ich möchte hier aber noch einmal ziemlich genau 2000 Jahre länger in unserer Kulturgeschichte zurückgehen, nämlich zu keinem Geringeren als Sokrates (469–399 v.Chr.). Dieser saß nach seiner Verurteilung wegen Gottesfrevels und verderblichen Einflusses auf die Jugend im Gefängnis und wartete auf seinen Tod. Mit seinen kritischen Fragen hatte er zu viele Athener gegen sich aufgebracht.

Seine Schüler und Freunde, darunter der Simmias aus wohlhabendem Hause, hatten ihm die Flucht ermöglichen wollen. Doch Sokrates blieb. Und er blieb mit Fassung, seinen Idealen treu, obwohl er den Urteilsspruch für ungerecht hielt. So will es die literarische Überlieferung seines Schülers

Abb. 6.1 Der Tod des Sokrates, Gemälde von Jacques-Louis David (1748–1825) aus dem Jahr 1787. Metropolitan Museum of Art, New York. (© Erich Lessing/akg-images/picture alliance)

Platon. Und dort im Gefängnis besuchten ihn noch einmal seine Schüler Phaidon, nach dem Sokrates' letzte Unterweisungen benannt sind, Simmias und Kebes (Abb. 6.1).

Ein Grund für die Gefasstheit des Philosophen, während viele seiner Freunde schon um ihn trauerten, war dessen unerschütterlicher Glaube an die Unsterblichkeit der Seele. Auch heute, fast 2500 Jahre später, verwundert es uns nicht, dass Menschen sich im Angesicht des Todes Gedanken über das Jenseits machen. Hier soll es aber nicht um Sokrates' Seelenlehre gehen.

Erklärung sozialer Sachverhalte

Für diejenigen unter uns, die noch für unbestimmte Zeit im Diesseits verharren, stellt sich eine andere interessante Frage: Warum war Sokrates im Gefängnis? Oder allgemeiner gefragt: Was gilt als *Erklärung* für Sachverhalte wie dem, dass der Philosoph dortblieb – und nicht etwa mit seinen Freunden geflohen war?

Sokrates erzählt, dass er sich schon in seiner Jugend für die Ursachen aller Phänomene interessierte. Dabei sei er auf das Werk des Naturphilosophen – Naturwissenschaft im heutigen Sinne gab es noch keine – Anaxagoras

(500–428 v. Chr) gestoßen. Laut dessen Lehre sei die Antwort auf die Frage, warum Sokrates im Gefängnis ist,

> „weil mein Leib aus Knochen und Sehnen besteht und die Knochen dicht sind und durch Gelenke voneinander geschieden, die Sehnen aber so eingerichtet, dass sie angezogen und nachgelassen werden können und die Knochen umgeben von dem Fleisch und der Haut, welche sie zusammenhält. Da sich nun die Knochen in ihren Gelenken drehen, so machten die Sehnen, wenn ich sie nachlasse und anziehe, dass ich jetzt imstande sei, meine Glieder zu bewegen, und aus diesem Grund säße ich jetzt hier mit gebogenen Knien."[1]

Kurzum, aus heutiger Sicht würden wir sagen, dass Anaxagoras den Sachverhalt *auf die Physiologie reduzieren* wollte. Ähnlich sei der Versuch, erklärt Sokrates weiter, das Gespräch zwischen ihm und seinen Schülern auf die Töne, die Luft und das Gehör zu reduzieren. Solchen Bestrebungen widerspricht er aber entschieden und hält es stattdessen für die „wahren Ursachen",

> „dass nämlich, weil es den Athenern besser gefallen hat, mich zu verdammen, deshalb es auch mir besser geschienen hat, hier sitzen zu bleiben, und gerechter geschienen hat, hier zu bleiben und die Strafe geduldig auf mich zu nehmen, welche sie angeordnet haben. Denn, beim Hunde, schon lange, glaube ich wenigstens, wären diese Sehnen und Knochen in [der Hafenstadt] Megara oder bei den Boiotiern …, hätte ich es nicht für gerechter und schöner gehalten, lieber als dass ich fliehen und davongehen sollte, dem Staate die Strafe zu büßen, die er mir anordnet."[2]

Mit anderen Worten: Sokrates säße wegen des Urteils der Athener im Gefängnis und wegen seiner eigenen Entscheidung, weil er das für gerechter und schöner gehalten habe, als wegzulaufen. Und man muss auch fast 2500 Jahre später einräumen, dass dieser Erklärung eine gewisse Plausibilität innewohnt. Auf physiologischer Ebene aber erklären zu wollen, warum der Philosoph dort saß und wenig später aus dem Giftbecher trinken würde, anstatt in Megara seine Freiheit zu genießen, wäre auch heute noch eine unlösbare Herausforderung.

Willkommen inmitten des Leib-Seele-Problems.

---

[1] Phaidon, 98c-e, nach der Übersetzung von Friedrich Schleiermacher von 1809.
[2] Phaidon, 98e-99a, nach der Übersetzung von Friedrich Schleiermacher von 1809.

Das formale Leib-Seele-Problem

Zwar reden wir inzwischen weniger von Seelen als zu Sokrates' Zeiten – nicht in der Philosophie und schon gar nicht in den Naturwissenschaften. Doch, wie ich im Folgenden zeigen möchte, ist auch die Rede vom „Geist" (englisch *mind,* von lateinisch *mens* und Sanskrit *manas*), der uns in der Philosophie oder auch den „Geisteswissenschaften" häufiger begegnet, nicht unproblematisch. Bis hierhin sollte aber klar geworden sein, dass es bis heute eine Herausforderung geblieben ist, den Menschen als Kulturwesen oder als Naturgegenstand zu beschreiben; und diese Herausforderung begleitet uns schon mindestens seit der Antike.Der britische Philosoph Jonathan Westphal hat 2016 ein neues Buch über das Leib-Seele-Problem – oder in seiner aktuelleren Variante sollte man es besser „Körper-Geist-Problem" nennen – geschrieben. Darin formuliert er es als ein logisches Problem mit den folgenden vier Prämissen:

> **Das Leib-Seele-Problem nach Joseph Westphal**
> 1. Der Geist ist ein nichtphysikalisches Ding.
> 2. Der Körper ist ein physikalisches Ding.
> 3. Geist und Körper interagieren miteinander.
> 4. Physikalische und nichtphysikalische Dinge können nicht miteinander interagieren.

Die vier Annahmen führen zu einem Widerspruch und können daher nicht gleichzeitig wahr sein. Auf den Sinn der einzelnen Prämissen und den Widerspruch werde ich bei einer ähnlichen Formulierung des Problems durch den Schweizer Philosophen Peter Bieri gleich ausführlicher eingehen. Hier will ich erst einmal die Aufmerksamkeit darauf richten, den Geist als „Ding" zu sehen. In der Fachsprache nennt man dies auch Reifikation, wortwörtlich „Verdinglichung", von lateinisch *res* für „Ding".

Ob wir nun im Deutschen vom „Geist" sprechen oder das englische „mind" verwenden, wie Westphal es in seinem Buch tut, sollten wir kurz innehalten, was wir damit überhaupt meinen. Der Duden erklärt das Wort als „denkendes Bewusstsein des Menschen, Verstandeskraft, Verstand", das Grimmsche Wörterbuch setzt es in ganzen 119 Spalten unter anderem mit der Seele und dem Atem in Beziehung. Mit über 500.000 Zeichen wäre der Eintrag für ein einziges Wort genug für ein eigenes Buch! Das wäre aber allenfalls für ein paar Sprachwissenschaftler und Philosophen von Interesse.

Für unsere Zwecke ist die Feststellung hinreichend, dass man den Geist erst zu einem Ding macht und dann später Probleme bekommt, weil physikalische und nichtphysikalische Dinge nicht miteinander interagieren könnten. Man erwartet von dem so verstandenen Geist etwas, was er, gemäß wissenschaftlichen Überlegungen über beispielsweise Energieerhaltung oder Ursache-Wirkungs-Beziehungen, nicht leisten kann. Kein Wunder, dass das zu Schwierigkeiten führt!

Rätselhafte Wechselwirkung

Das Weltgeschehen ist komplexer als das, was sich auf einem Billardtisch abspielt. Dort trifft eine Kugel auf eine andere, überträgt ihre Bewegungsenergie und das Spiel geht weiter. Wenn man jetzt für die erste Kugel „den Geist" setzt, dann ist nicht ersichtlich, wo und wie die Interaktion, der Stoß, stattfinden soll. Mit diesem Problem war schon Descartes konfrontiert, wie in einem Briefwechsel mit Elisabeth von der Pfalz (1618–1680) dokumentiert ist. So schrieb die Adlige dem Philosophen im Mai 1643:

> „Wie kann die Seele des Menschen die Lebensgeister [deutsch für lateinisch *spiriti animali,* wie man damals die Kraft nannte, die den Körper bewegt; Anm. St. S.] dazu veranlassen, die Willkürhandlungen auszuführen (da sie doch nur eine denkende Substanz ist)? Denn es scheint, daß jede Bewegung durch einen Stoß verursacht wird, wobei die Art des Stoßes von den Eigenschaften und der Form der Oberfläche abhängt, durch den der Stoß ausgeführt wird. In den ersten beiden Fällen wird Berührung vorausgesetzt und beim dritten räumliche Ausdehnung. Sie schließen aber diese vollständig aus dem Begriff aus, den Sie von der Seele haben, und jene erscheint mir unvereinbar mit einem immateriellen Gegenstand. Deshalb bitte ich Sie um eine spezifischere Definition der Seele als in ihrer Metaphysik."[3]

Elisabeth machte Descartes darauf aufmerksam, dass er die Wechselwirkung von Leib und Seele nicht erklären konnte. Ja, der Philosoph könne nicht einmal plausibel machen, wie etwas Immaterielles die Teilchen im Körper anstoßen und so in Bewegung setzen könne! Auch Descartes' Antwort stellte die Adlige nicht zufrieden und sie zeigte ihm weitere Probleme in seinem Denkmodell auf.

Wenn wir heute, bald 400 Jahre später, „Seele" durch „Geist" ersetzen, dann wird die Lösung keinesfalls naheliegender. Trotzdem wird es oft stillschweigend hingenommen, wenn jemand Sätze wie den folgenden formuliert, um hier noch einmal Westphal zu zitieren: „Materie oder das Physikalische kann irgendwie den Geist beeinflussen; und der Geist kann

---

[3]Zitiert nach Hammling (2018), S. 47.

irgendwie den physikalischen Körper bewegen."[4] Ein anderes Beispiel lieferte der kanadische Philosoph Walter Gannon erst kürzlich in einem Fachartikel über psychiatrische Behandlungen:

> „Eine normale Geist-Gehirn-Interaktion ermöglicht es Personen, sich an die Welt anzupassen. Bei schwereren psychiatrischen Störungen gibt es sowohl auf der mentalen als auch auf der neuronalen Ebene eine Dysfunktion. Ein angemessenes Erklärungsmodell für diese Störungen und Interventionen zu ihrer Behandlung erfordert nicht nur ein Verständnis der Interaktion zwischen dem Geist und Gehirn, sondern auch, wie genetische, epigenetische, hormonale, Immunsystem- und Umweltfaktoren diese Interaktion beeinflussen."[5]

Probleme dualistischer Sprache

Glannon meint, den Leib-Seele-Dualismus von Descartes überwunden zu haben, verwendet aber weiter dualistische Sprache, in der die Seele schlicht durch den Geist ersetzt wird. Westphal und Glannon sind damit nicht alleine; und es sind auch nicht nur Philosophen, die so reden. Eine schnelle Suche auf der Google-Seite für akademische Texte, Google Scholar, nach „the mind" ergibt beispielsweise fast vier Millionen Treffer. Und auf dem *Web of Science,* einer Datenbank für wissenschaftliche Fachartikel, liefert eine entsprechende Themensuche tausende Publikationen. Dabei stehen neben der Philosophie auch Psychiatrie, Psychologie, Neurowissenschaften, Geistes-, Literatur- und Geschichtswissenschaften ganz oben auf der Liste.

In der frühen Menschheitsgeschichte – und in manchen Religionen bis heute – war es üblich, unerklärliche Naturkräfte als Götter zu beschreiben: Da gab es einen Wasser-, Feuer-, Regen- oder Donnergott und so weiter. Diesen Prozess nennt man auch „Deifikation", Vergöttlichung. Machen wir dasselbe, wenn wir unsere psychischen Prozesse wie Wahrnehmungs-, Gefühls-, Denk-, Entscheidungs- und Handlungsprozesse einem Geist zuschreiben, Reifikation?

Wie sollten wir die Existenz so eines Dings nachweisen? Wir können es nicht anfassen, nicht hin- und herschieben oder mit physikalischen Teilchen beschießen. Um eine berühmte Wendung aus der hinduistischen *Bhagavad Gita,* einem der wichtigsten Bücher dieser Religion, zu zitieren, mit der das Selbst charakterisiert wird: „Waffen können ihm nichts anhaben, Feuer

---

[4]Westphal (2016), S. 12; meine Übersetzung.
[5]Glannon (2020), S. 2; meine Übersetzung.

verbrennt es nicht, Wasser macht es nicht nass und Wind macht es nicht trocken."[6] So scheint es sich auch mit dem Geist zu verhalten. Reden Philosophen und Wissenschaftler also vielfach über eine Illusion?

Das Bieri-Trilemma

Ich will mich meinem Lösungsvorschlag mit einem Zwischenschritt annähern. Oben versprach ich, mich noch mit der Variante des Körper-Geist-Problems von Peter Bieri zu beschäftigen. Diese wurde mir in meinem Studium beigebracht und verwende ich in meiner eigenen Lehre noch heute. Im Folgenden habe ich allerdings „mentale Zustände" durch „psychische Prozesse" ersetzt:

> **Das Bieri-Trilemma nach Peter Bieri**
> 1. **Mentaler Realismus:** Es gibt genuin mentale/psychische Prozesse und diese sind nicht-physikalische Prozesse.
> 2. **Mentale Verursachung:** Mentale/psychische Prozesse sind für den Verlauf der Welt kausal relevant.
> 3. **Kausale Geschlossenheit:** Der physikalische Bereich ist kausal geschlossen; jedes physikalische Ereignis hat eine hinreichende physikalische Ursache.

Diese Formulierung ähnelt der von Westphal, kommt aber mit nur drei Prämissen aus. Das liegt im Wesentlichen daran, dass der britische Philosoph den Körper explizit als „physikalisches Ding" definierte, um den logischen Widerspruch leichter erkennbar zu machen. Bevor ich auf den Widerspruch komme, also das Körper-Geist-Problem im engeren Sinn, sei nun etwas mehr über den Inhalt der drei Annahmen gesagt:

Der mentale Realismus räumt den psychischen Prozessen ein eigenes Bestehensrecht ein. Sie sind etwas prinzipiell Anderes als physikalische Vorgänge. Das entspricht jedenfalls unserer Intuition, dass unser Wahrnehmen, Fühlen, Denken, Entscheiden und Handeln etwas ist, das nur im belebten Teil der Natur vorkommt, in einem anspruchsvolleren Sinne nur in den höheren Lebewesen und in anspruchsvollster Weise vielleicht sogar nur in uns Menschen. (Vertreter von Computerintelligenz oder künstlichem Bewusstsein mögen mir verzeihen, dass ich dieses Thema ausklammere, um den Aufsatz nicht zu lang werden zu lassen.)

Die Idee der mentalen Verursachung drückt aus, dass psychische Prozesse nicht nur als Beiprodukte entstehen, sondern auch etwas in der Welt

---

[6] Kap. 2, Vers 23.

bewirken. Das entspricht auch unserer Intuition, denn wir erfahren unsere Entscheidungen und Handlungen *als Ergebnisse* unserer Wahrnehmungs-, Gefühls- und Denkprozesse. Dass unsere Handlungen, etwa jetzt mein Schreiben dieses Artikels, etwas in der Welt bewirken, beispielsweise Ihr Lesen desselben, lässt sich kaum bezweifeln. Die Frage ist hier aber, ob die Handlungen wirklich kausale Folgen *psychischer* Prozesse sind. Vielleicht findet die ganze kausale Wechselwirkung doch nur auf der physikalischen Ebene statt?

Jetzt bleibt noch die dritte Annahme, die der kausalen Geschlossenheit. Über die Frage, was Kausalität ist, wurden ganze Bände geschrieben. In dieser Tiefe können wir das Thema hier nicht behandeln; das brauchen wir aber auch nicht. Wir können es hier bei der Intuition belassen, dass das Netz von Ursachen und Wirkungen in der Natur und dann insbesondere in der Physik keine Lücken aufweist. Jedes physikalische Ereignis hat dann eine vollständige physikalische Ursache. (Dass das Prinzip der Kausalität in der Physik auch durch Entdeckungen der Quantenmechanik an Bedeutung verloren hat, wäre hier ein berechtigter Einwand, bedeutet für das Körper-Geist-Problem aber erst einmal nichts).

Über jede der drei Prämissen kann man lange philosophische Diskussionen führen und dabei auch auf wissenschaftliche Befunde verweisen. Für uns genügt es hier erst einmal, dass sie nicht völlig abwegig sind, und die Annahme von zweien jeweils die Dritte ausschließt: Wenn psychische Prozesse nicht-physikalisch und doch kausal wirksam sind, wie kann der physikalische Bereich dann kausal geschlossen sein? Immerhin sind die Folgen unserer psychischen Prozesse, beispielsweise die Tippbewegungen meiner Finger auf der Tastatur, ja *auch* physikalische Vorgänge, nämlich letztlich Bewegung von Atomen.

Nimmt man stattdessen die mentale Verursachung an und hält den physikalischen Bereich für kausal geschlossen, wie können psychische Prozesse dann noch nicht-physikalisch sein? Und schließlich, drittens und letztens, wenn psychische Vorgänge nicht-physikalisch sind und der Bereich des Physikalischen kausal geschlossen ist, wie können sie dann noch kausal wirken? Es scheint aussichtslos: Jedes Mal kommen wir auf einen Widerspruch. In Anlehnung an das Wort „Dilemma" und den Namen des Autors nannte man diese Formulierung des Körper-Geist-Problems dann auch das „Bieri-Trilemma".

Drei klassische Lösungswege

Interessanterweise – und das macht das Bieri-Trilemma auch so geeignet für die Lehre – kann man jeden Versuch, sich einer der Prämissen zu entledigen, einem bestimmten philosophischen Standpunkt zuordnen: Wenn man den mentalen Realismus ablehnt, dann landet man bei einer reduktionistischen

Position, die darauf hinausläuft, dass psychische Vorgänge letztlich doch nur physikalische Prozesse sind. Formulierungen wie: „Der Geist ist nichts anderes als das Gehirn.", sind hierfür beispielhaft. Extrempositionen bestreiten ganz generell den Sinn der Redeweise vom Geist oder psychischen Prozessen. Diese nennt man darum auch „Eliminativismus", worin das Wort „eliminieren" steckt.

Wenn man die These der kausalen Geschlossenheit ablehnt, dann landet man üblicherweise bei dualistischen Standpunkten. Damit stellt sich vor allem die Frage, inwieweit psychische Prozesse noch in ein naturwissenschaftliches Weltmodell hereinpassen. Wie wir gesehen haben, räumte beispielsweise Descartes der Seele eine eigene Seinsweise ein, die der denkenden Substanz. Zudem ging er davon aus, dass sie auf den Körper wirkt (und umgekehrt), und zwar vor allem über die Zirbeldrüse. Er konnte aber den postulierten Wirkmechanismus nicht erklären, nicht einmal plausibel machen.

Schließlich kann man noch die These der mentalen Verursachung ablehnen. Diesen Standpunkt nennt man dann „Epiphänomenalismus". Ein Epiphänomen ist eine bloße Randerscheinung, eine Folge von anderen Prozessen ohne eigene Wirkung auf weitere Vorgänge. Ein klassischer Vertreter dieses Standpunkts war der Biologe und Philosoph Thomas H. Huxley (1825–1895), der dabei übrigens Descartes' physiologische Gedanken weiterführte und auf den Menschen übertrug.

Auch heute noch vertreten manche Philosophen, Biologen und Neurowissenschaftler zwar den Standpunkt, dass es in einem starken Sinne psychische Prozesse gibt, diese aber keinen Einfluss auf der physikalischen Ebene haben können. Das degradiert den Geist oder die Psyche, wenn man es so nennen will, zum bloßen Zuschauer des Weltgeschehens.

Huxley war übrigens nicht nur der Großvater des Biologen Julian und des Schriftstellers Aldous Huxley, sondern auch ein großer Verteidiger von Darwins Evolutionstheorie. Während sich Charles R. Darwin (1809–1882) aus öffentlichen Debatten eher heraushielt, ging Thomas Huxley der Konfrontation auch mit einflussreichen Kirchenvertretern nicht aus dem Weg. Das brachte ihm den Spitznamen „Darwins Bulldogge" ein, für den er heute wohl bekannter sein dürfte als für den Epiphänomenalismus.

Nähere Analyse der Sprache

Wir haben jetzt schon viel gelernt – aber immer noch keine Lösung für das Körper-Geist-Problem. Ich denke, dass wir uns noch einmal genauer mit der *Sprache* beschäftigen müssen, die wir hier verwenden.

Die Meisten von uns würden sich wahrscheinlich der These anschließen, dass wir Wahrnehmungs-, Gefühls-, Denk-, Entscheidungs- und Handlungsprozesse haben. Ich sehe jetzt beispielsweise den Text auf dem Bildschirm, höre draußen ein Auto vorbeifahren, sehe durch das große Fenster aber auch die grünen Blätter vieler Bäume und höre Vogelzwitschern. Es ist ein sonniger Tag im Mai.

Ich weiß, dass ich zu viel am Computer sitze und spüre deshalb sogar schon Schmerzen im Nacken, in der Schulter und im Arm. Ich habe mir aber vorgenommen, unter anderem diesen Text noch vorm Juni fertigzustellen. Eine erste Version hatte ich schon vor über einem Jahr angefangen. Da ich zu diesem Thema aber schon meine Magisterarbeit im Jahr 2005 geschrieben habe, sind meine Erwartungen an mich selbst hoch: Ich will wirklich einen Schritt weiterkommen. Und es soll auch ein schöner Text werden.

Diese Faktoren – so erlebe ich es jedenfalls – spielen alle eine Rolle bei der Entscheidung dafür, jetzt diese Zeilen zu schreiben. Ich will nicht aufhören, bevor ich fertig bin, und denke mit Widersinn an den universitären Online-Kurs, den ich heute Abend noch leiten muss. Ich hatte ihn erst schon vergessen; danach kam mir der Gedanke, ob ich ihn schwänzen könne. Meine Studierenden machen das manchmal. Ich kann mir das als Kursleiter aber nicht erlauben. (Nachtrag: Der Kurs mit Referaten meiner Studierenden über Romane zum Thema „psychische Störungen" ging im Endeffekt so gut, dass wir sogar noch zehn Minuten überzogen haben.)

Auf einen Teil dieser Vorgänge beziehe ich mich sprachlich, indem ich von der Entscheidung spreche, den Text zu schreiben. Die meisten Leserinnen und Leser werden vermutlich auch problemlos verstehen, was ich damit meine. Wenn ich jetzt aber einen genauen Zeitpunkt angeben soll, an dem diese Entscheidung stattfindet, gerate ich in Probleme. Ich würde gar sagen, dass sich dieser Vorgang schon tagelang hinzieht. Es ist ein Ringen mit mir selbst, das erst dann sein Ende finden wird, wenn dieser Text fertig ist.

Wissenschaftliche Untersuchung

Wer solche Phänomene, die ja zweifellos Teil unserer Welt sind, nun wissenschaftlich untersuchen will, steht vor vielen Problemen: Die sprachliche Formulierung, die ich hier vorgeschlagen habe, ist nämlich viel zu grob. Mit einer Beschreibung wie „der Entscheidungsprozess ist ein innerer Kampf, der sich schon tagelang hinzieht", kann kein Experimentalpsychologe oder Neurowissenschaftler etwas anfangen. Früher habe ich ja selbst solche Versuche durchgeführt.

Um mit den gängigen psychologischen oder neurowissenschaftlichen Verfahren untersucht zu werden, muss ein Vorgang standardisiert und zeitlich eingegrenzt werden, idealerweise in einem Zeitfenster von wenigen Sekunden. Aufgrund der Variabilität der Messergebnisse muss er idealerweise auf Anweisung produzierbar und viele Male wiederholbar sein. Solche Herausforderungen gilt es zu meistern, *bevor* überhaupt mit einem Versuch angefangen wird.

Dann stellt sich die Frage, mit was für einem Messverfahren man das Phänomen untersuchen will. Die Elektroenzephalographie (EEG) wird seit fast 100 Jahren verwendet, misst elektrische Ströme auf der Kopfhaut und ist zwar sehr schnell, dafür räumlich aber recht ungenau. Neuere Verfahren wie etwa die funktionelle Magnetresonanztomographie (fMRT) sind zwar räumlich genauer, dafür zeitlich aber sehr träge. Zudem misst sie ein Durchblutungssignal, das nur indirekt mit der Zellaktivierung im Gehirn zusammenhängt.

Niemand wird wohl bezweifeln, dass das Nervensystem und insbesondere das Gehirn eine bedeutende Rolle bei den genannten Vorgängen spielt. Das Nervensystem befindet sich aber auch in einem Körper und dieser in einer Umwelt. Für den Zustand von Körper und Umwelt sind außerdem Vorgänge in der Vergangenheit entscheidend. Soweit dürfte Descartes auch schon gewesen sein und sogar Sokrates hat eingeräumt, wie wir am Anfang des Artikels gesehen haben, dass ihn in einem gewissen Sinne seine Gebeine ins Gefängnis gebracht haben.

Was wollen wir erklären?

Was gilt es aber denn zu erklären? Stellen wir uns ein aktuelleres Beispiel vor, dass ein Bankräuber vor Gericht steht und dort gefragt wird, warum er an einem bestimmten Tag die örtliche Sparkasse überfallen hat. Darauf seine Antwort:

„Weil vom motorischen Kortex meiner Großhirnrinde Signale an die Muskeln gesendet wurden, die mich in die Sparkasse gehen ließen; Signale an meine Hände ließen mich dort mit der Pistole herumfuchteln und Signale an mein Zwerchfell, meine Stimmbänder und meinen Mund ließen mich schreien: 'Geld her, oder es knallt!'„

In einem gewissen Sinne stimmt die Erklärung des Räubers, denn wir wissen aus Zeugenaussagen und Videoaufnahmen, dass sich die Tat so zugetragen hat. In einem gewissen Sinn wäre die Beschreibung auch wissenschaftlich richtig, denn all diese Vorgänge müssen im Körper stattgefunden haben, damit der Bankraub so ablaufen konnte. Das Gericht würde wahrscheinlich trotzdem glauben, dass der Bankräuber Witze macht oder die Befragung nicht ernst nimmt.

Dieses Beispiel macht deutlich, dass unsere Alltagsphänomene und auch die Erklärungen in unserer Gesellschaft von ganz anderer Art sind als die Phänomene, die Forscher im Labor untersuchen, und ihre Erklärungen. Im Einzelfall, wie hier, können die letztlich akzeptierten Erklärungen große Auswirkungen haben, etwa auf das Strafmaß. Psychologen und Hirnforscher können aufgrund der Beschränkungen ihres experimentellen Ansatzes und ihrer Methoden aber immer nur ein kleines Steinchen des großen und bunten menschlichen Mosaiks untersuchen. Und das ist oft schon herausfordernd genug!

Denken wir zum Vergleich an das Dreikörperproblem aus der Physik: Schon bei der Vorhersage der Bahn von drei Himmelskörpern, auf die die Schwerkraft wirkt, stößt unsere Mathematik (bislang) an ihre Grenzen. Das Verhalten dieser Objekte erscheint uns chaotisch, selbst wenn die Kräfte, die auf sie wirken, deterministisch sind. Durch eine Simulation lassen sich, sozusagen durch intelligentes Herumprobieren, lediglich Näherungslösungen finden.

Komplexität

Nun hat das Gehirn eines erwachsenen Menschen ungefähr 86 Mrd. Neuronen, die oftmals viele tausende, mitunter gar zehntausende Verbindungen zu anderen Nervenzellen haben. Dazu kommen andere Zelltypen, deren Funktion heute noch gar nicht ganz klar ist. Außerdem gibt es noch komplexe Regelkreise, die Zellen aktivieren oder auch unterdrücken können. Bereits wenige Nervenzellen verhalten sich aber chaotisch, also so, dass selbst die besten Wissenschaftler ihre Reaktionen nicht mehr vorhersagen können. Bis auf Weiteres ist hier keine Änderung in Sicht.

Also selbst wenn Sokrates' Entscheidung für den Giftbecher und gegen die Flucht, selbst wenn meine Entscheidung für das Schreiben des Textes und selbst wenn die Entscheidung des Bankräubers für den Überfall der Sparkasse vollständig im Gehirn determiniert war, können wir dafür mit wissenschaftlichen Mitteln schlicht keine Ursache-Wirkungs-Kette auf neuronaler Ebene angeben. Ob wir es jemals können werden, ist reine Spekulation.

Fest steht aber, dass wir wichtige Informationen verlieren würden, wenn wir darum die alltäglichen Erklärungen aufgäben: Sokrates wollte seinen

Idealen treu bleiben, ich wollte die Abgabefrist einhalten und der Bankräuber wollte mehr Geld haben, um damit bestimmte Ziele zu verwirklichen.

Es ist eine Eigenschaft unserer Alltagssprache, mit einem Ausdruck wie „die Entscheidung, X zu tun" einen Sachverhalt ausdrücken und in einen Sinnzusammenhang stellen zu können, der tatsächlich stattgefunden und zudem eine erklärende Funktion hat. Die Wissenschaftssprache ist von ihrem Anspruch her zwar genauer, in diesem erklärenden Kontext aber unterlegen, weil die unterliegenden Ursache-Wirkungs-Zusammenhänge zumindest bis auf Weiteres unerreichbar sind.

Ein Computervergleich

Stellen wir uns zum Vergleich einen modernen Computer vor: Damit ein Programm vom Prozessor ausgeführt werden kann, muss es an einen bestimmten Punkt in Maschinensprache vorliegen. Das ist sozusagen die Sprache, die der Prozessor versteht. Für uns Menschen ist diese Sprache aber eher ungeeignet, sodass wir, zumindest bei komplexeren Programmen, eine bestimmte Programmiersprache verwenden müssen. Ein bestimmtes Programm, ein sogenannter Compiler, übersetzt diese für uns hinterher in Maschinensprache.

Wenn nun bei der Ausführung des Programms etwas schiefläuft, wurden vom Prozessor zwar die Anweisungen in Maschinensprache ausgeführt. Ab einem gewissen Komplexitätsgrad ist es aber für Menschen schlicht nicht mehr realistisch, den Fehler auf dieser Ebene zu erklären. Dafür muss die Anwendung in der Programmiersprache untersucht, gegebenenfalls geändert und dann wieder neu in Maschinensprache compiliert (übersetzt) werden. Die Programmiersprache hat also eine bestimmte erklärende und nützliche Funktion, die durch die Maschinensprache nicht realistischerweise ersetzt werden kann, selbst wenn der Prozessor tatsächlich immer nur Maschinensprache ausführt.

Extremer Reduktionismus

Vergleichen wir das mit dem, was der theoretische Physiker Sean Carroll vor ein paar Jahren schrieb:

> „Alles, was wir brauchen, um alles zu erklären, was wir in unserer Alltagswelt sehen, sind eine Handvoll Partikel – Elektronen, Protonen und Neutronen –,

die mittels einiger Kräfte – der nuklearen Kraft, Gravitation und dem Elektromagnetismus – und gemäß der grundlegenden Regeln der Quantenmechanik und der allgemeinen Relativität miteinander Interagieren."[7]

Carroll arbeitet am renommierten *California Institute of Technology*, ist einer der führenden Physiker auf seinem Gebiet und zudem sehr aktiv in der Wissenschaftskommunikation tätig. Hier behauptet er nun, man könne unsere gesamte Alltagswelt in der Sprache der Physik, mit nur drei Arten von Teilchen, drei Arten von Kräften und ein paar weiteren Regeln erklären. Wenn das stimmte, wären mit einem Schlag nicht nur die gesamten Geistes-, Kultur- und Sozialwissenschaften sowie die Psychologie, sondern gar Neurowissenschaften, Biologie und Chemie überflüssig.

Der Physiker vertritt hier einen extremen Reduktionismus, der in dieser Stärke beim heutigen Kenntnisstand offensichtlich falsch und mit Blick auf den Fortgang der Wissenschaften eher unwahrscheinlich ist. Doch auch verschiedene Hirnforscher äußerten sich ähnlich, als sie behaupteten, den gesamten Menschen vom Gehirn aus erklären zu können. Interessanterweise würden auch diese Wissenschaftler arbeitslos, wenn die noch radikalere Sichtweise des theoretischen Physikers Carroll zuträfe.

Überlegen Sie einmal selbst, wie weit Sie in Ihrem Leben noch kämen, wenn Sie nur noch über Elektronen, Protonen und Neutronen sowie deren Wechselwirkungen sprechen könnten. Und das gilt in Analogie auch für die Hirnforschung und die Psychologie: Diese untersuchen und erklären zwar bestimmte Teilsysteme des Menschen, denken wir an Bewegung, Hören, Sehen oder Sprechen. Eine Erklärung des großen Ganzen scheitert aber sowohl an experimentellen als auch an methodischen Einschränkungen.

Nützliche Alltagssprache

Unsere Alltagssprache aber ist gerade so nützlich, weil sie in einem gewissen Maß ungenau ist. Es gibt physiologisch unendlich viele Weisen, das Mobiltelefon auf meinem Schreibtisch zu nehmen: mehr von links, von rechts oder von oben, mal schneller mal langsamer und so weiter. Diese fallen alle unter die *eine* Beschreibung: „Stephan nahm das Mobiltelefon auf dem Schreibtisch."

---

[7]Meine Übersetzung von https://www.preposterousuniverse.com/blog/2010/09/23/the-laws-underlying-the-physics-of-everyday-life-are-completely-understood/.

Für den Sinnzusammenhang und das Verständnis dessen, warum ich das tat, nämlich um nach neuen Kurznachrichten zu schauen, sind die Unterschiede auf der physiologischen Ebene irrelevant. In ähnlicher Weise kann die Untersuchung von Sokrates' Gebeinen keine Antwort auf die Frage geben, warum der Philosoph im Gefängnis blieb und nicht in die Hafenstadt Megara floh.

Unsere Alltagssprache ist vielleicht unscharf. Sie ist darum aber nicht falsch. Und diese Unschärfe macht sie erst so nützlich. Es spricht nichts dagegen, die Sprache präzisieren zu wollen. Man sollte aber nicht aus den Augen verlieren, was man damit bezweckt. Ebenso kann jemand die Fehler eines Computerprogramms in Maschinensprache zu erklären versuchen. Es mag ein paar Spezialfälle geben, in denen das sinnvoll ist. In aller Regel wird man damit aber Zeit verschwenden. Und welchen Erkenntnisgewinn bringt das? Ebenso wissen wir doch heute schon, dass das Nervensystem eine entscheidende Rolle beim Verarbeiten von Wahrnehmungen, Gefühlen, Gedanken, beim Entscheiden und Handeln spielt.

Kommen wir am Ende zum Körper-Geist-Problem zurück: Die Suche nach Leib-Seele- oder, moderner gesprochen, Körper-Geist-Interaktionen ist *unsinnig*, weil es sich hierbei um keine zwei unterschiedlichen *Dinge* wie zwei Kugeln auf dem Billardtisch handelt. Die seit Jahrhunderten andauernde Suche nach dieser Interaktion war sinnlos, weil die Frage falsch formuliert wurde. Nicht wenige Philosophen, Psychologen und Neurowissenschaftler glauben, den Leib-Seele-Dualismus hinter sich gelassen zu haben, sprechen aber tatsächlich immer noch in dualistischer Sprache.

Mein Lösungsvorschlag

Das Problem lässt sich wie folgt auflösen: Psychische Vorgänge gibt es, weil psychische Beschreibungen zwar nicht immer, doch oft genug funktionieren und sinnvoll Sachverhalte dieser Welt beschreiben. Natürlich sind diesen Vorgängen im konkreten Einzelfall körperliche, hirnphysiologische, ja sogar physikalische Prozesse zuzuordnen.

Das hilft uns in der Praxis aber nichts, weil wir die Vorgänge auf dieser Ebene gar nicht beschreiben können. Insbesondere können wir damit keine *Sinnzusammenhänge* herstellen, mit denen sich Fragen wie: „Warum blieb Sokrates im Gefängnis, anstatt zu fliehen?" Oder „Warum tippte Stephan am Computer, anstatt sich im Park die Sonne auf den Bauch scheinen zu lassen?", beantworten ließen.

Wenn das nächste Mal ein Hirnforscher kommt und sagt: „Du bist nichts als dein Gehirn!", dann sollten wir erwidern: „Ach ja? Dann erklären Sie doch mal dieses und jenes." Und ergänzend: „Haben Sie noch nicht gehört, was führende Physiker sagen? Sie sind nichts als Elektronen, Protonen und Neutronen! Mehr Präzision darf ich von einem Wissenschaftler schon erwarten."

Philosophen haben sich auch um mehr Genauigkeit bemüht und beispielsweise intentionalen sowie phänomenalen Gehalt als entscheidende Merkmale psychischer Vorgänge identifiziert. Ersterer bedeutet, dass sie von etwas handeln, beispielsweise Sokrates' Strafe, meinem Text oder Ihren Wünschen; letzterer bezieht sich darauf, wie es sich anfühlt, diesen Vorgang zu haben, den subjektiven Erlebnisgehalt. Manche Philosophen haben das wieder reifiziert und sprechen von „Qualia", als ob es sich um kleine Bewusstseinsatome handeln würde, die irgendwo im Raum-Zeit-Kontinuum existieren. Ich fürchte, dass uns diese verdinglichte Sprache wieder mehr Probleme einhandelt, als dass sie etwas erklärt.

Das fehlende Subjekt

Einen wichtigen Punkt unterstreichen die philosophischen Überlegungen aber doch: Psychische Vorgänge – jedenfalls diejenigen in einem reichhaltigeren Sinne – sind immer Vorgänge von jemandem, einem Subjekt. Darum halte ich es für problematisch, dass mit der Psychologie und der Hirnforschung führende Wissenschaftszweige im Laufe des 20. Jahrhunderts die Phänomenologie und Introspektion als „unwissenschaftlich" aus ihrem Reich verbannt haben. Aus der Außenansicht lässt sich vielleicht ein Teil des Menschen erklären, aber eben nicht alles.

Viele Laien haben das auch verstanden und wählen darum lieber Literatur über östliche Philosophien, die die Subjekt-Objekt-Trennung nicht so vollzogen haben. Oder sie präferieren Lebensphilosophie und Phänomenologie gegenüber standardisierten quantitativen Studien, die zwar nach den heute herkömmlichen Regeln der Wissenschaft vorgehen, doch letztlich für das Menschenleben irrelevante Sachverhalte aufklären.Die antike Philosophie war übrigens noch nicht so zerrissen und stand mitten im Leben. Für Sokrates wurde das allerdings zum Verhängnis. Hätte er darum aber besser in hochspezialisierten Fachzeitschriften publizieren sollen, deren Sinn kaum noch jemand versteht? So bleibt mir nur noch, auf das Bieri-Trilemma zurückzukommen und es wie folgt aufzulösen:

> **Alternative zum Leib-Seele-Problem**
> 1. **Mentaler Instrumentalismus:** Es gibt genuin mentale/psychische Prozesse, sofern sich deren Beschreibungen auf Sachverhalte in der Welt beziehen.
> 2. **Mentale Sinnstiftung:** Mentale/psychische Prozesse sind für das Verständnis von Sinnzusammenhängen in der Welt notwendig.
> 3. **Kausale Irrelevanz:** Kausale Erklärungen sind überbewertet und für den Fortschritt vieler Wissenschaftszweige von geringerer Relevanz.

Damit lautet die Schlussfolgerung: Der Mensch ist sowohl Kulturwesen als auch Naturgegenstand. Hier gibt es keinen Widerspruch. Und es bleibt ein Faszinosum, wie die Bewusstseinserlebnisse und Kulturleistungen des Menschen in einem Körper und insbesondere den 1,5 kg Zellgewebe und Verbindungen des Gehirns entstehen können. Anstatt „den Geist" auf körperliche Prozesse reduzieren zu wollen, könnte man es auch umdrehen: Körper ist Geist.

Die Welt kann einen philosophisch wie wissenschaftlich faszinieren.

weiterführende Literatur

Glannon, W. (2020). Mind-brain dualism in psychiatry: Ethical implications. *Frontiers in Psychiatry, 11*(85) https://dx.doi.org/10.3389/fpsyt.2020.00085.

Hammling, S. (2018). *Mentale Verursachung. Problemaufriss und Darstellung einer Debatte innerhalb der zeitgenössischen Philosophie des Geistes (Inauguraldissertation)*. München: Ludwig-Maximilians-Universität.

Westphal, J. (2016). *The mind-body problem*. Cambridge: The MIT Press.

Teil II

Zum Verhältnis von Wissenschaft und Religion

Der Themenkomplex dieses zweiten Teils wurde mir gewissermaßen sowohl von meinen Studierenden als auch von den Leserinnen und Lesern der SciLogs (so heißt unser seit 2007 bestehendes Blogportal des Spektrum Verlags) aufgezwungen. Zu meiner Überraschung ist die Frage, wie sich religiöse Standpunkte zu naturwissenschaftlichen Erkenntnissen verhalten, für viele Menschen noch brandaktuell. Mein damaliger Bloggerkollege Christian Hoppe, habilitierter Neuropsychologe und Diplom-Theologe, lieferte mir zudem die Vorlage, um Diskussionen über den Leib-Seele-Dualismus und den Erkenntnisraum der Hirnforschung im Speziellen sowie der Naturwissenschaften im Allgemeinen zu schärfen. Der Beitrag „Zum Verhältnis von Glauben, Philosophie und Naturwissenschaft" ist zudem mit knapp 2.500 Kommentaren der meistkommentierte Artikel meines Blogs.

7

Neurotheologie – über mögliche und unmögliche Schlüsse

Lassen sich neuere Ergebnisse der Hirnforschung theologisch interpretieren? Lassen sich womöglich gar Aussagen über die Möglichkeit der Existenz einer immateriellen Seele oder eines Gottes aus ihnen ableiten? Mein Blog-Kollege Christian Hoppe, habilitierter Neuropsychologe und Diplom-Theologe, formulierte einen derartigen Versuch.[1] Seine überraschenden Schlussfolgerungen unterziehe ich hier einer neurophilosophischen Untersuchung.

Gerade war ich an der Ruhr-Universität Bochum auf einem Workshop der Arbeitsgruppe Neuroenhancement und Moral – die Debatte um die pharmakologische „Verbesserung" des Menschen war hier bei MENSCHEN-BILDER schon regelmäßig Diskussionsgegenstand – und hatte als Hotelgast (leider) wieder eine eher kurze Nacht. Entsprechend willkommen war mir der herausfordernde Beitrag Christian Hoppes, den ich noch aus meiner Zeit am Universitätsklinikum Bonn persönlich kenne – in der Abteilung für Medizinische Psychologie waren wir Nachbarn der Epileptologie, in der forscht.

Herr Hoppe war dazu eingeladen, auf dem Deutschen Katholikentag die neurowissenschaftliche Herausforderung der Theologie zu formulieren – er spricht sogar davon, sich auf die „neurowissenschaftliche Provokation" zu beschränken, diese möglichst scharf zu formulieren, um damit die Diskussion zu befördern. Erfreulicherweise hat er seinen Vortrag bei den SciLogs vollständig mit uns geteilt, sodass wir uns an der Diskussion

---

[1] https://www.scilogs.de/blogs/blog/wirklichkeit/2012-05-21/gott-und-gehirn-hirnforschung-als-herausforderung-f-r-die-theologie

beteiligen können. Im Folgenden möchte ich auf einige seiner Gedanken näher eingehen.

Hoppes Herausforderung für die Theologie

Nach einer kurzen Einführung verweist Hoppe darauf, dass sich die Wissenslage der heutigen Menschen *mit Blick auf theologische Fragen* durch die Hirnforschung geändert habe. Er schreibt:
„Aber ich möchte Ihnen vor Augen führen, dass wir heute – im Unterschied zu früheren Generationen – keinerlei Hinweise mehr darauf finden, dass geistig-seelische Vermögen oder Phänomene unabhängig von Hirnfunktionen auftreten könnten."

Leider bleibt hier unklar, welche Hinweise frühere Generationen im Gegensatz zu uns heute gehabt hätten. Da er später neurowissenschaftliche Interpretationen verschiedener Bewusstseinszustände – beispielsweise Schlaf, Narkose, sogenannte Nahtoderlebnisse – anbietet, vermute ich, dass er sich an dieser Stelle bereits darauf bezieht: Uns stünden heute neue Erklärungen zur Verfügung, dass diese Erlebnisse von Hirnvorgängen abhängen; einen Reduktionismus der Form, dass es sich dabei lediglich um „Illusionen oder irrelevante Begleiterscheinungen" handelt, will er nach eigenem Bekunden jedoch nicht vertreten. Gleich im Anschluss an diesen Punkt formuliert Hoppe das, was er die „Leitidee" der Hirnforschung nennt:

> „Die Leitidee der modernen Hirnforschung ist, dass sämtliche psychischen Vermögen und Phänomene, soweit wir diese kennen und überhaupt als solche identifizieren können, von Hirnfunktionen (bzw. den Funktionen eines Nervensystems) und letztlich vom intakten Organismus abhängen. [...] Anders formuliert lautet die These: Es gibt keine psychischen Phänomene ohne Hirnfunktion."

Etwas spaßig formuliert heißt es dann auch: „Ohne Hirn ist alles nichts";[2] und in der Diskussion des Gehirn-Bewusstsein-Zusammenhangs dann genauer:

> „Letztlich lassen sich (z. B. mit Hilfe funktionell-bildgebender Verfahren) für sämtliche irgendwie definierbaren geistig-seelischen Zustände – z. B. Rechnen,

---

[2] Siehe hierzu auch die Diskussion in Kap. 1: Warum der Neurodeterminist irrt.

eine Erinnerung aufrufen, sich seine eigene Wohnung vorstellen, lügen usw. – Korrelate auf der Ebene der Hirnfunktion finden, ohne die die entsprechenden Zustände nicht auftreten könnten."

Bei Sätzen, die mit „letztlich" anfangen oder auch einem „im Prinzip", läuten bei mir sofort die Alarmglocken. Das ist eine Erkenntnis aus meiner Magisterarbeit über das Leib-Seele-Problem, in der ich dafür die Bezeichnung „Imprinziplismus" vorschlug, da einschlägige Philosophen die Neigung hatten, an entscheidenden argumentatorischen Stellen diese Wendung zu gebrauchen: „Im Prinzip ist es nicht als ..." Meiner Erfahrung nach deutet sie darauf, dass der Autor/die Autorin im Folgenden schlicht spekuliert; und das tut hier meines Erachtens auch Herr Hoppe; der Satz endet nämlich mit einem Fehlschluss.

Nämlich aus der Tatsache, dass sich bestimmten Gedankenvorgängen G1, G2, G3, ... jeweils ein beobachteter Gehirnzustand H1, H2, H3 ... zuweisen lässt, kann nicht abgeleitet werden, dass jeweils *nur* dieser Gehirnzustand, oder eine Menge bestimmter Gehirnzustände, den entsprechenden Gedankenvorgang begleiten kann.

Ein problematischer Induktionsschluss

Stellen wir uns zum Vergleich vor, dass ich eine Untersuchung über den Zusammenhang zwischen Regen und Pfützen auf der Straße mache. Aufgrund meiner Erfahrung formuliere ich die Hypothese, dass es immer dann, wenn es regnet, Pfützen auf der Straße gibt. Dies versuche ich mit den Beobachtungen R1 → P1, R2 → P2 usw. (also zum Zeitpunkt 1 regnete es und ich sah Pfützen, usw.) zu bestätigen. Nun wissen wir spätestens seit David Hume – und Karl Popper hat uns dies im 20. Jahrhundert erneut vor Augen geführt –, dass die gesetzmäßige Verallgemeinerung, der sogenannte Induktionsschluss darauf, dass immer dann, wenn es regnet, auch Pfützen auf der Straße gibt (Rx → Px), logisch problematisch ist.

Stellen wir uns nämlich weiter vor, dass ich mich nach hundert bestätigenden Beobachtungen erfreut zurücklehne und entschließe, mich für die harte wissenschaftliche Arbeit mit einem Urlaub zu belohnen. In der Zeit meiner Abwesenheit führt die Stadt eine umfangreiche Verbesserung des Abwassersystems durch. Diese hat zur Folge, dass das Wasser auch bei starkem Regen sofort abfließt und sich auf den dortigen Straßen keine Pfützen mehr bilden. Entsprechend geschockt stehe ich beim ersten Regenguss nach meiner Rückkehr am Fenster, denn die Pfützen, die es gemäß meinem formulierten Gesetz doch geben müsste, lassen sich nirgends sehen. Nachdem mich ein Nachbar über die Maßnahmen der Stadt aufklärt, muss ich mein Gesetz also anpassen: Regen führt immer dann zu Pfützen, sofern die Stadt nicht entsprechende Maßnahmen zur Pfützenvermeidung getroffen hat. Wir können uns vorstellen, wie diese Geschichte (endlos) weitergeht.

Für Christian Hoppe ist die Lage jedoch noch schwieriger. Für ihn beziehungsweise die von ihm formulierte Leitidee reicht es nämlich nicht, dass Gehirnzustände H1, H2, H3, … die Gedankenvorgänge G1, G2, G3, … begleiten. Hoppe müsste tatsächlich zeigen, dass es die Gedankenvorgänge nicht auch ohne die Gehirnzustände geben könnte – und das ist schlicht empirisch unmöglich. Pfützen kann es beispielsweise auch dann geben, wenn der Nachbar den Putzeimer auf der Straße ausleert oder die Nachbarin dort (verbotenerweise) ihr Auto wäscht. Dementsprechend ist die These „Ohne Hirn ist alles nichts" ein *philosophisches Postulat* und eben keine naturwissenschaftliche Erkenntnis. Sie kann es aus prinzipiellen Gründen gar nicht sein – das möge jemand bitte auch der Mutter Professor Elgers mitteilen, die sich das Postulat offenbar einfallen ließ.

Es gibt noch viele Abschnitte, die ich gerne kommentieren würde. Da allmählich jedoch auch das Frühstück in meinem Hotel bereitsteht, will ich mich hier noch auf einen zentralen Fehler fokussieren, nämlich die oberflächliche Darstellung eines möglichen Seele-Gehirn-Verhältnisses bei Hoppe:

> „Wenn die Seele abgekoppelt vom Gehirn weiter existieren würde, würde die Seele immer dann, wenn das Gehirn ‚schlafen gelegt' wird (z. B. bei jeder Narkose), ihr Eigenleben fortsetzen und es müssten besondere Erlebniszustände im Sinne außerkörperlicher Erlebnisse auftreten – was nicht der Fall ist."

Tatsächlich finden sich derartige Formulierungen häufig auch in philosophischen Fachpublikationen. Leib-Seele-Dualisten, vor allem René Descartes, wird dann gerne unterstellt, ihre These würde implizieren, dass die Seele gewissermaßen alles „machen" könne, ganz unabhängig vom Gehirn. Und da wir es dank der Hirnforschung nun eben besser wüssten, wäre der Dualismus falsch. Diese Frage ist natürlich komplexer, als es sich in einer Blogdiskussion zu besprechen empfiehlt. Nur um zum Nachdenken anzuregen, sei an dieser Stelle auf Descartes' sechste Meditation verwiesen, in der er mit Blick auf die Zirbeldrüse einen engen Zusammenhang zwischen Gehirn- und Seelenzustand formuliert: „Sooft sich dieser Teil [des Gehirns] nun in demselben Zustand befindet, läßt er den Geist dasselbe empfinden."[3]

Dies ist also vollständig kompatibel mit der Ansicht, dass beispielsweise eine Intervention im Gehirn – siehe die Beispiele der Narkose, des Schlafs oder der Amygdalastimulation im Text Hoppes – von Veränderungen des Gedankenzustands begleitet werden. Ja, tatsächlich formuliert Descartes hier ein Gesetz der Form $Hx \rightarrow Gx$, jeder Gehirnzustand H führt zu einem bestimmten Geistzustand G. Wen das überrascht, der möge sich in Erinnerung rufen, dass Descartes nicht nur Philosoph, sondern auch Mathematiker und Physiologe war. Tatsächlich zeigte er manchen seiner Besucher, die er in seine „Bibliothek" einlud, danach nicht seine Büchersammlung, sondern seine sezierten Tiere.

Neuro-Provokation

Dieser Text ist nun ohnehin schon etwas zu lang – bevor ich noch auf einen mir wichtigen Punkt über Wahrheit und Gehirn komme, will ich hier nur noch kurz auf zwei Textstellen eingehen, die ich mir nur dadurch erklären kann, dass Herr Hoppe in seinem Vortrag ausdrücklich zum Provozieren eingeladen wurde, nämlich:

„Anders als manche Philosophen haben die Naturwissenschaftler selbst ‚keine Aktien' in einer bestimmten Hypothese. Sie versuchen einfach möglichst neutral die Beobachtungen zu beschreiben und in Form von Theorien und Modellen zu erfassen."

Und:

„Die existenziell bedeutsame Frage nach dem Zusammenhang von Gehirn und Geist kann offensichtlich nur mit Hilfe naturwissenschaftlicher Methoden bearbeitet werden. […] Ihre persönliche Meinung zu diesem Thema ist daher, mit Verlaub, irrelevant, da Ihnen ein beobachtender Zugriff auf die zugrunde liegenden Hirnprozesse ohne entsprechende Gerätschaften prinzipiell verwehrt ist."

Natürlich haben manche Hirnforscher (so wie jeder Mensch) „Aktien", das heißt Interessen, die ihre Neutralität trüben können, beispielsweise der

---

[3]Descartes (1641). Im Original: „quae quotiescumque eodem modo est disposita, menti idem exhibet", Seite 154–155 in der Ausgabe vom Felix Meiner Verlag von 1996.

Wunsch nach Aufmerksamkeit, Forschungsgeldern, Macht und Karriere. Die vielen Kurzschlüsse in der Willensfreiheitsdiskussion in den Feuilletons deutscher Zeitungen sprechen hierüber Bände; und natürlich kommt die Hirnforschung als *kognitive* Wissenschaft, also als Forschungszweig zur Untersuchung des menschlichen Geistes und Bewusstseins, nicht um Phänomenologie und Befragung von Menschen herum, so wie es in vielen Experimenten ja tatsächlich auch gemacht wird. Stimmte es, dass Ihre persönlichen Wahrnehmungen oder Meinungen über ihren Gefühlszustand irrelevant wären, dann bräuchte man Sie als Versuchsperson danach nicht zu fragen.

Wahrheit und Gehirnzustand

Ich will nun mit einem Gedanken zur Epistemologie, zur Erkenntnislehre, enden. Können wir an einem Gehirnzustand ablesen, ob der zugehörige Gedanke wahr oder falsch ist, ob folglich (für die neurotheologische Diskussion) ein religiöses Erlebnis authentisch ist oder eine Illusion?

Auch wenn ich einen mathematisch oder logisch wahren Satz denke, dann wird dieser Gedankenvorgang von Gehirnvorgängen begleitet; dann hat er, in Hoppes Ausdrucksweise, ein Gehirnkorrelat, das sich neurowissenschaftlich untersuchen lässt. Es wäre jedoch absurd, die Wahrheitsbedingungen dieses Satzes nicht mit den Wahrheitskriterien der Mathematik oder Logik feststellen zu wollen, sondern mit einem Verweis auf das Gehirnkorrelat, etwa der Form: Ist beim Denken dieses Satzes eher der präfrontale Kortex aktiv, dann ist er wahr; findet sich jedoch Aktivität im limbischen System, dann ist er falsch. Wie ich in meinem Buch „Die Neurogesellschaft: Wie die Hirnforschung Recht und Moral herausfordert" nachweise (Schleim 2011), haben Kollegen, vor allem aus den Vereinigten Staaten von Amerika, einen entsprechenden Versuch im Bereich der Moral gewagt. Im Buch sowie anderen wissenschaftlichen Publikationen (z. B. Schleim & Schirmann, 2011) argumentiere ich dafür, warum dieser Versuch schief geht (und sogar ein bisschen peinlich ist).

Per Analogie scheint es mir dann nur fair, die Wahrheits- oder Geltungskriterien religiöser Erfahrungen gemäß den Standards der Religion zu bewerten. Gerade da Herr Hoppe einen radikalen Gehirnreduktionismus, der darauf hinausläuft, dass alle unsere Erfahrungen „lediglich Illusionen oder irrelevante Begleiterscheinungen" von Gehirnfunktionen sind, vermeiden will, scheint mir dies geboten.

Ob jemand die Wahrheits- und Geltungskriterien der Religion dann überhaupt für überzeugend findet oder nicht, ist dann natürlich eine ganz andere Frage. Da ich persönlich hier noch keinen überzeugenden Ansatz kennengelernt habe, zähle ich mich selbst zu den Agnostikern im Sinne des Biologen/Philosophen Thomas H. Huxley.[4] Aus meiner persönlichen Unkenntnis oder womöglich auch mangelnden Vorstellungskraft folgt für mich aber nicht, dass andere Menschen nicht zu anderen Ergebnissen kommen können.

Literatur

Descartes, R. (1641). *Meditationes de prima philosophia*. Paris: Michael Soly.
Schleim, S. (2011). *Die Neurogesellschaft: Wie die Hirnforschung Recht und Moral herausfordert*. Hannover: Heise.
Schleim, S., & Schirmann, F. (2011). Philosophical implications and multidisciplinary challenges of moral physiology. *Trames-Journal of the Humanities and Social Sciences, 15*(2), 127–146. https://dx.doi.org/10.3176/Tr.2011.2.02.

---

[4]Das agnostische Prinzip Huxleys sollt eigentlich für die gesamte Wissenschaft, ja alle Diskussionen gelten, und wird im nächsten Kapitel näher vorgestellt.

8

Hirnforschung oder Religion: Wer ist hier Dualist?

Der von mir als langjähriger Co-Blogger ebenso wie persönlich – in meiner Zeit an den Uniklinken Bonn waren wir gewissermaßen Nachbarn – geschätzte habilitierte Neuropsychologe und Diplom-Theologe Christian Hoppe hat sich wieder einmal den Leib-Seele-Dualismus vorgenommen. In seiner zweiteiligen Serie über Bewusstsein schrieb er außerdem, warum Funde der Hirnforschung Annahmen wie die einer immateriellen Seele oder ein Leben nach dem Tod unwahrscheinlich, wenn nicht gar unmöglich machen (erster[1] und zweiter[2] Teil). Hier formuliere ich eine Replik auf seine wesentlichen Gedanken.

Herr Hoppe hat mir auf dem Gebiet der Neuropsychologie natürlich viel voraus – hiermit noch nachträgliche Glückwünsche zur Habilitation! –, doch hier und da scheinen mir ein paar kritische Anmerkungen angebracht; nämlich insbesondere an den Stellen, an denen er meines Erachtens über die wissenschaftlichen Befunde hinausgeht und diese philosophisch-metaphysisch interpretiert. Dabei ist jedenfalls für meinen Geschmack der Unterschied zwischen Empirie und Spekulation nicht immer deutlich genug. Auch seine Widerlegung des Dualismus sowie die Verwendung der Termini „Information" und „Informationsverarbeitung" will ich mir näher anschauen.

---

[1] https://scilogs.spektrum.de/wirklichkeit/ist-bewusstsein-wenn-es-keine-substanz-ist/
[2] https://scilogs.spektrum.de/wirklichkeit/bewusstsein-ii/

Wie reden wir miteinander?

Zuerst einmal eine These über unsere Kommunikationsform:

> **These 1:** Alle Beteiligten der Diskussion über Körper, Geist, Leib, Seele, Gehirn oder, um es besser ohne verdinglichende Sprache auszudrücken: psychische und physische Prozesse, haben unabhängig von ihrem Standpunkt ein Interesse daran, wissenschaftliche und philosophische Aussagen so gut wie möglich voneinander zu trennen.

Um zu wissen, worüber wir reden, und sich auch nicht über den Status solchen Wissens zu täuschen, sollten wir nicht so tun, als seien nicht bewiesene oder unbeweisbare Aussagen wissenschaftlich bewiesen worden. Mir ist klar, dass es außerhalb von Logik und Mathematik streng genommen keine Beweise gibt. Es geht mir aber auch um Aussagen der Form: „Hirnforschung hat gezeigt, dass...", die dem allgemeinen Sprachgebrauch von „etwas beweisen" entsprechen.

Das agnostische Prinzip

Damit beziehe ich mich wieder einmal auf die Tradition des großen Biologen-Philosophen Thomas H. Huxley (1825–1895), der seinerzeit Darwins Evolutionstheorie öffentlich verteidigte und auch heute noch wegen seiner Arbeiten zum Epiphänomenalismus Studierenden der Philosophie bekannt sein dürfte. Huxley war übrigens großer Bewunderer des Philosophen-Mathematikers-Physiologen Descartes, was sich eben auch in seiner Anwendung der cartesischen These, Tiere seien Automaten, auf den Menschen ausdrückte. So kam er zur Annahme, das Bewusstsein des Menschen sei kausal unwirksam, eben zum Epiphänomenalismus.[3]

Ich erinnere noch einmal an sein bereits einige Male in meinem Blog zitiertes Prinzip des Agnostizismus:

Agnostisches Prinzip: Positiv formuliert kann das Prinzip so ausgedrückt werden: Folge in Verstandesfragen so weit deiner Vernunft, wie sie dich tragen wird, ohne Rücksicht auf andere Überlegungen. Und negativ: Gebe

---

[3]Siehe die nähere Diskussion in Kap. 6: Das Einmaleins des Leib-Seele-Problems.

in Verstandesfragen nicht vor, dass Schlussfolgerungen sicher sind, die nicht bewiesen wurden oder nicht beweisbar sind.[4]

Wichtige Unterschiede

Dieses Prinzip scheint mir für einen rational-intellektuellen Diskurs ebenso offensichtlich und wichtig wie These 1. Warum „agnostisch"? Weil der Unterschied zwischen dem Erkannten, Unerkannten und Unerkennbaren (altgriechisch *ágnōstos* = nicht erkennbar) beziehungsweise dem Gewussten, Ungewussten und Unwissbaren wichtig ist, um Irrtümer zu vermeiden.

Man darf wohl sagen, dass Christian Hoppe den Leib-Seele-Dualismus sowie ein Leben nach dem Tod für wissenschaftlich ausgeschlossen hält. Insbesondere seien das unter Naturwissenschaftlern unpopuläre Vorstellungen. Für Hoppe hängen Bewusstseinsvorgänge oder altmodisch gesprochen die „Seelenaktivität" vollständig und notwendig vom Gehirn ab. Oder, wie er es einmal vor Jahren mit Verweis auf die Mutter seines Chefs griffig formulierte: „Ohne Hirn ist alles nichts!".

Naturforscher und Seele

Ich kann aus eigener Erfahrung sagen, dass es nichtsdestotrotz unter Naturwissenschaftlern bis hin zu Institutsdirektoren sowohl Gläubige als auch Dualisten gibt. Dass diese anders als es noch der Neurophysiologe und Nobelpreisträger John C. Eccles (1903–1997) tat nicht mehr auf Konferenzen offen darüber diskutieren, ist deren Sache. Sie befürchten wahrscheinlich, danach nicht mehr ernst genommen zu werden. Auch die in den USA noch größere Verbreitung des Christentums sollte man berücksichtigen.

Interessant finde ich, wie man als Agnostiker von beiden Seiten angegriffen wird: Der Dualist wirft einem vor, in einer so entscheidenden Daseinsfrage könne man nicht unparteilich bleiben; der Materialist/Monist allerdings versteht nicht, warum man sich nicht darauf festlegen will, dass es letztlich nichts als physikalische Vorgänge gibt. Schon Huxley beklagte sich darüber, dass man ihm seine Enthaltung oft übel nahm. Erinnern wir

---

[4] Nach Huxley (1894), S. 245 f.

uns aber noch einmal an sein Prinzip: *Gebe in Verstandesfragen nicht vor, dass Schlussfolgerungen sicher sind, die nicht bewiesen wurden oder nicht beweisbar sind.*

Verbreitung des Dualismus

Interessant finde ich erst einmal, wie verbreitet der Leib-Seele-Dualismus eigentlich ist. Laut einer Umfrage von Statista[5] glauben 40 % der Menschen in Deutschland an eine Seele und jeweils 28 % an ein Leben nach dem Tod oder einen Gott. Allerdings glaubten auch 41 % Menschen gar nichts von der Liste (mit u. a. noch Engeln oder Wiedergeburt).

Laut einer Befragung aus dem Jahr 2016[6] glauben mit zunehmendem Alter 33 % (14- bis 29-jährige) bis 49 % (Über-60-jährige), dass nach dem Tod *nichts* kommt. Bei den 30- bis 39-jährigen ist der Glauben an eine unsterbliche Seele am verbreitetsten: Für 27 % lebt sie „als Teil von etwas Großem weiter".

Unter Studierenden

Vor einigen Jahren hat der inzwischen emeritierte Psychologieprofessor Jochen Fahrenberg eine umfangreiche Studie[7] über die Menschenbilder von Studierenden veröffentlicht. Ihr zufolge ist selbst unter heranwachsenden Naturwissenschaftlern der Dualismus mit 38 % weit verbreitet. Ebensoviele vertraten eine komplementäre Sichtweise, bei der Psychisches und Physikalisches zwei getrennte Bezugssysteme darstellen, die nicht aufeinander reduzierbar sind und nur gemeinsam eine vollständige Sicht der Welt liefern. Nur 24 % hielten einen harten Monismus oder Epiphänomenalismus für die überzeugendste Sichtweise.

In der Psychologie, also in Hoppes Kernfach, hängt knapp über die Hälfte einem Dualismus an. Etwas weniger, nämlich 42 %, sind Komplementaristen und nur 7 % harte Monisten/Epiphänomenalisten. Diese Daten sind zwar nicht die Neuesten, die Studie stammt aus dem Jahr

---

[5] https://de.statista.com/statistik/daten/studie/34/umfrage/meinung---christliche-glaubensinhalte/
[6] https://de.statista.com/statistik/daten/studie/520564/umfrage/glaube-an-leben-nach-dem-tod-nach-alter/
[7] https://www.psychologie.uni-freiburg.de/forschung/fobe-files/164.pdf

2006, aber seitdem hat es wohl keinen Fund gegeben, der das metaphysische Weltbild der Menschen gravierend verschoben hätte. Ich denke, dass mit diesen Daten sowie den Befragungen von Statista Hoppes folgende These hinreichend empirisch widerlegt ist:

„Solipsismus, Dualismus und (eliminativer) Epiphänomenalismus – das sind alles akademische Konstrukte. Niemand glaubt das wirklich, niemand lebt das – denkmöglich hin oder her."[8]

Monistisches Kommunikationsproblem

Wenn man jetzt noch zusätzlich annimmt, dass Deutschland schon eines der säkularsten Länder der Welt ist, dann hat der Monist zumindest ein Kommunikationsproblem: Er ist zwar davon überzeugt, dass sein Weltbild das einzig wissenschaftlich haltbare ist, doch die wahrscheinlich große Mehrheit der Menschen ist anderer Meinung. Warum ist das so? Das ist eine interessante Frage für einen anderen Artikel.

Wahrscheinlich hat es mit der phänomenalen Robustheit unseres Weltbilds zu tun: Das heißt, unabhängig davon, was wissenschaftliche Funde – die übrigens auch interpretiert werden müssen – nahelegen, halten wir an der Sicht von der Welt fest, wie wir sie *wahrnehmen* (also vom Phänomen, der Erscheinung aus).

In jedem Fall ist damit aber gezeigt, dass solche Weltanschauungen, Weltbilder oder Seins-Weisen in der Allgemeinbevölkerung verbreitet sind; und dass dualistische Ansichten eher die Regel als die Ausnahme sind. Es hilft daher wenig, Menschen mit solchen Ansichten als Hinterwäldler darzustellen – und damit richte ich keinen Vorwurf speziell gegen Christian Hoppe. Es ist eine allgemeine Frage, wie wir in der Gesellschaft mit anderen Meinungen umgehen, seien es Trump-Anhänger, AfDler oder Christen.

Die Position des Agnostikers bietet hierfür meiner Meinung nach einen hervorragenden Vermittlerposten: Er übt sich in Zurückhaltung, wehrt sich aber auch gegen offenkundige Widersprüche. Zusammen mit einem *Fallibilismus,* wie ihn nicht zuletzt Karl Popper (1902–1994) vertreten hat, ist es auch ein bescheidener Standpunkt: Er ist sich der Fehlbarkeit und Vorläufigkeit wissenschaftlichen Wissens bewusst.

---

[8]Christian Hoppe am 9. Juni 2017, https://scilogs.spektrum.de/wirklichkeit/bewusstsein-ii/#comment-11181

Was das – meiner Meinung nach – für Hoppes Standpunkt und den Dualismus im Detail bedeutet, das diskutiere ich im zweiten Teil.

Literatur

Huxley, T. H. (1894). Agnosticism. In T. H. Huxley (Hrsg.), *Collected essays* (Bd. V, S. 209–262). London: Macmillan and Co.

9

Hirnforschung oder Religion: Hirnscanner im Himmel?

Können die Neurowissenschaften wirklich religiöse Positionen ausschließen? Lässt sich insbesondere die Existenz einer immateriellen Seele mit den bildgebenden Verfahren der Hirnforschung widerlegen? Lesen Sie mehr über die provokanten Thesen des habilitierten Neuropsychologen und Diplom-Theologen Christian Hoppe in dieser Fortsetzung.

Kommt ein Hirnforscher in den Himmel und sagt: „Das glaube ich nicht!".

Antwortet Petrus am Himmelstor: „Ich weiß, deshalb haben wir hier einen Hirnscanner für dich aufgestellt, damit du es selbst überprüfen kannst."

Dieser Witz kam mir gerade in den Sinn, als ich an Yuri Gagarin (1934–1968) denken musste, den ersten Menschen im Weltraum. Es heißt, die Sowjetkommunisten hätten ihn nach der Landung zu der Aussage genötigt, er habe Gott bei der Umrundung der Erdkugel nicht finden können. (Die Sowjets waren strikt gegen das Christentum.)

Argumentationsfehler

Diese Anekdote ist erkenntnistheoretisch insofern interessant, als sie einen Versuch, man könnte auch sagen: ein Experiment beschreibt. Wenn ich sage, ein Gott existiert im Himmel und ich fliege durch den Himmel, sollte ich dort dann nicht diesen Gott beobachten können?

Dieses Argument beruht auf einem Fehler, genannt „Äquivokation". „Himmel" wird hier schlicht in zwei verschiedenen Bedeutungen verwendet, nämlich erst im Sinne des nicht näher räumlich spezifizierten abstrakten Himmels (zum Beispiel) des Christentums und danach als räumlich definierter Ort unserer Atmosphäre, die mir erfreulicherweise gerade blau erscheint.

Hirn-Metaphysik

Aber zurück zum Hirnforscher, der es nicht glauben kann. Schließlich hat er doch gelernt, ohne Gehirnaktivierung könne es kein Bewusstsein geben – und der Tod wird heute in der Regel als Hirntod verstanden, also das irreversible Erliegen der Hirnfunktionen. Mit anderen Worten: „Ohne Hirn ist alles nichts!".

Aus dieser Feststellung leitet der Hirnforscher schließlich ab, dass es auch kein Leben nach dem Tod geben könne, denn dieses scheint ja ein Bewusstsein zu implizieren. Dass das ohne funktionierendes Gehirn nicht möglich ist, schlussfolgert er aus den im Laufe der letzten Jahrhunderte immer wieder beobachteten Korrelationen zwischen physiologischen und psychologischen Prozessen.

Doch, aufgepasst! Vermischen wir hier nicht wieder zwei Bereiche, wie bei der Anekdote mit Gagarin? Dem ist so: Denn der Hirnforscher untersucht ja die Natur, während sich der „Himmel" jenseits von ihr befindet. Tipp: Deshalb nennen wir ihn ja auch „Jenseits". Dazu der Duden:

Jenseits: in der religiösen Vorstellung existierender transzendenter Bereich jenseits der sichtbaren diesseitigen Welt, in den die Verstorbenen eingehen.

Wenn man jetzt forderte, in so einem Jenseits müssten die Naturkräfte des Diesseits gelten („müsse es mit rechten Dingen zugehen", im Jargon der Naturalisten), führt man die Idee *ad absurdum*. Man könnte auch sagen: Hirnscanner sind schlicht nicht fürs Jenseits spezifiziert.

Wissenschaft oder Philosophie?

Nein, im ersten Teil[1] formulierte ich These 1, dass alle ein Interesse an der Unterscheidung wissenschaftlicher und philosophischer Aussagen haben. Ferner bestimmt das agnostische Prinzip, dass man nicht so tut, als seien unbewiesene oder unbeweisbare Schlussfolgerungen bewiesen.

Der Hirnforscher, der sagt, laut Funden der Hirnforschung könne es kein Leben nach dem Tod geben, verstößt also gegen beide: Schließlich ist die

---

[1] Siehe das vorherige Kapitel.

Ausdehnung seiner diesseitigen Befunde auf ein mögliches jenseitiges Sein eine *philosophisch-metaphysische Überstreckung* seines Aussagebereichs und keine Wissenschaft – und, nebenbei gesagt, ein problematischer Induktionsschluss, Karl Popper (1902–1994) lässt grüßen. Das „Naturgesetz", dass alle Schwäne weiß sind, stimmt dem Schein nach nur so lange, bis man dem ersten schwarzen Schwan begegnet, beispielsweise in Australien.

Mit anderen Worten: Die Idee, ein Hirnforscher könne die Möglichkeit eines Lebens nach dem Tod widerlegen, ist ebenso absurd, wie die Idee, dass vorm Himmelstor ein Hirnscanner steht, um Ungläubige von ihren Bewusstseinstätigkeiten zu überzeugen.

Historische Präzision

Kommen wir damit zum Leib-Seele- oder Substanzdualismus, um den es Christian Hoppe ja ging. Und schauen wir uns einmal wirklich an, was René Descartes (1596–1650) geschrieben hat, ein bald vierhundert Jahre toter Mann. Die Dinge, die ihm manche Philosophen wie Hirnforscher in den Mund (oder in die Schreibfeder) gelegt haben, sind ebenso märchenhaft und zahlreich, wie die Mythen, die man sich über den bekanntesten neurologischen Patienten ausgedacht hat, nämlich Phineas Gage (1823–1860).

Dass die Darstellung seines Falls auf Wikipedia[2] zutreffender ist als diejenige in manchen führenden neurowissenschaftlichen Zeitschriften, ist ein Armutszeugnis für Letztere und ein Beleg für die eklatante historische Blindheit vieler Forscherinnen und Forscher. Dass viele es mit der Geschichte ihrer Disziplin nicht so genau nehmen, belegte schon der Wissenschaftssoziologe Thomas Kuhn (1922–1996) vor mehr als 50 Jahren. Aber bleiben wir bei Descartes, der sich ja selbst nicht mehr gegen Fehldarstellungen wehren kann.

Leib-Seele-Dualismus

Dieser war bekanntlich Substanzdualist – eigentlich Trialist, denn neben der ausgedehnten und denkenden Substanz war für ihn Gott eine dritte Substanz, doch das spielt für unsere Diskussion hier keine Rolle. Eine Substanz ist etwas, das aus sich heraus existiert. Wie die ersten beiden

---

[2]Siehe https://en.wikipedia.org/wiki/Phineas_Gage oder für eine gelungene journalistische Darstellung auch den Artikel im Slate-Magazin: https://slate.com/technology/2014/05/phineas-gage-neuroscience-case-true-story-of-famous-frontal-lobe-patient-is-better-than-textbook-accounts.html

Substanzen charakterisiert sind, haben wir bereits gesehen: eben durch Ausdehnung (denken wir dazu: in Raum und Zeit) oder durch Denken. Die denkende Substanz nennen wir auch die „Seele".

Descartes war ebenfalls Naturforscher, insbesondere Physiologe. Besucher lud er manchmal in seine „Bibliothek" ein – und damit meinte er keine Bücherschränke, sondern die Sammlung seiner physiologischen Präparate. Er formulierte sogar eine empirische Hypothese über die Interaktion von Leib und Seele, nämlich in der Epiphyse (Zirbeldrüse) (Abb. 9.1).

Dass damit nicht das Problem der mentalen Verursachung gelöst war, nämlich wie die Interaktion zwischen ausgedehnter und denkender Substanz

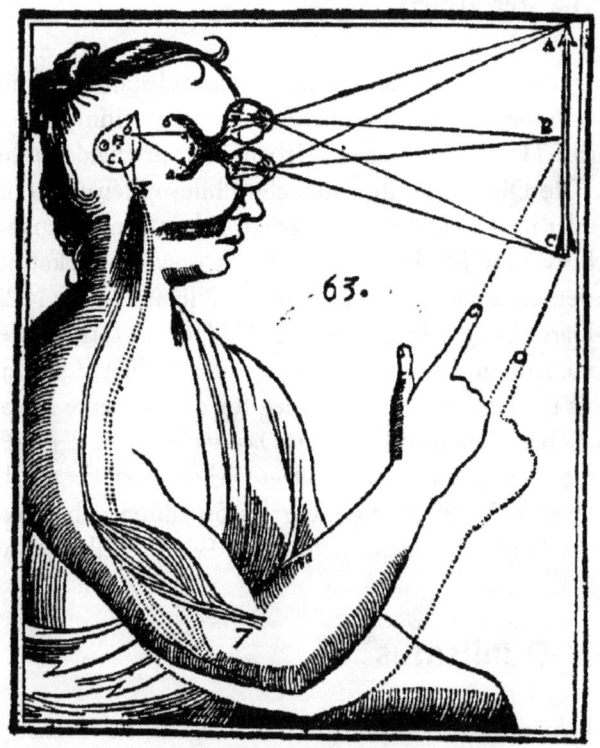

Abb. 9.1 So stellte sich der Philosoph und Physiologe René Descartes die Leib-Seele-Wechselwirkung vor: Über die Augen sehen wir etwas in der Welt. Diese Reize landen schließlich in der Zirbeldrüse (Epiphyse) in der Mitte des Gehirns, die der Seele das Bild darstellt. Diese steuert wiederum über dasselbe Hirnorgan die Bewegung des Körpers. Die die Muskeln steuernde Kraft nannte man „Lebensgeister" (lateinisch *spiriti animali*). Das klingt aus heutiger Sicht natürlich alles sehr naiv. Für die damalige Zeit war es aber bemerkenswert. (Aus: Opera Philosophica, 1692 (© Ann Ronan Picture Library/Photo 12/picture alliance))

an diesem Ort funktionieren soll, war auch Descartes und seinen Zeitgenossen klar. Dies ist uns aus Briefwechseln erhalten.³

Von Zwergen und Riesen

Man kann natürlich darüber lachen, der Epiphyse so eine bedeutende Rolle zuzuschreiben. Descartes lebte eben im 17. Jahrhundert; wir im 21. Es werden aber auch Menschen im 23. und 25. Jahrhundert kommen und auf uns zurückblicken, liebe Lachende, wenn wir einander nicht vorher auslöschen, und über einige *unserer* „aufgeklärten" Annahmen lachen. Warum hält sich doch jede Generation wieder für den Gipfel der Erkenntnis? Dabei sind wir nur Zwerge auf den Schultern von Riesen und auch auf unseren werden wieder neue Zwergeszwerge stehen.

Descartes hat aber nicht nur eine Vermutung über die Seele-Gehirn-Interaktion geäußert, sondern auch darüber, wie die Seele „sieht", was im Gehirn vorgeht. In seinen „Meditationen über die Erste Philosophie" von 1641 steht nämlich: „Sooft sich dieser Teil [des Gehirns] nun in demselben Zustand befindet, lässt er den Geist dasselbe empfinden".⁴

Intellektuelle Redlichkeit

Dies *kann* man als naturwissenschaftliche Supervenienzthese lesen, das heißt, dass der Zustand des Gehirns den Zustand des Bewusstseins eindeutig festlegt. Nun erfordert das Prinzip der wohlwollenden Interpretation (englisch *Principle of Charity*), ein Prinzip intellektueller Redlichkeit, dass man seinen Diskussionsgegner nicht nur auf schlechtestmögliche, sondern auch auf bestmögliche Weise liest und versteht.

Wenn wir nicht an der empirisch widerlegten Hypothese über die Zirbeldrüse festhalten, dann lässt sich also ein Substanzdualismus formulieren, der mit den Funden der heutigen Hirnforschung kompatibel ist. Descartes war aber nicht nur Philosoph, Mathematiker und Physiologe, sondern auch Christ.

Der von ihm formulierte gesetzesmäßige Zusammenhang zwischen Leib und Seele hörte mit dem Tod des Körpers auf. Wie wir gesehen haben, kann

---

³Siehe hierzu die ausführliche Diskussion in Kap. 6: Das Einmaleins des Leib-Seele-Problems.
⁴Diese Textstelle ist bereits in Kap. 7 erklärt worden.

der Hirnforscher *als Hirnforscher* über diesen Bereich (das Jenseits) nichts aussagen (These 1 und agnostisches Prinzip). Tut er es dennoch, so verhält er sich intellektuell unredlich.

Christentum und Aufklärung

René Descartes war also keinesfalls so dumm, wie man ihm heute – vor allem aus Geschichtsblindheit – immer wieder unterstellt. Auch auf den Kirchen wird gerne als wissenschaftsfeindliche Institutionen herumgehackt. Das ist aber genauso geschichtsblind: als hätten Aufklärung und Reformation nicht auch im Christentum ihre Spuren hinterlassen, als gäbe es keine Tradition kritischen Zweifels in der Theologie, als gäbe es nicht die Schule der Jesuiten, in der sich Naturforscher darum bemühen, die Bibel im Lichte wissenschaftlicher Erkenntnisse umzuinterpretieren!

Man denke etwa an Pierre Teilhard de Chardin (1881–1955) und dessen Schriften zur Evolutionstheorie (etwa „Der Mensch im Kosmos", 1959), die aber, das darf man nicht vergessen, wegen eines kirchlichen Veröffentlichungsverbots zum Teil erst nach seinem Tod erschienen sind. Und wer hat eigentlich die ersten Universitäten der Welt gegründet? Das waren Theologen.

Das sieht man heute noch auf den Emblemen verschiedener Universitäten. Auf dem meiner Universität, der 1614 gegründeten Universität Groningen, steht zum Beispiel: *Verbum Domini lucerna pedibus nostris,* das Wort des Herrn ist eine Lampe für unsere Füße. Mit anderen Worten: Es weist uns den Weg. Ich fühle mich davon zwar nicht persönlich angesprochen, nehme aber unsere christliche Kulturgeschichte zur Kenntnis.

Die Welt ist also nicht so schwarz und weiß, wie manche sie sich gerne zurechtlegen; und man sollte sich auch keinen hilflosen Strohmann aufbauen, um ihn dann leicht abzufackeln. Jedenfalls trägt dies alles nicht zur Toleranz bei – und auch diese ist ein zentraler Wert der Aufklärung.

Symmetrische Kritik

Der Agnostiker aber ist natürlich nicht nur in Richtung des Hirnforscher-Philosophen kritisch, sondern auch in die des Theologen: Warum soll ich denn an eine Seele glauben? Oder an ein Leben nach dem Tod? Und was sind die Belege, auf die sich solche Annahmen stützen? Schlicht die Tradition und ein altes Buch oder kann ich selbst erfahren, dass es so ist? Ich habe gerade erst geschrieben, dass der Ausdruck „Seele" für mich außerhalb der Poesie und von Redewendungen keine Funktion hat.[5]

Es sind aber zwei völlig verschiedene Aussagen, ob ich behaupte, die Existenz einer Seele oder ein Leben nach dem Tod sei wissenschaftlich unmöglich (dies verstößt gegen These 1 und das agnostische Prinzip), oder ob ich sage, für mich gebe es keine überzeugenden Gründe für die Annahme einer Seele oder eines Jenseits:

Im ersten Fall hielte ich alle Gläubigen zumindest implizit für Hinterwäldler, die es nur richtig zu belehren gelte, im Letzten stünde ich offen für den Meinungsaustausch. Die langwierig erkämpfte Glaubens- und Meinungsfreiheit gibt allen Menschen das Recht auf ihre Weltanschauung, sofern sie damit nicht die Rechte anderer verletzen; und nein, Wissenschaft ist keine Weltanschauung, sondern, richtig betrieben, eine Erkenntnismethode.

Ego cogito, ergo sum

Ich komme gegen Ende noch auf einige konkrete Aussagen Christian Hoppes zurück. In seiner Diskussion von Descartes' berühmten Ausspruch: „Ich denke, also bin ich", übersieht er meines Erachtens, dass der Philosoph damit nicht seinen Substanzdualismus begründete (das tat er etwa mit dem *Argument der Unteilbarkeit der Seele*), sondern einen Ausweg aus dem radikalen Zweifel suchte.

Descartes fragte sich, ob es etwas gibt, an dem sich nicht zweifeln lässt – und kam auf die Idee, dass wenn jemand zweifelt, es ja diesen Zweifler geben müsse; darüber könne man sich unmöglich täuschen. Dass der Schluss auf die Existenz eines *Ich* aber formallogisch nicht korrekt ist, stellte bereits Rudolf Carnap (1891–1970) fest. Korrekter müsste man schlussfolgern: *Etwas* denkt, *etwas* existiert. Aber das ist für unsere Untersuchung hier nicht so relevant.

Hoppescher Dualismus

Schließlich handelt sich Hoppe, der ja Abschied vom Leib-Seele-Dualismus nehmen wollte, einen neuen Dualismus ein, nämlich einen Informations-Körper-Dualismus. Die Wörter „Information" beziehungsweise

---

[5] Siehe die Ausführungen zum Begriff „Seele" im vorherigen Kapitel.

„Informationsverarbeitung" kommen in seinen beiden Texten zusammen neunzehnmal vor. Dabei räumt er selbst ein, Information sei in der heutigen Physik keine eigenständige Größe (da würde mancher theoretische Physiker wohl widersprechen, doch das nur nebenbei).

Wichtiger ist der Einwand: Was ist aber denn Informationsverarbeitung, wenn nicht eine *Metapher*? Ein Wort, das in diesem Zusammenhang – Eigenschaften psychischer Prozesse und deren Verbindung mit physischen Prozessen – für etwas anderes steht, und zwar etwas, das wir in aller Regel nicht ausformulieren können?

Metapher der Informationsverarbeitung

Informationsverarbeitung geschieht auf meinem Laptop, beim Finanzamt, wohl auch an der Börse, beim Sachbearbeiter der Krankenversicherung und so weiter und so fort. Mal geht es um das Bearbeiten von Formularen, mal um das Überführen magnetischer oder elektrischer Zustände, die für Nullen und Einsen stehen, in andere solche Zustände. Natürlich geht es Herrn Hoppe nicht um solche Prozesse der Informationsverarbeitung, sondern um das, was im Gehirn passiert.

Das könnten elektrische Signale von Nervenzellen sein oder von Zellverbänden – oder schauen wir uns doch vielleicht Moleküle im synaptischen Spalt an? Was ist mit anderen Zelltypen, etwa den Astrocyten und anderen Gliazellen? Verarbeiten die womöglich auch Information? Und sind die biochemischen Prozesse dann dieselben? Der EEG-Forscher, der aggregierte elektrische Signale von der Kopfhaut ableitet, sowie der Kollege mit dem fMRT-Scanner, der magnetische Eigenschaften von Blut misst, würde wohl auch behaupten, neuronale Informationsverarbeitung zu erfassen.

Was ist dann also Informationsverarbeitung, wenn es keine Metapher ist? Es ist ja nicht schlimm, wenn man Sprache so verwendet; also Wörter, die für etwas anderes stehen, das wir noch nicht genau angeben können. Das gilt gerade in den von Herrn Hoppe angeführten komplexen Beispielen, wie dem Lernen oder der Impulskontrolle. Wer wird schon behaupten können, die *genauen* physiologischen Prozesse hierfür zu kennen? Das wäre aber nötig, um die Metapher aufzulösen.

Mit der Rede von der Informationsverarbeitung kauft Christian Hoppe sich womöglich auch ein Homunkulusproblem ein, das sich in Wendungen wie dieser äußert „…Informationen [sind] genau dann bewusst, wenn sie allen informationsverarbeitenden Modulen bekannt gemacht und dann von allen Modulen verarbeitet werden..." Zur Informationsverarbeitung kommt hier nämlich noch eine Bekanntmachung, also eine andere Metapher. Das hört sich sehr nach einem Bekanntmacher an. Wer sollte das sein, wer oder was ist der Mechanismus, der durch richtige Bekanntmachung bewusste von unbewusster Information unterscheidet?

Hoppes Kernargument

Zu guter Letzt noch eine Reaktion auf Christian Hoppes Argument gegen die Seele/denkende Substanz beziehungsweise eine Bewusstseinssubstanz. So eine Substanz hält er aus dem Grunde für empirisch unmöglich, weil sie permanent denken oder bewusst sein müsste; da wir aber nicht immer dächten beziehungsweise bewusst seien – man denke an traumlosen Schlaf oder Narkose –, könne es keine solche Substanz geben. Dass er dieses Argument anführt, verblüfft mich ehrlich gesagt etwas. Natürlich ist es Substanzdualisten in den mindestens 2500 Jahren der Kulturgeschichte schon früher aufgefallen, dass der Mensch manchmal traumlos schläft, um nur ein Beispiel zu nennen.

Warum Herr Hoppe meint, eine denkende oder bewusste Substanz müsse *immer* denken oder voll bewusst sein, leuchtet mir nicht ganz ein; aber ich kann mich freilich irren. Zumindest für den Fall einer Bewusstseinssubstanz schiene es mir nicht völlig von der Hand zu weisen, dass deren Bewusstsein graduell abgestuft sein könnte: mal mehr, mal weniger bewusst.

Christian Hoppe übersieht aber, dass ein Leib-Seele-Dualist immer eine Rückzugsmöglichkeit hat. Er könnte schlicht sagen, dass der Körper zwar traumlos schläft oder keine Zeichen von Bewusstsein erkennen lässt, die Seele aber mit anderen Aktivitäten beschäftigt ist, an die wir uns in aller Regel aber nicht erinnern, so wie wir uns auch an viele Träume nicht erinnern.

Tatsächlich erklärte der christliche Mystiker Jakob Lorber (1800–1864) solche Fälle mit einem Vergleich: So wie ein Wanderer manchmal seine Kleider auszieh, um sich zu erholen, würde die Seele manchmal den Körper zur Erholung ausziehen. Oder in seinen Worten von 1874:

„Wenn deine Seele durch des Tages Beschwerden müde und schwach geworden ist, so erwacht in ihr das Bedürfnis nach einer erquicklichen und stärkenden Ruhe. Da zieht dann die müde Seele alsbald ihr gegliedertes Fleischgewand aus und begibt sich in ein stärkendes Bad des geistigen Wassers und badet, reinigt und stärkt sich darin; ist sie wieder stark geworden, dann begibt sie sich wieder in ihren Fleischrock und bewegt dessen schwerfällige Glieder wieder mit einer großen Leichtigkeit."[6]

Der Diskussionsgegner am Wort

Was soll so ein Zitat? Mir selbst liegt daran herzlich wenig. Aber wenn man den Standpunkt von Dualisten widerlegen möchte, dann sollte man sich schon einmal anschauen, was Dualisten zum Thema zu sagen haben. Das Argument, das Hoppe anführt, ist übrigens nicht erst im Jahr 2017 auf den SciLogs diskutiert worden, sondern bereits im 17. Jahrhundert von Dualisten verschiedener Couleur.

So führte etwa John Locke (1632–1704) die ebenfalls von Christian Hoppe genannten Beispiele wie traumlosen Schlaf, Narkose und Bewusstlosigkeit an, um gegen Descartes' Argument der Unteilbarkeit der Seele zu argumentieren. Locke bestritt aber nicht, *dass* es eine Seele gibt, sondern hatte nur eine andere Vorstellung von deren Eigenschaften. Solche Dualisten sind ein Problem für Hoppes Argument, denn es trifft sie nicht.

Der Religionsphilosoph James Hill hat drei historische Sichtweisen über die Geistesaktivität während des Schlafs wie folgt systematisiert: (nach Hill, 2004):

- Die Seele zieht sich zurück (Descartes & Malebranche). Die Seele denkt während des traumlosen Schlafs, es entstehen jedoch keine Erinnerungen.
- Die Seele hat ein „Black-Out" (Locke). Die Seele denkt während des traumlosen Schlafs schlicht nicht und ist deshalb völlig bewusstlos.
- Verwirrende Wahrnehmungen (Leibniz). Die Seele denkt permanent während des Schlafs, doch die Wahrnehmungen sind so verwirrend und verzerrt, dass dies nicht bewusst geschieht.

Autofahren in Trance

Schließlich finde ich Christian Hoppes Beispiel der „Autobahn-Trance" zur Untermauerung seines Anti-Dualismus-Arguments phänomenologisch unplausibel, doch ich lasse mich hier gerne von ihm oder von den Leserinnen und Lesern korrigieren. Der Psychologe schreibt:

---

[6]In „Das große Evangelium Johannes", Band 4, online unter: https://j-lorber.de/jl/ev04/EV04-054.HTM

„**Autobahn-Trance:** die Vigilanz [etwa: Reaktionsbereitschaft, Anm. St. S.] sackt etwas ab, Außenreize werden zwar noch verarbeitet, aber kaum mehr bewusst, vielleicht ist man in Gedanken vertieft (abgelenkt) oder denkt an gar nichts, aber man bewältigt die ganze Zeit Routinesituationen automatisch. Da in diesem Fall nicht bewusst erlebt wird, kann die automatisch zurückgelegte Strecke später auch nicht bewusst erinnert werden (abgesehen von den letzten Sekunden vielleicht)."[7]

Zunächst einmal sollte man begrifflich konsistent argumentieren, wenn man schon einem Philosophen (hier: Substanzdualisten) die Unmöglichkeit seines Standpunkts nachweisen will – und da ist „kaum mehr bewusst" etwas anderes als „nicht bewusst erlebt". Doch geschenkt! Fragen wir uns, was bei der „Autobahn-Trance" passiert.

Keine Unfälle – dank Bewusstsein?

Da diese Leute nicht reihenweise Massenkarambolagen verursachen, darf man schon vermuten, dass sie Eigenschaften des Verkehrs wie andere Autos oder die Fahrbahnmarkierungen und Verkehrsschilder wahrnehmen – und was soll das anderes sein als bewusste Informationsverarbeitung, um Hoppes Term zu verwenden? (Der Gebrauch ist hier übrigens weniger problematisch, denn die Information ist nichts Mystisches, sondern eben der Verkehrszustand, und deren Verarbeitung äußert sich im angepassten Fahrverhalten.)

Ich denke, dass Menschen in diesen Zuständen nicht bewusstlos oder kaum bewusst sind, sondern schlicht abgelenkt: Vielleicht denken sie an die Einkaufsliste, an das schwierige Gespräch mit der Chefin, an den Kuss mit der neuen Liebe, an die Hochzeitsvorbereitungen, oder sie starren schlicht ins Leere ... Plötzlich wundern sie sich, dass sie schon viel weiter sind, wenn die Aufmerksamkeit wieder zur Fahrt zurückkehrt, an deren letzte Minuten sie sich nicht mehr erinnern.

Aber zum Glück sind die Menschen sich der Fahrt noch so weit bewusst, dass sie bei überraschenden Situationen, denken wir an ein gefährliches Überholmanöver eines anderen, das Blitzen einer Warnblinkanlage oder des Befahren einer komplizierten Baustelle, sofort wieder mit voller Aufmerksamkeit anwesend sind.

---

[7]https://scilogs.spektrum.de/wirklichkeit/bewusstsein-ii/

Wie man in meinen Erwiderungen und auch den lebhaften Online-Diskussionen gesehen hat, regen Christian Hoppes Thesen zur Diskussion an. Nicht gelungen ist ihm meiner Meinung nach aber eine überzeugende Zurückweisung des Leib-Seele-Dualismus. Damit ist natürlich nichts darüber gesagt, wie plausibel so ein Standpunkt wäre. Dafür muss man ihn sich eben im Detail anschauen, wenn es einen denn überhaupt interessiert.

Drei Thesen zum Schluss

Als Essenz meiner Replik will ich zum Abschluss noch drei Thesen formulieren:

> **These 2 (Katz-und-Maus-Spiel):** Der Leib-Seele-Dualismus als metaphysische Position lässt sich immer derart anpassen, dass er mit empirischen Befunden vereinbar ist. Der Versuch, ihn mit empirischen Mitteln zurückzuweisen, mündet darum in ein Katz-und-Maus-Spiel.

Das würde sich natürlich ändern, sobald sich ein Dualist aufs empirische Parkett vorwagt, und Hypothesen über die Funktionsweise des Gehirns aufstellt, denken wir an Descartes' Vermutungen zur Zirbeldrüse oder die Hypothesen über Mikrotubuli durch den Physiologie-Nobelpreisträger John Eccles.

Popper forderte übrigens, dass Wissenschaftler gewagte Thesen aufstellen, und witterte in diesen Chancen für wissenschaftlichen Fortschritt. Ob das in der heutigen Zwangsjacke des Publikations-und-Fördergeldereinwerbens im Wissenschaftsbetrieb noch karrieredienlich ist, sei aber bezweifelt.

Der Agnostiker hält aber auch fest:

> **These 3 (Beweislast):** Zwar erleben wir uns als „beseelte" Wesen in dem Sinne, dass wir Bewusstseinsprozesse haben. Daraus lässt sich aber kein zwingender Schluss über die Existenz einer immateriellen Seele ableiten. Die Beweislast, dass es diese gibt, liegt daher beim Leib-Seele-Dualisten.

Und schließlich mit Adresse an den philosophisch ambitionierten Hirnforscher und in Erinnerung an sowohl These 1 (Philosophie-Wissenschafts-Trennung) als an das agnostische Prinzip:

These 4 (Schusterleisten): Hirnforschung ist interessant genug, auch wenn sie sich nicht auf philosophische Katz-und-Maus-Spielchen einlässt; diese Spielchen schlagen zudem in aller Regel fehl (man denke etwa an die Willensfreiheitsdebatte oder die neurowissenschaftliche Erforschung der Moral). Schuster, bleib bei deinen Leisten!

Literatur

Descartes, R. (1641). *Meditationes de prima philosophia*. Paris: Michael Soly.

Hill, J. (2004). The philosophy of sleep: The views of Descartes, Locke and Leibniz. *Richmond Journal of Philosophy, 6,* 1–7.

Teilhard de Chardin, P. (1959). *Der Mensch im Kosmos*. München: Beck.

10

Zum Verhältnis von Glauben, Philosophie und Naturwissenschaft

Nach den vorangegangenen Ausführungen zur Neurotheologie geht es im letzten Kapitel dieses Teils um die breitere Frage nach dem Zusammenhang zwischen Glauben, Philosophie und Naturwissenschaft. Lassen sich diese Welten miteinander verbinden oder handelt es sich um völlig verschiedene Sphären?

Die Entscheidung des habilitierten Neuropsychologen und Diplom-Theologen Christian Hoppe, nach mehr als zehn Jahren seinen Blog WIRKLICHKEIT einzustellen,[1] ließ mich aufhorchen. Unsere Wege kreuzten sich immer wieder einmal in der Wissenschaft – ich forschte früher auch an den Bonner Universitätskliniken – und ebenfalls thematisch bei den SciLogs.

Doch erst noch einmal einen Schritt zurück: In meiner universitären Lehre überraschte mich schon vor einigen Jahren das Interesse meiner Psychologiestudierenden. Wenn ich ihnen die Wahl ließ, ein Diskussionsthema selbst zu bestimmen, nannten sie regelmäßig das Verhältnis von Religion zur Wissenschaft.

Das galt sowohl für die Studierenden im Bachelor als auch für diejenigen in unserem (sehr selektiven) Forschungsmaster. Dabei kam es in Einzelfällen sogar vor, dass Studierende frei von äußerer Belohnung (wie Credit Points oder Noten) kurze Referate übernahmen oder lange weiter diskutierten, nachdem ich den Saal verlassen hatte. Das ist die intrinsische Motivation, die wir Hochschullehrende uns öfter wünschen, bei den vorgeschriebenen Themen der Lehrpläne aber eher selten beobachten.

---

[1] https://scilogs.spektrum.de/wirklichkeit/abschied-und-dank/

Insofern könnte man also sagen, dass Hoppes Blog ein starkes öffentliches Interesse bediente, das Interesse einer gebildeten Öffentlichkeit. Das spiegelte sich auch regelmäßig in den vielen hundert Kommentaren wider, die Leserinnen und Leser in WIRKLICHKEIT verfassten. Insofern ist die Entscheidung bedauerlich, den Blog nicht fortzuführen.

Christian Hoppe hat seinen Entschluss aber in acht Punkten begründet und kommt zum deutlichen Fazit, „dass ein Dialog zwischen Theologie und Naturwissenschaften im Grunde nicht möglich, die ganze Idee eines solchen Dialogs letztlich inhaltlich und methodisch verfehlt ist." Ich kann hier nicht für die Theologie sprechen, habe weder das Fach studiert noch gehöre ich einer Glaubensströmung an.

Wer mich unbedingt mit einem Etikett versehen will, den verweise ich auf die Definition von Agnostizismus des Biologen-Philosophen Thomas H. Huxley[2] oder an Karl Poppers Kritischen Rationalismus.

Bevor ich mich aber mit einigen philosophischen und wissenschaftstheoretischen Aspekten aus Hoppes Begründung beschäftige, will ich noch etwas zu unserer heutigen Situation im Jahre 2018 anmerken: Weltweit wachsen religiöse Strömungen. Außerdem zwingen uns Terroristen und Hassprediger, die sich auf religiöse Lehren berufen, Diskussionen sowie eine verschärfte Sicherheits- und Außenpolitik auf. Insofern betrifft der Umgang mit Glaubensströmungen uns alle. Daher sollte man vermuten, dass es ein Mehr an Bedürfnis nach Dialog gibt, kein Weniger.

Christian Hoppe kann man hier keinen persönlichen Vorwurf machen. Er hat es immerhin über zehn Jahre lang in aller Öffentlichkeit versucht. Dass die Strategie, einen Graben zwischen „der" Naturwissenschaft auf der einen und „der" Theologie auf der anderen Seite aufzureißen, zu keinen tragfähigen Brücken führt, überrascht mich allerdings nicht.

Gläubige Naturwissenschaftler

In diesem Zusammenhang sei noch einmal daran erinnert, dass auch Studierende verschiedener Wissenschaften einschließlich der Naturwissenschaften an eine Seele glauben und/oder religiöse Überzeugungen haben.[3] Aus eigener Erfahrung kann ich zudem bestätigen, dass auch manche Professoren aus den Naturwissenschaften solche Überzeugungen haben.

---

[2] Siehe hierzu die Diskussion in Kap. 8: Hirnforschung oder Religion: Wer ist hier Dualist?
[3] Siehe die Studienergebnisse in Kap. 8: Hirnforschung oder Religion: Wer ist hier Dualist?

Anders als der hochbetagte Hirnforscher John Eccles (1903–1997; Nobelpreis für Physiologie oder Medizin, 1963), stellten sie sich damit aber nicht auf Konferenzen vor ihre Kollegen; wohl aus Angst, danach von der Fachwelt nicht mehr ernst genommen zu werden. Täten sie es einmal, wie meine Studierenden es sich noch trauen, dann hätten wir vielleicht einen wirklich offenen Dialog!

Auch Wissenschaftskommunikatoren wie Richard Dawkins und seinen zahlreichen Anhängern in der Blogosphäre weltweit zum Trotz präferieren gerade gebildetere Menschen die Alternativmedizin, die neben religiösen Glaubensströmungen einen weiteren Riss im naturwissenschaftlichen Weltbild formt. Dieses Phänomen kann man zwar psychologisch und sozialwissenschaftlich erklären. Es verschwindet aber nicht dadurch, dass man es mit naturwissenschaftlich verbrämter Polemik überzieht.

Beschäftigen wir uns jetzt mit Christian Hoppes Argumenten. Gleich am Anfang schreibt er:

„Die Naturwissenschaften sind weder an einer wie auch immer gearteten theologisch- religiösen, philosophischen oder künstlerischen ‚Interpretation' ihrer Resultate noch an der Kompatibilität derartiger Weltinterpretationen mit naturwissenschaftlicher Erkenntnis interessiert. Zum einen lägen derartige Weltdeutungen außerhalb der methodischen Reichweite der Naturwissenschaften. Zum anderen lässt die naturwissenschaftliche Methodologie keine Rückwirkungen fachfremder Ideen auf die naturwissenschaftliche Erkenntnisgewinnung selbst zu."

Hier wird die Welt unterteilt in „die" Naturwissenschaften auf der einen Seite – und den ganzen Rest. Naturwissenschaften als Abstraktum haben freilich keine Interessen. Menschen haben Interessen. Welche Interessen haben aber Naturwissenschaftler?

Philosophierende Hirnforscher

Nun, hier kann, ja muss man Hoppe schon einmal vehement widersprechen, und zwar mit empirischen Belegen. So hat etwa schon Roger Sperry (1913–1994; Nobelpreis für Physiologie oder Medizin, 1981) in den 1980ern sein neurophilosophisches Programm skizziert: Philosophien, Religionen und Weltmodelle stünden und fielen mit den Erkenntnissen der Hirnforschung. Damit sind diese Erkenntnisse aber auch außerhalb der Naturwissenschaften relevant, ob es Christian Hoppe nun gefällt oder nicht.

Sperrys früherer Mitarbeiter Michael Gazzaniga machte rund 20 Jahre später den Vorschlag, aus Erkenntnissen der Hirnforschung ethische Regeln abzuleiten („The Ethical Brain"). Inspiriert wurde er durch die Forschung Joshua Greenes (heute Professor an der Harvard University), an der neurowissenschaftlich und psychologisch sehr viel problematisch ist. Das hinderte den Forscher selbst und viele seiner Rezipienten aber nicht daran, groteske philosophische Schlüsse daraus zu ziehen. Ergebnis: „Erfolgreiche" Wissenschaft, publiziert in der angesehenen Fachzeitschrift *Science,* bis heute über 1700-mal in der Wissenschaftsdatenbank *Web of Science* zitiert (Greene et al., 2001).

Die Liste ließe sich lange fortsetzen. Hier sei bloß noch an Francis Crick erinnert (1916–2004; Nobelpreis für Physiologie oder Medizin, 1962), der in den frühen 1990ern das Wesen des Menschen erklären wollte („The Astonishing Hypothesis: The Scientific Search for the Soul"); an seine Nacheiferer in Deutschland oder den Niederlanden, die ihre abstrusen Gedanken über Willensfreiheit in Büchern hunderttausendfach verkauften;[4] oder auch an Antonio Damasio, der die weltweite Öffentlichkeit mit seiner Neophrenologie in die Irre führte.

Vielen dieser Fälle ist gemein, dass nicht nur die philosophischen Schlussfolgerungen äußerst fraglich sind, sondern schon die naturwissenschaftlichen Sachverhalte falsch dargestellt sind. Das ging – wohlgemerkt, unter den Augen der „kritischen Öffentlichkeit" – sogar soweit, experimentelle Befunde ins Gegenteil zu verkehren.

Man denke dabei etwa an Benjamin Libets Experiment und die angeblichen Befunde zu halluzinierten Willensentscheidungen oder das unrühmliche Stille-Post-Spielchen um den neurologischen Patienten Phineas Gage: In beiden Fällen sieht man, dass eigentlich die gegenteiligen Schlussfolgerungen gezogen werden müssten, wenn man sich die Mühe macht, die Originalarbeiten zu studieren.

Crick muss man allerdings insofern verteidigen, als er seine provokante Aussage noch als *Hypothese* darstellte, anders als die späteren Autoren, die sie als unumstößliche naturwissenschaftliche Wahrheit verkauften. Es handelt sich wohlgemerkt stets um Hirnforscher, also Naturwissenschaftler im Hoppeschen Sinne.

Dass deren Interessen durchaus philosophisch und theologisch sind, ist hiermit hinreichend belegt; und diese zahlen sich in barer Münze aus,

---

[4]Siehe hierzu auch Kap. 1: Warum der Neurodeterminist irrt.

in Vortragshonoraren, Buchantiemen und Forschungsmitteln. Am Rande: Auch meine wissenschaftliche Karriere verdankt sich diesem neurophilosophischen Hype. Ich beiße hier also gewissermaßen in die Hand, die mich füttert.

Irrelevante Philosophie?

Christian Hoppe verkennt also, dass Naturwissenschaftler sich aus freien Stücken auf philosophische Gewässer begeben, wenn er fortfährt:

> „Ich sehe dieselbe Problematik wie für die Theologie auch für die (Natur-) Philosophie; denn auch deren Fragestellungen, Konzepte usw. liegen außerhalb der naturwissenschaftlichen Theoriebildung und können auf diese aus methodischen Gründen ebenfalls nicht zurückwirken."

Philosophen würden „regelmäßig" ihre Rolle für den natur- und neurowissenschaftlichen Erkenntnisfortschritt überschätzen. Ist es aber nicht umgekehrt so, mindestens seit der „Dekade des Gehirns", den 1990ern, dass Natur- und Neurowissenschaftler die Bedeutung ihrer Erkenntnisse für Philosophie, Rechts- und Sozialwissenschaften überschätzen? Wenn man die Wissenschaftsgeschichte ernst nähme, dann wüsste man, dass es ähnliche Diskussionen schon im 19. Jahrhundert gab, Stichwort: Materialismusstreit.

Das von damaligen wie heutigen Hirnforschern als alternativlos dargestellte Neuro-Strafrecht gibt es jedenfalls bisher in keinem einzigen Land. Aus Gründen übrigens, die sich nicht natur- oder neurowissenschaftlich, sondern rechts- und sozialwissenschaftlich erschließen lassen. Menschen und ihre Gesellschaften funktionieren eben nach anderen Regeln als die Zellen und Moleküle des Nervensystems.

Über Naturgesetze

Christian Hoppe schreibt danach über Naturgesetze und bringt diese gegen Wunder in Stellung: „Die für die Naturwissenschaften konstitutive Idee des Naturgesetzes entspricht einem axiomatischen Ausschluss von Wundern im engen Sinne bzw. einem Eingreifen übernatürlicher Wesenheiten in den Weltenlauf."

Das suggeriert, Naturgesetze seien agierende Grundprinzipien, die von Wissenschaftlern nur entdeckt zu werden bräuchten. Vielmehr sind Naturgesetze aber eine verallgemeinernde Ordnung nach mathematischen oder statistischen Regeln, die wir Menschen in den Naturkräften sehen. Sie sind, wie auch alle anderen Gesetze, vom Menschen gemacht – aber, im Gegensatz zu anderen Gesetzen, an der Natur getestet.

Dabei muss man aber immer berücksichtigen, dass auch unser wissenschaftlicher Blick auf die Natur durch unsere Fragestellung und die verfügbaren Methoden beschränkt ist. Diesen Gedanken hat erst kürzlich Marcelo Gleiser, Professor für Physik und Astronomie am Dartmouth College, in einem sehr lesenswerten Aufsatz in *Nature* ausformuliert (Gleiser, 2018). Naturwissenschaftliche Erkenntnis ist zudem, wie es schon Popper wusste, immer fehlbar und damit vorläufig.

Denken wir an das Beispiel der Weismann-Doktrin, benannt nach dem deutschen Arzt und Biologen August Weismann (1834–1914). Ihr zufolge konnte das Keimplasma mit seiner Erbinformation das Zellplasma des Körpers beeinflussen, nicht jedoch umgekehrt. Heute wissen wir, dass das sehr wohl geht, beispielsweise durch die Methylierung von DNA-Sequenzen, die dann nicht mehr ausgelesen werden. So können sogar erworbene Eigenschaften an Nachkommen vererbt werden, was Weismann prinzipiell ausgeschlossen hatte. Das Forschungsgebiet, das sich heute sehr lebhaft mit solchen Funden beschäftigt, heißt „Epigenetik".

Wunder und Wissenschaft

Und was ist nun mit den Wundern? Das liegt auch im Auge des Betrachters. Nicht wenige Naturwissenschaftler sahen es als Wunder an, dass die Natur überhaupt verstehbar ist. Die Erforschung der Natur war für sie wie das Studium der göttlichen Offenbarung. Und für wie viele Menschen etwa des 19. Jahrhunderts erschiene die Selbstverständlichkeit, mit der wir heute von einem Kontinent zum nächsten fliegen, oder mit Menschen rund um den Globus chatten, mailen oder sprechen als Wunder?

Auch Christian Hoppe weiß nicht, woher die Ordnung unseres Universums kommt, die es überhaupt erst möglich macht, dass wir Naturgesetze formulieren können. Allein schon deshalb ist der konstruierte Widerspruch zwischen Naturwissenschaft und Theologie verfehlt.

Selbst Albert Einstein soll in einem Telegramm vom 24. April 1929 geschrieben haben: „ich glaube an spinozas gott der sich in der harmonie des seienden offenbart stop nicht an einen gott der sich mit schicksalen und handlungen der menschen abgibt."[5]

Der Glauben an einen Gott, der die Natur erschafft und ihr Ordnung gibt, danach aber nicht mehr in den Lauf der Dinge eingreift, wird mitunter als „Deismus" bezeichnet. Aus diesem Denken heraus wäre Gott gar Voraussetzung der Naturwissenschaft, anstatt ihr prinzipiell zu widersprechen.

Christen als Naturwissenschaftler

Nicht zuletzt gab es auch innerhalb der christlichen Tradition immer wieder Naturwissenschaftler, etwa bei den Jesuiten, die sich darum bemüht haben, ihre Religion im Lichte naturwissenschaftlicher Erkenntnisse zu interpretieren. Wenig überraschend handelte ihnen das mitunter Probleme mit dem kirchlichen Führungspersonal ein.

So bekam etwa der Biologe und Jesuit Pierre Teilhard de Chardin (1881–1955) ein lebenslanges Veröffentlichungsverbot auferlegt. Ihm widmete übrigens der bedeutende Evolutionsbiologe Theodosius Dobzhansky (1900–1975), der ebenfalls an einen persönlichen Schöpfergott glaubte, sogar seinen berühmten Aufsatz von 1973: „Nichts in der Biologie macht Sinn, außer im Lichte der Evolution."

Noch einmal das Leib-Seele-Problem

Kommen wir zum Schluss noch zum Leib-Seele-Problem, das laut Hoppe „heute gar kein philosophisches Problem mehr [ist], sondern ein rein naturwissenschaftliches; Philosophen können dazu ebenso wenig Relevantes beitragen wie Theologen." Ich habe mich ja selbst vor nicht allzu langer Zeit von der Seele und dem traditionellen Leib-Seele-Problem verabschiedet.[6] Damit ist aber nicht das Problem vom Tisch, wie sich Psychisches zum Körper verhält und umgekehrt.

Christian Hoppe nennt hier als Evidenz für seinen Standpunkt: „Es besteht jedoch ein einseitiges Abhängigkeitsverhältnis des Geistigen vom Materiellen, wovon man sich in einer neurologischen oder psychiatrischen

---

[5]https://de.wikiquote.org/wiki/Albert_Einstein#Religion
[6]Siehe die Kapitel im ersten Teil dieses Buchs.

Klinik der in einem Operationssaal jeden Tag auf's Neue gerne überzeugen kann."

Dies ist das alte Lied, dass Eingriffe in den Körper, insbesondere ins Nervensystem und ins Gehirn, unser Wahrnehmen, Fühlen, Denken und Handeln beeinflussen können. Dieses Lied wird aber schon so lange gesungen, wie Menschen Alkohol und andere psychotrope Substanzen für allerlei Zwecke verwenden oder Verletzungen am Gehirn erfahren.

Gedanken verändern die Welt

Damit ist aber das Problem nicht aus der Welt geschafft, wie umgekehrt Gedanken und Gefühle den Körper verändern. Dass beispielsweise Studierende in den Klausurwochen häufiger krank werden, lässt sich sogar wissenschaftlich belegen (Stewart-Brown, 1998). Nun sind aber weder Klausuren noch der mit ihnen einhergehende psychosoziale Stress naturwissenschaftliche Phänomene. Das ist ein Problem für Hoppes Standpunkt.

Auch den gefühlten Unterschied zwischen der beruhigenden Berührung durch einen geliebten Menschen und derjenigen durch einen Kollegen, die als sexuelle Belästigung wahrgenommen und bestraft wird, können Natur- und Neurowissenschaften nicht erklären. Dennoch bestimmen solche und ähnliche Phänomene unseren sozialen Alltag. Sie sind also Teil unserer Welt, die sowohl natürlich als auch sozial geprägt ist.

Christian Hoppe übersieht, dass auch Natur- und Neurowissenschaften eine *Sprachpraxis* sind und allein schon darum in den Bereich der philosophischen Analyse fallen. Klar, die Wissenschaftler *könnten* die Bedeutung ihrer Begriffe und die theoretisch-konzeptionellen Voraussetzungen ihrer Experimente, die ihre Ergebnisse beeinflussen, selbst kritisch reflektieren. Fakt ist aber, dass die Meisten es schlicht nicht tun.

Unwissenschaftliche Anreize

Zudem spielen im wissenschaftlichen Alltag Anreize eine Rolle, die nicht gerade der Wahrheitsfindung zuträglich sind. Man denke an Karriereinteressen, den Wettbewerb um Fördermittel und Aufmerksamkeit sowohl in der Fachwelt als auch in den breiten Medien. Dass diese Aspekte nicht bloßes Beiwerk sind, sondern den Forschungsalltag längst prägen, sieht man schon an den zahlreichen Planstellen für Pressearbeit oder

Forschungsanträge an wissenschaftlichen Einrichtungen; Stellen übrigens, die oftmals besser ausgestattet sind als die vieler Wissenschaftler.

Um diesen Anreizen zu genügen, um die verschiedenen Interessen zu bedienen, versprechen heutzutage manche Wissenschaftler routinemäßig Dinge, die sie nicht halten können. Und sie verführen ihr Publikum mit einfachen Erklärungen.

Wer das alles übersieht, legt ein Wissenschaftsverständnis an den Tag, wie es sich seit Thomas Kuhn (1922–1996), eigentlich aber schon seit Karl Popper (1902–1994) nicht mehr vertreten lässt. Ich will mit meiner Kritik nicht die Leistung Christian Hoppes in seinem Blog WIRKLICHKEIT schmälern. Seine scharfe Ablehnung der Philosophie scheint mir aber im Wesentlichen an mangelnder Kenntnis zu liegen.

Ich schrieb dies im Gedenken an die akademischen Sternstunden im „Arbeitskreis Evolution" während meiner Promotion an der Universitätsklinik Bonn mit den Professoren Wolfgang Alt (Theoretische Biologie), Ulrich Eibach (Evangelische Theologie), Volker Herzog (Zellbiologie) und Gunter Schütz (Theoretische Physik), die in unserem gemeinsamen Buch „Lebensentstehung und künstliches Leben" mündeten.

Literatur

Alt, W., Eibach, U., Herzog, V., Schleim, S., & Schütz, G. (2010). *Lebensentstehung und künstliches Leben. Naturwissenschaftliche, philosophische und theologische Aspekte der Zellevolution.* Zell-Unterentersbach: Die Graue Edition.

Crick, F. (1994). *The astonishing hypothesis: The scientific search for the soul.* New York: Scribner.

Damasio, A. R. (1997). *Descartes' Irrtum. Fühlen, Denken und das menschliche Gehirn.* München: Dt. Taschenbuch-Verl.

Dobzhansky, T. (1973). Nothing in biology makes sense except in the light of evolution. *The American Biology Teacher, 35*(3), 125–129.

Gazzaniga, M. S. (2005). *The ethical brain.* New York: DANA Press.

Gleiser, M. (2018). How much can we know? *Nature, 557*(7704), S20–S20. https://dx.doi.org/10.1038/d41586-018-05100-5.

Greene, J. D., Sommerville, R. B., Nystrom, L. E., Darley, J. M., & Cohen, J. D. (2001). An fMRI investigation of emotional engagement in moral judgment. *Science, 293*(5537), 2105–2108.

Stewart-Brown, S. (1998). Emotional wellbeing and its relation to health. Physical disease may well result from emotional distress. *BMJ, 317*(7173), 1608–1609. https://dx.doi.org/10.1136/bmj.317.7173.1608.

11

Ausblick

Das Thema Theologie oder Neurotheologie wählte eher mich, als dass ich es wählte. Meinen agnostischen Standpunkt habe ich hier schon mehrmals dargelegt. Sehr zu meiner Überraschung interessierten sich meine Psychologiestudierenden über Jahre hinweg immer wieder für den Unterschied zwischen Wissenschaft und Religion. Dieses Interesse der heranwachsenden Akademikerinnen und Akademiker sollten wir ernst nehmen. Auch die hier vorgestellte Studie von Fahrenberg legt den Verdacht nahe, dass selbst unter Studierenden der Naturwissenschaften spirituell-religiöse Standpunkte nicht selten sind.

Zudem hatte ich mit Christian Hoppe nicht nur einen (inzwischen) habilitierten Neuropsychologen, sondern auch einen Diplom-Theologen als Nachbarn bei den SciLogs. Dass er zum (vermeintlichen) Graben zwischen diesen Gebieten so klar Stellung bezog, gab mir die Gelegenheit zur Reaktion. Und der hier abgedruckte Beitrag „Zum Verhältnis von Glauben, Philosophie und Naturwissenschaft" ist nach wie vor und mit großem Abstand der am häufigsten kommentierte Beitrag in meinem Blog: Sage und schreibe 2358 Kommentare erhielt er – und es wären auch noch mehr geworden, hätte ich die Diskussion nach ungefähr dreieinhalb Monaten nicht geschlossen, da sie nach meinem Eindruck zu sehr vom Thema abgewichen war und sich vieles nur noch wiederholte. Anders formuliert entfallen fast 15 % der Kommentare meiner insgesamt bald 300 Blogbeiträge der letzten 13 Jahre allein auf diesen einen Artikel.

Es sind also letztlich die Leserinnen und Leser, die dafür gesorgt haben, dass dieser Teil in das Buch aufgenommen wird. Worin besteht jetzt der

Erkenntnisgewinn? Ich denke, dass man sich Religion, Philosophie und Naturwissenschaft in großen Teilen als getrennte Bereiche vorstellen muss. Wenn natürlich ein Religionsvertreter eine bestimmte empirische These formuliert, etwa zum Alter der Erde, dann begibt er sich in das Gebiet der Naturwissenschaften.

Hierzu eine Anekdote aus meiner Umgebung: Im Umland der niederländischen Stadt Amersfoort gibt es einige Gemeinden, in denen vor allem sehr strenge Christen leben. Im Niederländischen gibt es dafür auch den Begriff „Bijbelgordel" (deutsch Bibelgürtel, vergleichbar dem amerikanischen „Bible Belt"). In einer dieser Gemeinden soll einmal ein Archäologe bestimmt haben, wie lange es dort schon menschliche Siedlungen gab. Die ältesten Funde habe er auf die Mittelsteinzeit datiert, also grob 10.000–5000 v. Chr. Die Gemeinde habe sich darum geweigert, den Archäologen zu bezahlen, denn sein Ergebnis könne unmöglich stimmen, weil es die Erde noch gar nicht so lange gebe.

Ob es sich tatsächlich so zugetragen hat, weiß ich nicht; es könnte aber stimmen. Die Anekdote verdeutlicht in jedem Fall, dass wir in einer Gesellschaft mit Menschen mit vielen verschiedenen Überzeugungen leben. In der Regel ist das auch kein Problem. Manche Wissenschaftsblogger scheinen es aber zu einer Art Sport gemacht zu haben, naive Vorstellungen bestimmter Glaubensgemeinschaften immer und immer wieder zu widerlegen. Das fällt natürlich unter die Meinungsfreiheit. Es trägt aber nicht wirklich zu einem konstruktiven Dialog bei. Wenn man bedenkt, dass global gesehen immer mehr Menschen religiöse Überzeugungen haben, während viele europäische Länder stark säkularisiert sind, wirkt diese Strategie auch nicht sehr erfolgreich.

Mich stört an manchen der selbsternannten Verteidiger der Aufklärung, dass sie Hypothesen als bewiesene wissenschaftliche Tatsachen darstellen, über die man nicht mehr diskutieren könne. Wer es dennoch tut, der fällt aus dem Diskurs heraus. Wie ich in den vorangegangenen Kapiteln zeigte, gibt es aber viele religiöse Aussagen, die sich etwa auf ein Jenseits beziehen, über die die Naturwissenschaften und insbesondere die Hirnforschung gar keine Aussagen machen können, weil sich das außerhalb ihres Erkenntnisbereichs befindet; und zwar prinzipiell.

Dazu kommt, dass sich viele Menschen nach wie vor mit Religionen beschäftigen, weil sie hier Antworten auf die großen Sinnfragen finden; nicht zuletzt auch einige namhafte Naturwissenschaftler, von denen ich hier ein paar erwähnt habe. Daher sollte man meiner Meinung nach eher nach Möglichkeiten eines konstruktiven und friedlichen Miteinanders suchen, statt den Anderen aus dem Diskurs auszugrenzen. Das entspricht auch der

Philosophie der Aufklärung, wie ich sie kennengelernt habe. Wir haben alle unsere eigenen Überzeugungen – aber niemand kann für sich beanspruchen, die für alle verbindliche Wahrheit zu kennen.

Nicht zuletzt hatte ich in meiner akademischen Laufbahn nicht wenige lehrreiche Gespräche mit Theologen, die in der Regel sehr viel über Philosophie und gelegentlich auch viel über die Naturwissenschaften wussten. Umgekehrt sind mir mehrere Naturwissenschaftler begegnet, die meiner Meinung nach unsinnige Standpunkte vertraten. Die Welt ist nicht so schwarzweiß, wie manche sie zeichnen.

Ich habe hier immer wieder den agnostischen Standpunkt angeführt, wie ich ihn von dem Biologen-Philosophen Thomas H. Huxley gelernt habe. Dieser beruft sich wiederum auf den philosophischen Urvater Sokrates, von dem wir im ersten Teil des Buches schon viel gelernt haben. Letztlich geht es um ein Plädoyer für einen offenen, ehrlichen und rationalen Dialog miteinander. Dafür stand ich und will ich auch weiter einstehen.

Ich selbst interessiere mich für die stoische Philosophie, buddhistische Psychologie und den klassischen indischen Yoga. Diese ergänzen für mich wichtige Lebensweisheiten und innere Einsichten, die wir in der heutigen Philosophie und Wissenschaft vergessen haben. Ich würde darum aber niemandem diese Sichtweisen aufzwingen wollen. Ich hoffe, dass in diesem Teil zumindest deutlich wurde, dass „einfache Wahrheiten" oftmals falsch sind.

Natürlich gibt es wichtige naturwissenschaftliche Erkenntnisse, vor denen man die Augen nicht verschließen sollte, etwa zur Evolution des Lebens auf unserer Erde. Darüber hinaus bleibt aber ein Bereich für die Sinnfragen, in denen jeder für sich seine eigenen Antworten finden oder gar erfinden muss. Im Teil 5 („Lebensphilosophie") geht es noch einmal ausdrücklicher um solche Themen.

Teil III

(Un)Moralische Gehirne – Neuro-Ethik und mehr

„Neuro-Ethik" ist ein weiter Begriff. Doch seit den frühen 2000ern wurden nicht nur Moral und später dann Aggressivität und Terrorismus stärker von Forschern untersucht, wohl in Reaktion auf die Terroranschläge vom 11. September 2001. Auch die moralischen Herausforderungen durch die Hirnforschung selbst wurden zum Gegenstand einer lebhaften Diskussion.

Der erste Beitrag zu der auf den ersten Blick absurd klingenden Frage, ob man seinen Hund essen darf, stammt vom März 2008 und ist damit einer der Ältesten meines Blogs überhaupt. Darin zeichnet sich bereits der Trend ab, menschliches Denken und Handeln stärker als Folge von Gefühlen als von rationalem Denken zu sehen. Neben einem Ausflug in die Diskussion über die pharmakologische „Verbesserung" des Menschen, wahlweise „Gehirndoping" oder „Neuroenhancement" genannt, stehen Artikel über mögliche neurobiologische Ursachen aggressiven Verhaltens und schließlich von Terrorismus im Zentrum. Der Artikel „Terror hat immer auch soziale Ursachen" entstand aus der spontanen emotionalen Betroffenheit am 20. Februar 2020, nur einen Tag nach dem Anschlag im hessischen Hanau, unweit meines Geburtsorts Wiesbaden, bei dem zehn Menschen erschossen wurden und der Täter sich schließlich selbst das Leben nahm.

12

Darf man seinen Hund essen?

Wissenschaftler beschäftigen sich bisweilen mit skurrilen Fragen. Der amerikanische Psychologe Jonathan Haidt untersuchte die Rechtfertigungen unserer moralischen Überzeugungen genauer. Dabei fand er heraus, dass wir in moralischen Fragen vor allem unseren Intuitionen vertrauen. Fragt man die Versuchspersonen anschließend nach der Rechtfertigung ihrer Urteile, kommen sie leicht in Erklärungsnot.

Bello war ein guter Hund und viele Jahre lang Ihr treuer Begleiter. Das Stöckchen hat er Ihnen jedes Mal mit Begeisterung zurückgebracht und auch den Postboten hat er pflichtgetreu stets böse angeknurrt. Doch Bello litt an einem seltenen Herzfehler, von dem niemand etwas wusste. In einem Moment der Freude über einen großen Knochen versagte plötzlich sein Herz. Wenigstens musste er so nicht leiden. Stellen Sie sich jetzt die Frage: *Dürfte man Bello essen?* Verrückt? Abscheulich? Geschmacklos? Dann lesen Sie weiter!

Mir fallen viele Gründe dafür ein, es *nicht* zu tun. Beispielsweise gehören Hunde nicht zu den Tieren, die man in unserer Gesellschaft isst. Im Gegenteil pflegen viele Menschen mit ihnen eine enge Freundschaft und es würde mir irgendwie komisch vorkommen, einen früheren Freund zu verspeisen. Ich glaube, ich könnte es noch nicht einmal, mir verginge der Appetit. Nicht zuletzt bin ich Vegetarier. Aber ich will zugestehen, dass diesen Grund hier noch die wenigsten Leser mit mir teilen.

Stellen Sie sich jetzt aber einmal vor, Sie säßen mit jemandem am Tisch, der aus einem fernen Land kommt, in dem Hunde gegessen werden. Er hat die letzten Minuten Bellos miterlebt und nun knurrt ihm schon der Magen. Sicher werden Sie diese Delikatesse doch mit ihm teilen, fragt er höflich.

Ihnen steht der Schrecken ins Gesicht geschrieben – aber wie würden Sie ihn davon überzeugen, dass es falsch ist, Bello zu essen? Nicht nur geschmacklos, sondern *moralisch* falsch. Das ist es, worauf ich hier hinaus möchte, ob es einen moralischen Grund dafür gibt, seinen Hund nicht zu essen.

Was hat das mit Menschenbildern oder der Hirnforschung zu tun? Nun, mit solchen Beispielen untersuchen Forscher das Moralverhalten des Menschen. Beispielsweise konfrontierte der Moralpsychologe Jonathan Haidt seine Versuchspersonen mit solchen Geschichten:

„Ein Mann geht einmal die Woche in einen Supermarkt und kauft dort ein totes Hühnchen. Bevor er es kocht, hat er damit Geschlechtsverkehr. Anschließend kocht und isst er es."[1]

Zugegeben, mir wäre so eine Fallgeschichte nie eingefallen und ich kann (oder will) mir das auch nicht recht vorstellen. Haidts Versuchspersonen (und diese Geschichte hat er verständlicherweise nur Erwachsenen vorgelegt) sollten nun entscheiden, ob man diesen Mann an seinem Verhalten hindern und ihn bestrafen solle. Was hätten Sie geantwortet? Denken Sie einen Moment darüber nach.

Vielleicht überrascht es sie, dass im Mittel nur 64 % der Versuchspersonen aus Brasilien oder Nordamerika mit „ja" antworteten. Haidt fand aber einen Unterschied in den Antworten, wenn er die Teilnehmer seiner Studie an ihrem sozioökonomischen Status, kurz, an ihrem Wohlstand unterschied. Hier zeigte sich, dass die Versuchspersonen mit weniger Wohlstand zu 79 % bis 87 % der Meinung waren, man solle den Mann aufhalten und bestrafen, die mit mehr Wohlstand aber nur zu 27 % bis 63 %. Besonders groß war der Unterschied im nordamerikanischen Philadelphia: 80 % (niedriger) gegenüber 27 % (hoher Wohlstand). Ist das ein Beispiel dafür, dass Wohlstand zur Verrohung der Sitten führt?

Darum geht es mir hier gar nicht. Ich will darauf hinaus, dass wir alle starke Intuitionen haben, die wir nur schwer begründen können, aber für richtig, womöglich gar für allgemein gültig halten. Das mag sich schon der antike griechische Geschichtsschreiber Herodot (ca. 490/480–430/420 v. Chr.) gedacht haben, als er über die Kulte der Thraker berichtete. Diese setzten sich beispielsweise um ein Neugeborenes herum und klagten, weil es so viel Leiden im Leben werde ertragen müssen; die Toten aber seien mit Lachen beerdigt worden, weil sie es endlich hinter sich hätten. In manchen Stämmen sei es sogar üblich gewesen, berichtet er weiter, dass nach dem Tod

---

[1] Haidt et al. (1993), S. 617; meine Übersetzung.

eines wohlhabenden Mannes sich seine hinterbliebenen Ehefrauen darum stritten, welche wohl die am meisten geliebte von ihnen gewesen sei. Diese sei schließlich von ihren Verwandten auf dem Grab „geschlachtet" und mit ihrem verstorbenen Mann beerdigt worden, während sich die anderen Frauen darüber geschämt hätten, dass ihnen diese Ehre nicht zuteilwurde.[2]

Was mich in letzter Zeit immer mehr beschäftigt, sind die kulturellen Einflüsse, die unsere Intuitionen prägen. Insbesondere beunruhigt es mich, wenn ich lese, dass manche Hirnforscher unter ihren Studenten Versuchspersonen für Moralexperimente rekrutieren und daraus, wie sie auf bestimmte moralische Probleme reagieren, dann weitreichende Schlüsse ableiten, wie es sich mit der Moral im Allgemeinen verhalte. Hat jemand kontrolliert, dass unter ihnen keine Thraker sind?

Literatur

Haidt, J., Koller, S. H., & Dias, M. G. (1993). Affect, culture, and morality, or is it wrong to eat your dog? *Journal of personality and social psychology, 65*(4), 613.

---

[2]Herodot, Historien, 5, 4–5.

13

Moral – Sache des Gefühls?

Nicht jeder wissenschaftliche Versuch findet unter angenehmen Umständen statt. So ließ der amerikanische Psychologe Jonathan Haidt Versuchspersonen bewusst etwa an einem schmutzigen oder stinkenden Ort sitzen. Ob dadurch deren moralische Urteile beeinflusst wurden, lesen Sie hier.

In einem neuen Experiment des amerikanischen Moralpsychologen Jonathan Haidt ließen sich Studenten in ihren moralischen Urteilen beeinflussen. Wie das Wissenschaftsmagazin *Science* berichtet, urteilten die Teilnehmer anders, wenn sie ihre Antworten an einem klebrigen Schreibtisch mit einem abgekauten Stift geben mussten; oder wenn sie neben einem Mülleimer saßen, den die Forscher mit einem Furzspray behandelt hatten.

„Menschen verlassen sich auf ihr Bauchgefühl, um Richtiges von Falschem zu trennen, und verwenden ihre Vernunft nur hinterher, wenn sie versuchen, ihre Intuitionen nach der Entscheidung zu rationalisieren", argumentiert Haidt.[1]

Wir hatten es hier kürzlich schon einmal mit Haidts Forschung zu tun, als wir die Frage diskutierten, ob man seinen Hund essen dürfe.[2] Denken wir doch einmal einen Moment darüber nach. Das können wir uns ja erlauben, sofern nicht gerade ein nach Verwesung oder Fäkalien riechender Mülleimer neben dem Computer steht; sonst dürfen Sie ihn gerne erst ausleeren.

---

[1] Miller (2008), S. 734; meine Übersetzung. Es geht um eine Studie, die im Kap. 26 noch einmal mit Blick auf die Willensfreiheit diskutiert wird (Schnall et al., 2008).
[2] Siehe Kap. 12: Darf man seinen Hund essen?

Die Studenten verhielten sich also anders unter Ekel erregenden Umständen. Ist das überraschend? Wohl kaum, wenn man bedenkt, dass diese freiwillig an einem Experiment teilnahmen und dort ganz sicher wieder schnell wegwollten, wenn es dort schmutzig war und sie nicht am sauberen Schreibtisch saßen. Die Motivation der „Versuchskaninchen" lässt ohnehin oft zu wünschen übrig, wobei angehende Psychologen meist sehr gewissenhaft sind und vieles mit sich machen lassen (das bekommen sie so im Studium beigebracht).

Ich verrate Ihnen jetzt mal ein Geheimnis: Baseballschläger, die mit einer bestimmten Energie auf dem Hinterkopf auftreffen, beeinflussen ebenso das Entscheidungsverhalten. Gelobt seien allerdings die Ethikkommissionen, die solche Experimente verbieten. Wir wissen doch schon längst, dass wir unter ganz unterschiedlichen Bedingungen ganz unterschiedlich urteilen.

Die interessante Frage ist doch vielmehr, welche dieser Bedingungen *wollen* und *sollen* wir als legitim zulassen? Das ist eine normative Frage, die wir nicht allein im Experiment beantworten können. Im Hinblick auf Haidts Studie können wir aber schon einmal festhalten, dass wir besser den Müll heraus bringen, bevor wir folgeträchtige Entscheidungen treffen. Ich hoffe, in deutschen Gerichtssälen riecht es nicht nach Verwesung.

Die Krone setzt diesen Ergebnissen aber doch die Interpretation auf, Menschen würden sich ganz allgemein und generell in ihren moralischen Entscheidungen von emotionalen Einflüssen, vom Bauchgefühl leiten lassen. Das mag schon sein – aber wird doch ganz sicher nicht durch Haidts Studenten belegt, die sich von klebrigen Schreibtischen oder Furzspray ablenken lassen, so sehr man ihren Ekel auch nachvollziehen mag. Sofern sich die weitreichende Interpretation auf diese Daten stützt, gehört sie meines Erachtens ebenso in den Mülleimer. Es ist schon ein ganz gravierender Fehler in der Logik, von diesen besonderen Umständen auf den allgemeinen Fall schließen zu wollen.

Noch ein kleines *postscriptum* im Hinblick auf die wissenschaftliche Redlichkeit: Warum griff der *Science*-Journalist überhaupt diese Studie auf, die sich noch nicht einmal als Vorveröffentlichung auf der Homepage der Zeitschrift *Personality and Social Psychology Bulletin* finden ließ, wo Haidt seine Studie veröffentlichte? Daran ist die große Story aufgehängt, in der es dann zum tausendsten Mal wieder um die Philosophen Kant und Hume und die Hirnforscher Greene und Hauser geht.

So ist die reißerische Botschaft schon in der Welt, lässt sich aber noch nicht einmal überprüfen, was Haidt mit seinen Kollegen überhaupt gemacht haben. Manche Zeitschriften, beispielsweise *Neuron,* sehen es übrigens als

Grund an, einen Artikel zurückzuziehen, wenn schon vor der Veröffentlichung von Journalisten darüber berichtet wird. Meines Erachtens ist das moralisch ganz richtig so – und das sage ich Ihnen von einem sauberen Schreibtisch aus.

Literatur

Miller, G. (2008). The roots of morality. *Science, 320*(5877), 734–737. https://dx.doi.org/10.1126/science.320.5877.734.

Schnall, S., Haidt, J., Clore, G. L., & Jordan, A. H. (2008). Disgust as embodied moral judgment. *Personality and Social Psychology Bulletin, 34*(8), 1096–1109. https://dx.doi.org/10.1177/0146167208317771.

14

MAOA: Strafminderung wegen Aggressionsgen

In Italien erhielt ein verurteilter Mörder Strafminderung wegen seiner genetischen Veranlagung. Den Berufungsrichter habe vor allem eine Ausprägung des MAOA-Gens beeindruckt, die zuvor mit Aggressivität in Zusammenhang gebracht wurde. Fälle wie dieser erhielten sowohl in der Forscherwelt als auch in der Öffentlichkeit viel Aufmerksamkeit. Bestimmen Forscher jetzt mit, wie viel Strafe sein darf? Mehr über die Hintergründe erfahren Sie hier.

Wie *Nature News* berichtet,[1] habe der in Italien lebende Algerier Abdelmalek Bayout den ebenfalls in Italien lebenden Kolumbianer Walter Perez 2007 in einem Streit erstochen. Bereits im ersten Gerichtsverfahren habe der Täter eine Strafminderung von zwölf auf rund neun Jahre erhalten, da ihm psychiatrische Gutachten eine psychische Störung attestiert hätten. Für das Berufungsverfahren hätten zwei italienische Gutachter einen Bericht vorgelegt, in dem Bayout eine Veranlagung zur Aggressivität attestiert worden sei. Daraufhin habe der Richter die Haftstrafe um ein weiteres Jahr verringert, heißt es nun in *Nature*.

Der Theorie zufolge beeinflusst das MAOA-Gen die Konzentration des gleichnamigen Enzyms, das eine Reihe von Neurotransmittern und Hormonen spaltet. 1993 berichtete der an der Universität Nijmegen in den Niederlanden forschende Han Brunner mit seinen Kollegen in *Science* von einer niederländischen Familie, in der gewaltsames Verhalten besonders häufig vorgekommen war. Genetische Analysen stellten eine Mutation des MAOA-Gens fest. Daraufhin bestätigten auch Tierversuche mit genetisch

---

[1]https://www.nature.com/news/2009/091030/full/news.2009.1050.html

manipulierten Mäusen einen Zusammenhang mit Aggressivität sowie funktionellen und strukturellen Hirnveränderungen.

Ein einschlägiger Befund war eine Studie von Avshalom Caspi und Kollegen, die 2002 ebenfalls in *Science* veröffentlicht wurde. Die Forscher zeigten darin einen Zusammenhang zwischen erfahrener Misshandlung im Kindesalter, der Ausprägung des MAOA-Gens und der Häufigkeit begangener Verbrechen sowie wissenschaftlicher Maße für Aggressivität. Allerdings war der Haupteffekt des Genotyps allein nicht signifikant, derjenige der Misshandlung jedoch schon. Das heißt, dass das Risiko nach einer erlebten Kindesmisshandlung deutlich steigt und je nach genetischer Ausprägung leicht variiert.

Diese Interpretation ist jedoch mit Vorsicht zu genießen. Denn eine ein Jahr später ebenfalls in *Science* erschienene, sehr einflussreiche Studie Caspis zum Zusammenhang zwischen Kindesmisshandlung, einem Serotoningen und Depressionen wurde nicht erfolgreich repliziert. Allein der Effekt des Umweltmaßes, also der erlebten Misshandlung, wurde zuverlässig bestätigt. Da die Gruppengröße in der Depressionsstudie doppelt so groß war als in der Aggressivitätsstudie, sind die statistischen Schlüsse hier auch zuverlässiger und ließen sich in weiteren Untersuchungen dennoch nicht bestätigen.

Ist das MAOA-Gen ein Aggressionsgen?

Wichtiger für das vorliegende Urteil des italienischen Richters sind aber eine ganze Reihe anderer Befunde: Eine neuere Studie von Cathy Spatz Widom und Linda Brzustowicz von der *University of New Jersey* unterteilte mehr als 600 Versuchspersonen nach ihrer ethnischen Herkunft in eine weiße und eine nicht-weiße Gruppe. Der Unterschied, den Caspi und Kollegen berichtet hatten, ließ sich nur in der weißen Gruppe feststellen. *Nature* zufolge wurde die ethnische Herkunft des Algeriers von den italienischen Gutachtern jedoch nicht berücksichtigt.

Außerdem stellt eine Untersuchung von Nelly Alia-Klein vom *Brookhaven National Laboratory* in New York und Kollegen die Aussagekraft des MAOA-Genotyps generell in Frage. In ihrer Studie haben sie zusätzlich zum Genotyp die tatsächliche Konzentration des MAOA-Enzyms im Gehirn erhoben. Hierfür wurden Versuchspersonen mithilfe der Positronenemissionstomographie untersucht. Es stellte sich zwar in verschiedenen Gehirnregionen, darunter der präfrontale Kortex sowie die Amygdala, ein Zusammenhang zwischen der Konzentration und einem Aggressivitätsmaß heraus. Allerdings zeigen die Daten auch, dass die Konzentration unabhängig vom Genotyp höher oder niedriger sein kann. Das heißt, dass das Gen womöglich nicht der richtige Ort ist, um nach dem Effekt zu suchen, sondern die tatsächlich im Gehirn vorhandene Menge des Enzyms bestimmt werden muss.

Vom Gen zur Gewalt muss die Brücke also erst noch gebaut werden. Ohnehin erscheint diese Interpretation sehr selektiv. Wenn man bedenkt, welche Botenstoffe das Enzym spaltet, nämlich Serotonin, Dopamin, Noradrenalin und Adrenalin, dann kann man dabei an eine ganze Reihe psychischer Erkrankungen denken. Falls der Genotyp des Algeriers eher seine psychische Gesundheit als seine Aggressivität beeinflusst, dann hätte er vom Berufungsrichter ein zweites Mal eine Minderung für denselben Effekt erhalten, nämlich die attestierte psychische Störung.

Das Urteil hat jetzt schon international eine enorme Aufmerksamkeit erhalten. Sicher werden es diejenigen, die für die Beeinflussung des Rechtssystems durch Genetik und Neurobiologie argumentieren, begrüßen. Allerdings bleiben in diesem konkreten Fall so viele wissenschaftliche Fragen offen, dass die Entscheidung des Berufungsgerichts als voreilig erscheint. Damit wird die Strategie einer „genetischen Verteidigung" in Zukunft sicher von mehr Verteidigern geprüft werden.

Allerdings könnte dieser Versuch auch nach hinten losgehen, wenn nicht so sehr die Schuldfähigkeit des Angeklagten, sondern der Schutz der Öffentlichkeit im Vordergrund steht. Schließlich kann ein Gewaltverbrecher in Deutschland und vielen anderen Ländern nach Verbüßen der Haftstrafe in Sicherungsverwahrung gehalten werden. Im Gegensatz zur Strafe ist diese zeitlich nicht befristet. Wer also erst einmal genetisch zum Aggressiven abgestempelt wurde, für den dürfte es schwierig sein, an anderer Stelle für seine Ungefährlichkeit zu argumentieren.

Literatur

Alia-Klein, N., Goldstein, R. Z., Kriplani, A., Logan, J., Tomasi, D., Williams, B., & Craig, I. W. (2008). Brain monoamine oxidase A activity predicts trait aggression. *Journal of Neuroscience, 28*(19), 5099–5104.

Brunner, H., Nelen, M., Breakefield, X., Ropers, H., & van Oost, B. (1993). Abnormal behavior associated with a point mutation in the structural gene for monoamine oxidase A. *Science, 262*(5133), 578–580. https://dx.doi.org/10.1126/science.8211186.

Caspi, A., McClay, J., Moffitt, T. E., Mill, J., Martin, J., Craig, I. W., & Poulton, R. (2002). Role of genotype in the cycle of violence in maltreated children. *Science, 297*(5582), 851–854. https://dx.doi.org/10.1126/science.1072290.

Caspi, A., Sugden, K., Moffitt, T. E., Taylor, A., Craig, I. W., Harrington, H., & Poulton, R. (2003). Influence of life stress on depression: Moderation by a polymorphism in the 5-HTT gene. *Science, 301*(5631), 386–389. https://dx.doi.org/10.1126/science.1083968.

Widom, C. S., & Brzustowicz, L. M. (2006). MAOA and the „cycle of violence": Childhood abuse and neglect, MAOA genotype, and risk for violent and antisocial behavior. *Biological psychiatry, 60*(7), 684–689.

15

Gehirndoping: Immer mehr leisten?

In der Diskussion um Cognitive Enhancement, Neuroenhancement oder Gehinrdoping wird oft behauptet, geistige Leistungsfähigkeit sei etwas Gutes. Daher sei auch Enhancement beispielsweise mit psychopharmakologischen Mitteln zur geistigen Leistungssteigerung etwas Gutes, sofern bestimmte Sicherheitsvorkehrungen eingehalten würden. Lassen sich dann keine gewichtigen Gegeneinwände finden, scheint der Fall klar. Doch so einfach ist es nicht. Denn wer will eigentlich immer mehr leisten?

Auf den ersten Blick scheint in der Tat einiges dafür zu sprechen, dass geistige Leistungsfähigkeit ein Gut ist. Schränken wohlhabende Staaten nicht die Freiheit von Eltern und ihren Kindern ein, wenn es etwa um die Schulpflicht geht? Werden alljährlich nicht Milliarden in Bildung und öffentliche Aufklärung investiert, um eine Leistungssteigerung zu erzielen? Ist allgemein verbindliche Bildung nicht eine kulturelle Errungenschaft, auf die wir stolz sein dürfen?

Auch wenn man in Deutschland noch weit davon entfernt ist, ein sozial gerechtes Bildungssystem zu haben, sprechen für diesen Zwang und für diese Investitionen gewichtige Gründe. Eine Teilhabe an vielen gesellschaftlichen, politischen und wirtschaftlichen Bereichen setzt das Beherrschen bestimmter Fähigkeiten voraus; umgekehrt hängt unser gesamtgesellschaftlicher Wohlstand davon ab, dass von der Reinigungskraft bis zum Manager die Menschen ihre Aufgaben verstehen und entsprechend umsetzen können.

Neue Möglichkeiten am Horizont

Sollten wir daher neue Möglichkeiten zur geistigen Leistungssteigerung, wie sie uns nun in Form von Pillen oder anderen technischen Innovationen in Aussicht gestellt werden, nicht durchweg begrüßen? Tatsächlich werden die neuen Verfahren im akademischen Fachdiskurs gerne mit bestehenden Lernmethoden verglichen. Da auch Sport, gesunde Ernährung, ausreichend Schlaf und Unterricht das Gehirn verändern und zum Zwecke der Verbesserung durchgeführt würden, seien Medikamente zur Leistungssteigerung wahrscheinlich moralisch äquivalent, folgerten beispielsweise vor gut einem Jahr der Stanford-Professor Henry Greely und Kollegen in einem einflussreichen Positionspapier in der Fachzeitschrift *Nature* (Greely et al., 2008). Ihr Fazit lautete, dass sichere und effektive Enhancement-Präparate sowohl dem Individuum als auch der Gesellschaft nützen.

Etwas später hat sich ein siebenköpfiges deutsches Expertenteam unter der Überschrift des „optimierten Gehirns" zur Ethik und rechtlichen Einschätzung des Enhancements geäußert.[1] Die Autoren setzen sich für einen offenen Umgang mit dem Enhancement ein und fordern neue wissenschaftliche Untersuchungen zu Nutzen und Risiken der potenziellen Präparate. Warum viele Gegeneinwände nicht stichhaltig seien, dazu haben sie viel zu sagen; Argumente für das Enhancement findet man jedoch kaum. Stattdessen wird auch hier auf die gesellschaftliche Akzeptanz bestehender Lerntechniken verwiesen: „Bemühungen, die eigene geistige Leistungsfähigkeit oder das seelische Befinden zu verbessern, werden mit guten Gründen positiv beurteilt." Welche guten Gründe das sind, erfahren wir darin jedoch nicht.

Verbesserung ist nicht gleich Verbesserung

Was auf den ersten Blick überzeugend klingt, könnte bei einer näheren Analyse ganz anders aussehen. Unter Bioethikern ist beispielsweise die Trennung zwischen Maßnahmen zur Therapie von Krankheiten und solchen zur Verbesserung eines gesunden Zustands weit verbreitet. Auch wenn sich Therapie und Verbesserung ebenso wie Krankheit und Gesundheit nicht immer scharf voneinander trennen lassen, ist man sich doch weitgehend über eine

---

[1] Eine Kurzfassung erschien in *Gehirn&Geist*. Online ist die längere Version kostenlos abrufbar: https://www.spektrum.de/alias/psychologie-hirnforschung/das-optimierte-gehirn/1008082

unterschiedliche ethische Bewertung einig. So seien sowohl Risiken und Nutzen als auch die Kostendeckung durch gesellschaftliche Institutionen im Fall der Therapie stärker im Sinn der Maßnahme zu bewerten.

Das heißt, dass der Nutzen bei der Krankheitsbehandlung stärker wiegt und Risiken sowie eine solidarische Verpflichtung zur Hilfe eher akzeptiert werden. Anhand dieser Unterscheidung lässt sich nun verdeutlichen, dass Verbesserung nicht gleich Verbesserung ist: Ob eine Maßnahme beispielsweise darauf abzielt, einen Sehbehinderten oder einen Normalsichtigen besser sehen zu lassen, ist durchaus moralisch, gesellschaftlich und rechtlich relevant.

Mit dieser Unterscheidung im Hinterkopf lässt sich nun auch der Idee auf den Zahn fühlen, dass eine geistige Leistungssteigerung prinzipiell etwas Gutes ist. Dabei kann zumindest in demokratischen Gesellschaften schnell ein Konsens darüber hergestellt werden, dass sie zur Ermöglichung einer gesellschaftlichen Teilhabe ein Gut ist. Ein gewisses Maß an Bildung und Aufklärung ist eine Voraussetzung dafür, sich entsprechend zu informieren und an der Diskussion um gesellschaftliche Fragen teilnehmen zu können.

Wer seine Interessen hingegen nicht begreifen und entsprechend ausdrücken kann, der ist auch in ihrer Durchsetzung benachteiligt. Daraus, dass ein gewisses Maß an geistiger Leistungsfähigkeit uns wichtige gesellschaftliche Teilhabe überhaupt erst ermöglicht und darum gut ist, lässt sich aber eben nicht ohne Weiteres folgern, dass eine beliebige Leistungssteigerung ebenso wünschenswert ist. Die wichtige Frage ist also, wie viel davon gut ist.

Geistige Leistungsfähigkeit kein Gut an sich

Dass geistige Leistungsfähigkeit kein Gut an sich ist, lässt sich anhand eines einfachen Beispiels verdeutlichen. Mit der Meinung der Experten können wir sicher soweit mitgehen, dass jemand, der im Rahmen der bestehenden Strukturen eine gute Leistung erbringen möchte, dafür in der Regel Anerkennung erhält. Wie bewerten wir es aber, wenn jemand, der bereits gut ist, noch besser sein will? Wenn jemand, der schon exzellent ist, immer noch besser sein will?

Dieses Fragespiel können wir prinzipiell unendlich fortsetzen. Wenn die geistige Leistungsfähigkeit ein Gut an sich wäre, dann müssten wir auf jeder denkbaren Leistungsstufe den Wunsch nach noch mehr Leistung begrüßen. Ab einem bestimmten Punkt würde die Einschätzung vieler aber allmählich umkippen. Der Wunsch, der anfangs noch begrüßt wurde, würde allmählich als ungesunder Zwang, vielleicht sogar als krankhaft verstanden werden.

Wir würden womöglich an Arbeitssucht denken und daran, dass ein Unvermögen, sich mit seiner Leistungsfähigkeit zufriedenzugeben, viele Menschen früher oder später ausbrennen lässt.

In seinen Untersuchungen über das gute Leben hat sich der Philosoph Peter Singer, der seit 1999 an der Princeton University lehrt, mit den Risiken eines grenzenlosen Leistungsstrebens befasst. Beispiele fand er dafür in den 1980er Jahren an der Wall Street, die vor unserer Finanzkrise als „Dekade der Gier" bezeichnet wurden. Den 1985 erfolgreichsten Bankier Dennis Levine zitiert er wie folgt:

„Als ich 20.000 Dollar im Jahr verdiente, dachte ich, ich kann 100.000 Dollar verdienen. Als ich 100.000 im Jahr verdiente, dachte ich, ich kann 200.000 verdienen. Als ich eine Million verdiente, dachte ich, ich kann drei Millionen verdienen. Es war immer einer auf der Leiter über mir, und ich mußte mich einfach ständig fragen: Ist der wirklich doppelt so gut, wie ich bin?"[2]

Als der ebenfalls sehr erfolgreiche Bankier Ivan Boesky 1982 zum ersten Mal auf der Forbes-Liste der 400 reichsten Amerikaner auftauchte, sah er darin keinen Erfolg, sondern im Gegenteil eine Schande für sich und seine Frau. Er konnte es nicht ertragen, im Vergleich mit den anderen nur am unteren Ende der Liste zu sein. Beide Beispiele nahmen einen traurigen Ausgang: Sowohl Levine als auch Boesky ließen sich schließlich auf verbotene Insidergeschäfte ein, um ihr ohnehin schon außerordentlich hohes Vermögen weiter zu steigern. Schließlich flogen sie auf und wurden zu empfindlichen Haft- und Geldstrafen verurteilt. Ihr öffentliches Ansehen war ebenfalls dahin. Solche Beispiele, dass bereits Superreiche alles aufs Spiel setzen, um noch reicher zu werden, wiederholen sich bis heute.

Nun mag der Fokus auf den Finanzmarkt sehr selektiv sein. Ein Beispiel über Leistungsdenken im Sport liefert der Segler Stuart Walker, der ein Buch über Wettkampf geschrieben hat:

„Der Sieg stellt uns nicht zufrieden – wir müssen es wieder und wieder tun. Der Geschmack des Erfolgs scheint lediglich den Appetit auf mehr anzuregen. Wenn wir verlieren, ist der Zwang überwältigend, den zukünftigen Erfolg zu suchen. Das Bedürfnis ist unwiderstehlich, am folgenden Wochenende am Rennen teilzunehmen. Wir können nicht aufhören, wenn wir vorne sind, nachdem wir gewonnen haben; und wir

---

[2] Zitiert nach Singer (1994), S. 421.

können sicherlich nicht aufhören, wenn wir hinten sind, nachdem wir verloren haben. Wir sind süchtig."³

Leistung mit Maß statt Enhancement

Diese Beispiele sowie die vorherigen Überlegungen zur grenzenlosen Steigerung zeigen, dass zwar ein gewisses Maß geistiger Leistungsfähigkeit ein Gut ist, sofern es etwa wichtige menschliche Eigenschaften unterstützt oder überhaupt erst ermöglicht. Es kann jedoch nicht pauschal behauptet werden, dass jede Steigerung gut ist. Daher können auch die Befürworter nicht einfach behaupten, das Enhancement sei im Grunde gut, da eine geistige Leistungssteigerung prinzipiell gut sei.

Ebenso deuten kulturelle Errungenschaften wie beispielsweise Gesetze zur Beschränkung von Arbeitszeiten daraufhin, dass die Gesellschaft durchaus allgemeine Begrenzungen der Leistung für nötig hält, diese im akademischen Diskurs angeführte Rechtfertigung also nicht in ihrer Allgemeinheit mitträgt. Isabella Heuser, Professorin für Psychiatrie und Direktorin an der Charité in Berlin, die Mitglied in der siebenköpfigen Expertengruppe zum „optimierten Gehirn" war, äußerte sich in einem Radiogespräch zum Enhancement, an dem ich auch teilnahm, wie folgt über das Leistungsideal:

> „Wir beklagen immer unsere Leistungsgesellschaft, in der wir leben. Ich würde gerne mal eine Gesellschaft wissen, im Verlauf unserer Geschichte, der Menschheitsgeschichte, die nicht eine Leistungsgesellschaft war. Die Menschheit hat immer etwas leisten müssen und alle Menschen haben immer danach gestrebt, sich zu verbessern."⁴

Auch wenn die Verteilung der Lasten innerhalb einer Gesellschaft durchaus unterschiedlich sein kann und von jedem immer eine bestimmte Form von Leistung erbracht werden musste, so darf doch bezweifelt werden, dass alle Menschen immer nach einer Verbesserung gestrebt haben und streben. Vielen dürfte es stattdessen eher darum gehen, mit ihrer vorhandenen Leistungsfähigkeit anerkannt, akzeptiert und geschätzt zu werden, als die Personen, die sie eben sind.

---

³Zitiert und übersetzt nach Singer (1995), S. 205.
⁴RBB Kulturradio Zeitpunkte, Sendung „… schlauer, wacher konzentrierter? Hirndoping" vom 05.12.2009.

Vielleicht ist es ein Symptom der akademischen Diskussion um das Enhancement, dass sie den Leistungsanspruch der Top-Universitäten und -Institute auf die gesamte Gesellschaft ausdehnt. Vielleicht ist es kein Zufall, dass sich Akademiker aus Stanford, Cambridge, Harvard oder der „Exzellenz-Klinik" in Berlin, Heusers Charité, mit diesem affirmativen Standpunkt in der Diskussion hervortun.

Das verkennt jedoch, dass immer nur die besten fünf Prozent die besten fünf Prozent sein können und die menschliche Leistungsfähigkeit unterschiedlich verteilt ist; mit oder ohne Enhancement. Die Frage, wie mit den individuellen Leistungsunterschieden umgegangen werden kann und muss, wird also stets bleiben. Die Standards der obersten fünf Prozent auf die gesamte Gesellschaft übertragen zu wollen, sei es im Sport, an den Universitäten oder im Berufsleben, wird den Fähigkeiten der großen Mehrzahl einfach nicht gerecht.

Die Prophezeiung von Henry Greely und Kollegen, dass Enhancement zum Wohl der Einzelnen und der Gesellschaft beitragen wird, setzt vielleicht ein trauriges Szenario voraus: Dass nämlich eine Mehrzahl der Menschen zunächst mit ihrer vorhandenen Leistungsfähigkeit angesichts hoher gesellschaftlicher Ansprüche unzufrieden und unglücklich wird.

Alle sind aufgerufen

Anstatt einer Diskussion über Wirkungen und Nebenwirkungen neuer Enhancement-Präparate brauchen wir nun eine Diskussion darüber, wie viel Leistung man uns noch abverlangen darf und wann essenzielle Bestandteile eines erfüllten Lebens auf der Strecke bleiben, wenn man den Fokus zu sehr auf die geistige Leistungsfähigkeit legt. Zudem ist es fraglich, ob die Forderung nach öffentlichen Geldern zur Unterstützung der unnötigen Enhancement-Forschung angemessen ist, solange ein großer Bedarf an der nötigen Entwicklung von Therapien für ernsthafte Erkrankungen besteht. Es ist an der Zeit, dass sich nicht nur Menschen, die selbst als Gewinner in den Top-Positionen unserer Leistungsinstitutionen sitzen, sondern auch der Rest der Gesellschaft an der Diskussion um das Enhancement beteiligt.

Literatur

Greely, H., Sahakian, B., Harris, J., Kessler, R. C., Gazzaniga, M., Campbell, P., & Farah, M. J. (2008). Towards responsible use of cognitive-enhancing drugs by the healthy. *Nature, 456*(7223), 702–705.
Singer, P. (1994). *Praktische Ethik* (2. Aufl.). Stuttgart: Reclam.
Singer, P. (1995). *How are we to live?: Ethics in an age of self-interest*. Amherst: Prometheus Books.

16

Adam Lanza oder die Gene eines Massenmörders

Wissenschaftler werden die Gene des jungen Mannes untersuchen, der bei einer Massenschießerei in den USA beinahe dreißig Menschen getötet hat. Die Biologie wurde im Laufe der Geschichte häufig dazu verwendet, Kriminalität zu verstehen, bisher jedoch mit wenig Erfolg. Es ist unwahrscheinlich, dass die Gen-Analyse etwas zum Verständnis des Verbrechens beiträgt. Im Gegenteil birgt sie aber das Risiko, Menschen mit ähnlichen biologischen Eigenschaften zu stigmatisieren und psychologische und soziologische Erklärungen zu übersehen.

Während viele Menschen in den Vereinigten Staaten und dem Rest der Welt noch über die Massenschießerei trauern, die in Newton, Connecticut, zuerst Adam Lanzas Mutter das Leben gekostet hat, dann zwanzig Schulkinder sowie sechs Angestellten und schließlich ihn selbst, diskutieren Politiker über die Konsequenzen dieser und ähnlicher aktueller Gewalttaten. Dies regte viele Amerikaner, die mit schärferen Waffengesetzen rechnen, dazu an, sich mit jetzt noch einfach verfügbaren Waffen einzudecken. Dadurch sind jetzt noch mehr solcher tödlichen Werkzeuge verfügbar, mit denen Menschen wie Lanza Amokläufe begehen.

Ich will nicht die alte amerikanische Verfassungstradition kritisieren, mit ihrer Freiheit, Waffen zu besitzen; schon gar nicht will ich dies aus der Perspektive eines Außenseiters tun, der in Deutschland und den Niederlanden lebt, wo Waffen viel stärker eingeschränkt gehandhabt werden (und Schießereien viel seltener sind). Während aber Politiker und Lobbyisten die rechtlichen Konsequenzen debattieren, stehen viele Menschen noch vor dem Rätsel dieser grausamen Ereignisse.

Sie stellen immer noch Warum-Fragen und das aus gutem Grund. Sie fragen nach einer Erklärung dessen, was vielleicht unerklärlich ist. Ist es das

Böse, eine Krankheit, ein Wahn, der sich in solchen Taten ausdrückt? Wie *Nature News* berichtete,[1] bot ein medizinischer Experte seine Hilfe beim Verständnis der Tat an.

Die Biologie „gefährlicher" Menschen

Der staatliche Leichenbeschauer von Connecticut hat die Untersuchung von Lanzas Genom gefordert und diese wird von Forschern an der *University of Connecticut* in Farmington durchgeführt werden. Es ist nicht außergewöhnlich, dass Wissenschaftler oder Ärzte nach biologischen Erklärungen kriminellen Verhaltens suchen. Manche werden schon von den heute in der Mottenkiste der Wissenschaft gelandeten Versuchen Cesare Lombrosos (1835–1909) gehört haben, Charakterzüge von Menschen, insbesondere „geborene Verbrecher", in verschiedenen Körpermerkmalen wie der Form der Augenbrauen oder Ohren, des Kopfes oder sogar dem Gangmuster zu identifizieren. Dieser Ansatz inspirierte anfänglich etliche Forscher weltweit. Er wurde jedoch aufgegeben, weil sich Lombrosos Beobachtungen und Voraussagen nicht bestätigen ließen.

Ein anderer berühmter Fall ist der Unfall des Bahnarbeiters Phineas Gage (1823–1860), der bei der Arbeit Opfer einer unkontrollierten Sprengung wurde, bei der ihm eine große Eisenstange durch das Frontalgehirn geschossen wurde. In jüngerer Zeit hat vor allem der Neurologe Antonio Damasio sowie andere, die neuronale Theorien der Gefühle oder kriminellen Verhaltens vorgeschlagen haben, diesen Fall popularisiert (Damasio, 1997). Dabei wurde Gage vor dem Unfall immer als vorbildlicher Mann dargestellt, die Person nach dem Unglück jedoch als Psychopath, der sich nicht um soziale Normen kümmert, ein Lügner, ein gefährlicher Mensch.

Die Rehabilitation „gefährlicher" Gehirne

Dank der historischen Arbeit des Psychologen und Wissenschaftsgeschichtlers Malcom Macmillan[2] wissen wir inzwischen, dass diese Darstellung nicht auf den historischen Berichten basiert. Es gibt keine Evidenzen für kriminelles Verhalten oder dafür, dass Gage nach dem Unfall in anderer

---

[1] https://www.nature.com/news/no-easy-answer-1.12157
[2] Seine Forschungsergebnisse sind im Internet zur Verfügung gestellt: https://www.uakron.edu/gage/

Weise eine gefährliche Person war. Im Gegenteil war er gemäß einem Bericht seiner Mutter noch immer zu fürsorglichen Beziehungen im familiären Kontext fähig, er kümmerte sich um seine Neffen und Nichten, und hatte eine große Zuneigung für Tiere, vor allem Hunde und Pferde.

Meine Analyse einiger neuerer Fälle unterstützt die Annahme, dass Menschen mit so einem ernsthaften Hirnschaden sozial funktionieren können, selbst wenn sie keine Therapie erhalten. Entscheidend ist dafür das Leben in einer stabilen und strukturierten Umgebung (Schleim, 2012). Macmillan nennt dies die „soziale Rehabilitationshypothese" (englisch *social recovery hypothesis*).

Es gibt viele Fälle, in denen Forscher die Möglichkeit untersucht haben, dass kriminelles Verhalten durch eine biologische Abnormalität ausgelöst wurde. In der Periode des Terrors der Roten Armee Fraktion (1970–1998) im Nachkriegsdeutschland gab es eine Debatte darüber, ob Ulrike Meinhoffs (1934–1976) Verhalten mit einem vermuteten Gehirntumor in Zusammenhang stand, weswegen sie sich 1962 im Alter von 28 Jahren einer Gehirnoperation unterzog. Scheinbar hat dieser Eingriff einen erheblichen Gehirnschaden hervorgerufen, wie in der Autopsie nach ihrem Selbstmord im Hochsicherheitsgefängnis Stuttgart-Stammheim festgestellt wurde.[3] Dieses Gefängnis war eigens in der jungen Bundesrepublik umgebaut worden, um mit der Gefahr des linken Terrors umzugehen.

Der genannte Bericht in *Nature News* nennt einen weiteren deutschen Fall, der mir noch nicht bekannt war, nämlich die wissenschaftliche Untersuchung des Gehirns des „Vampirs von Düsseldorf", dem Serienmörder Peter Kürten, der 1931 hingerichtet wurde. Diese Untersuchung habe jedoch keine Antwort darauf geliefert, wie der Mann zu einem Massenmörder geworden ist.

Von „gefährlichen" Gehirnen zu „gefährlichen" Genen

Es hat also schon viele Versuche gegeben, Kriminalität mit biologischen Eigenschaften in Zusammenhang zu bringen. In scheinbar jeder Mode, die den Verlauf der Wissenschaft beeinflusst hat, sei es die Untersuchung der Gene, der Hormone, des Gehirns, ging jemand davon aus, dass eine

---

[3]Darüber berichtete beispielsweise *Der Spiegel*: https://www.spiegel.de/panorama/raf-das-gehirn-des-terrors-a-222124.html

entsprechende Untersuchung der Kriminellen den Schlüssel zum Verständnis liefern könnte, warum manche Menschen solche schrecklichen Taten begehen. Meiner Meinung nach sind alle diese Ansätze gescheitert.

Es gibt natürlich einige interessante Befunde, beispielsweise die vor einigen Jahren entdeckte Umwelt x Gen-Interaktion zwischen einer traumatischen Kindheit und dem Gen, das mit dem Enzym MAOA zusammenhängt, das einige Neurotransmitter im Gehirn beeinflusst.[4] „Interessant" bedeutet hier, dass solche Funde weitere wissenschaftliche Hypothesen anregen. Die statistischen Effekte sind aber üblicherweise viel zu klein, um im Einzelfall praktisch relevant zu sein.

Wir sprechen hier beispielsweise über ein leicht erhöhtes Risiko für aggressives Verhalten, wenn man provoziert wird, nicht über Gen-Determination. Gene sind für unser Leben natürlich essenziell. Sie sind aber sehr weit von unserem Verhalten entfernt. Ferner zeigt das neue Paradigma der Epigenetik, dass ihre Funktionsweise durch die Umwelt und die Erfahrungen, die Menschen machen, beeinflusst wird.

Das Risiko von Stigmatisierung

Selbst wenn also jemand eine Abnormalität in Adam Lanzas Genom findet, wird das keine Erklärung dafür liefern, warum er diese Massenschießerei in der *Sandy Hook Grundschule* durchgeführt hat. Bestenfalls könnten die Ergebnisse zeigen, dass er ein statistisch etwas erhöhtes Risiko hatte, aggressives Verhalten zu begehen. Wie die Autoren in *Nature News* bemerken, wird das Genom untersucht, „nicht weil das nützlich ist, sondern weil es untersucht werden kann."

Ich hoffe, dass darum niemand die Untersuchung der familiären und sozialen Struktur, in der Lanza aufgewachsen ist, vernachlässigen wird. Dies wird vermutlich den Schlüssel zum Verständnis liefern, warum er die Person geworden ist, die schließlich so viele Menschen umgebracht hat – *wenn* es denn eine Erklärung gibt. In jüngeren Berichten werden ADHS und Autismus häufig im Kontext seiner Verbrechen erwähnt. Dies verdeutlicht aber eher unsere Tendenz, Dinge, die wir nicht verstehen, mit einem medizinischen Etikett zu versehen. Entsteht so aber eine gültige Erklärung?

Im Gegensatz bergen solche Diskussionen eher das Risiko, unschuldige Menschen zu stigmatisieren. Selbst wenn die genetische Untersuchung

---

[4]Siehe die Diskussion in Kap. 14: MAOA: Strafminderung wegen Aggressionsgen.

eine Abnormalität feststellt, wird es viele Menschen mit dieser Genvariante geben, die *keine* kriminellen Taten begehen; und umgekehrt viele Menschen, die diese Variante nicht haben, jedoch *trotzdem* kriminelle Taten begehen.

Bisher verhielt es sich mit jedem biologischen Marker so, seien es Hormone, Gehirne, Chromosomen oder was auch sonst. Wir wissen längst, dass es keinen direkten Zusammenhang zwischen Biologie und Kriminalität gibt. Die Umgebung eines Menschen ist essenziell; und in den meisten Untersuchungen, die ich kenne, wie beispielsweise bei dem erwähnten MAOA-Beispiel, sind die Effekte von Umgebung und Erfahrung tatsächlich viel stärker als die von Genen.

Hoffentlich werden wir dazu in der Lage sein, zu verstehen, warum es zu solchen Massenschießereien kommt und wie wir ihnen vorbeugen können. Die Lösung hierfür wird meiner Meinung nach jedoch eher in der sozialen Struktur und den persönlichen Erlebnissen liegen als in der Biologie.

Literatur

Damasio, A. R. (1997). *Descarte' Irrtum. Fühlen, Denken und das menschliche Gehirn*. München: Deutscher Taschenbuch Verlag.

Schleim, S. (2012). Brains in context in the neurolaw debate: The examples of free will and „dangerous" brains. *International Journal of Law and Psychiatry, 35*(2), 104–111. https://dx.doi.org/10.1016/j.ijlp.2012.01.001.

17

Terror hat immer auch soziale Ursachen

Während dieses Buch entstand, ereignete sich in Hanau der Anschlag auf eine Synagoge. Der Täter konnte aber nicht in das religiöse Gebäude eindringen und erschoss dann andere Opfer. Insgesamt wurden zehn Menschen ermordet, insbesondere solche mit Migrationshintergrund, bevor der Täter sich selbst das Leben nahm. Nachdem ich mich zuvor schon häufiger mit „gefährlichen Gehirnen" beschäftigt hatte, schrieb ich den folgenden Aufruf an die Gesellschaft.

Terror hat immer auch soziale Ursachen. Kein Mensch wird als Mörder geboren. Keiner als Links- oder Rechtsterrorist, Dschihadist oder Islamist. Auch „Verschwörungstheorien" sind den Menschen nicht angeboren. Solche Extremfälle menschlichen Verhaltens sind *immer* eine Konsequenz zahlreicher Begegnungen mit anderen Menschen und Institutionen. Darum – und nicht nur wegen ihrer erschreckenden Folgen – geht es uns alle etwas an.

Wie viele Mordanschläge wie die des Nationalsozialistischen Untergrunds (NSU), auf dem Berliner Breitscheidplatz, gegen den CDU-Politiker Walter Lübcke oder vor Kurzem in Halle gegen Juden und andere Mitbürger Deutschlands und jetzt in Hanau muss es noch geben, bis die Menschen und vor allem die regierenden Politiker verstehen, dass auch die soundsovielste Verschärfung von Sicherheitsvorkehrungen und Polizeigesetzen keine Sicherheit garantiert?

Die deutsche Gesellschaft integriert nicht mehr. Sie grenzt aus: Seien es Arme, Einwanderer, Gemeinden und Städte in entlegenen Gebieten oder auch nur Mitbürger mit einer anderen Meinung oder anderem Aussehen. Hierzu haben auch die regierenden Politiker beigetragen, indem sie seit

Jahrzehnten versprechen: Wenn es nur der Wirtschaft gut geht, dann geht es allen gut. Dem wurde in der „marktkonformen Demokratie" (Angela Merkel) – und nicht dem „demokratiekonformen Markt", wie es eigentlich heißen müsste – alles untergeordnet: Bildung, Gesundheit, Kommunikation und Verwaltung; große Teile des Lebens an sich.

Die führenden Politikerinnen und Politiker interessieren sich vor allem für Projekte, die schöne Fotos für Pressemitteilungen hergeben; das tägliche Schicksal von „Durchschnittsmenschen" kann da kaum mithalten. Auch und gerade junge Menschen, die erst in unsere Gesellschaft hereinwachsen, oder unangepasste wie ich, können die heute alltäglich gewordene Doppelmoral kaum noch aushalten: Alles ist gut, wenn nur der äußere Schein gut ist.

Menschen, die ausgegrenzt sind oder sich auch nur so erfahren, werden aber anfällig für Radikalisierung. So haben wir dann im 21. Jahrhundert auch schon „Dschihadisten", die in unserem Land aufgewachsen sind, und ihr Leben für religiös verklärten Hass herzugeben bereit sind. Oder eben rechtsterroristischen Hass. Am Bahnhof von Hanau, wo jetzt die Morde geschahen, stieg ich früher manchmal um, wenn ich Freunde bei Frankfurt besuchte.

Wir definieren uns gesellschaftliche Probleme wie Arbeitslosigkeit, Armut, Gleichberechtigung, Integration oder Kriminalität so zurecht, wie es den regierenden Politikern gerade opportun erscheint. Ein Zeitzeuge aus der DDR sagte einmal: „Es war wie ein Theaterstück. Und alle spielten mit." Ich frage: In wie vielen Teilen unserer Gesellschaft ist es nicht längst auch so geworden? (Ich frage insbesondere meine Kolleginnen und Kollegen aus der Wissenschaft: Spielen wir nicht auch längst Theater, um dem von Wissenschaftspolitikern oktroyierten Wettbewerbsmodell zu huldigen?).

Männliche Täter – und Opfer

Warum werden solche Taten fast nur von Männern begangen? Auch Männer werden nicht als Mörder oder Terroristen geboren. Und die allermeisten von ihnen sind friedlich. Dass Gewalt – und vor allem schwere bis schwerste Körperverletzungen – aber nicht nur auf der Täterseite, sondern auch bei den Opfern hauptsächlich ein Männerproblem ist, das ist ein blinder Fleck, den unsere Gesellschaft nicht wahrhaben will.

So wachsen aber Männer mit der Erfahrung auf, dass Gewalt eine Lösungsstrategie ist und sich doch keiner für sie interessiert, wenn sie Opfer werden. Also: Lieber Täter als Opfer sein, denn als Opfer existierst du nicht!

Es ist schon lange deutlich, dass Männer am häufigsten die Schule abbrechen oder herausfliegen. Interessiert das jemanden? Dass sie am häufigsten alkohol- und drogenabhängig sind. Interessiert das jemanden? Dass sie am häufigsten obdachlos sind. Interessiert das jemanden? Dass sie am häufigsten im Gefängnis sitzen. Interessiert das jemanden? Dass sie am häufigsten in Kriegen gefoltert werden oder sterben – und keine Staatsanwaltschaften ermitteln, denn es sind ja nur „Soldaten", „Rebellen" oder „Terroristen". Interessiert das jemanden?

Dass sie sich auch selbst am häufigsten das Leben nehmen. Interessiert das jemanden? Dass sie selbst ohne Suizid sogar in einem reichen Land wie Deutschland Jahre früher sterben als andere Geschlechtsgruppen. Interessiert das jemanden? Man ergänze zu dem Faktor „männlich" noch Attribute wie „aus armen Verhältnissen", „aus einem bildungsfernen Elternhaus", „nichtweiße Hautfarbe", „Moslem" oder vieles andere mehr und die Unterschiede werden noch deutlicher. Interessiert das jemanden?

Ich beschrieb schon vor Jahren, dass die typischen Opfer von Gewaltverbrechen junge Männer sind[1] – und erntete dafür viel Häme oder den Vorwurf, ich wolle Gewalt gegen andere Opfer relativieren. Ja, so huldigt man den blinden Flecken – oder anders gesagt: den Vorurteilen – unserer Gesellschaft.

Schon ein entsprechender Kommentar auf die polizeiliche Kriminalstatistik in den Online-Diskussionsforen führender Medien konnte zur Löschung führen mit dem Hinweis, ich möge doch auf stereotypisierende Bemerkungen verzichten. (Weil ich eben statistisch nachwies, dass die meisten Opfer von Gewaltverbrechen, vor allem den schweren und schwersten Taten unter ihnen, das sind: Männer).

Prekäre Wissenschaften

Von den meisten Wissenschaftlerinnen oder Wissenschaftlern brauchen wir keine Hilfe zu erwarten. Die rennen im Hamsterrad, um die von oben bestimmten Zielvorgaben zu erfüllen: Das sind vor allem eingeworbene Forschungsmittel und Veröffentlichungen in Fachzeitschriften, die mit der wirklichen Welt oft gar nichts mehr zu tun haben. Und man investiert, investiert und investiert in Technologie und Wirtschaftswissenschaften – denn das ist immerhin gut für die Wirtschaft. Für Investitionen in die

---

[1] https://www.heise.de/tp/features/Wer-ist-hier-eigentlich-das-typische-Opfer-3209897.html

Menschen und die Verbesserung der Lebensumstände, in denen sie leben, bleiben allenfalls Brotkrümel übrig.

Die prekären Folgen betreffen insbesondere die Geistes-, Kultur- und Sozialwissenschaften, die sich gerade mit dem Menschen in einem reicheren Sinne und nicht nur als Produktivkraft oder Biomechanismus beschäftigen. Also gerade die Disziplinen, die erklären könnten, wieso jemand zum Täter oder gar zum Terroristen wird – oder die sich traditionell eher mit den Minderheiten und Randgruppen in der Gesellschaft beschäftigen – wurden und werden selbst an den Rand gedrängt.

Den Kolleginnen und Kollegen aus meinem eigenen Fach, den Psychologen, geht es vielleicht noch etwas besser, weil sie immerhin in der klinischen Praxis verankert sind und für die Arbeitswelt Modelle liefern, mit denen sich „Humanressourcen" (damit sind wir gemeint: Sie und ich) optimieren lassen. Aber die Mehrheit richtet ihr Fähnchen nach dem Wind, der aus den USA herüber bläst, und erzählt dann schöne Geschichtchen vom Menschen in den Medien oder unterhaltsamen TED-Talks. Dabei bräuchte man gerade ihre Expertise als Verbindungsglieder zwischen Geistes-, Kultur- und Sozialwissenschaften auf der einen Seite und den Lebens- und Naturwissenschaften auf der anderen.

Nutzlose Philosophen?

Und vergessen wir nicht unsere Philosophinnen und Philosophen! Seit Jahrzehnten muss man sich dafür entschuldigen, so ein „nutzloses" Fach zu studieren. In seiner Weihnachtsansprache Ende 2018 forderte Bundespräsident Steinmeier in Reaktion auf den gesellschaftlichen Hass, man möge mit Menschen mit anderer Meinung diskutieren.[2] Ja, wo lernt und lehrt man denn vernünftiges Argumentieren? In der Philosophie! Wir Deutschen können uns nicht ewig auf den diskursiven Errungenschaften des heute schon neunzigjährigen Jürgen Habermas ausruhen!

In der Philosophie funktioniert das so, dass man sich sogar *ohne* Diskussionspartner vorstellt, was denn Argumente gegen den eigenen Standpunkt sein könnten. Es geht um die Sache, nicht um den Status der Person, die sich für sie einsetzt. Die Ethik war und ist gerade eine Errungenschaft der modernen Welt, die sich über Eigennutz und Machtspiele hinwegsetzt:

---

[2]Online abrufbar unter: https://www.bundespraesident.de/SharedDocs/Reden/DE/Frank-Walter-Steinmeier/Reden/2018/12/181225-Weihnachtsansprache-2018.html

Die Interessen *aller* Betroffenen müssen nach den gleichen Maßstäben berücksichtigt werden und zählen; niemand fällt durch die Maschen. Unterschiede in der Beurteilung erfordern Unterschiede in der Sache, die sie betreffen, nicht in der Person; das wusste sogar schon Aristoteles.

Fortschritte wie die Demokratie, der moderne Rechtsstaat mit fairen Regeln für alle, Menschenwürde oder Menschenrechte sind auch Errungenschaften der Philosophie. Frage: Warum ist „Demokratie" (Herrschaft des Volkes) überhaupt ein griechisches Wort? Weil dort unsere politische Philosophie geboren wurde. Aber nein, wie wir seit der Schuldenkrise wissen, sind die Griechen ja alle „Sozialschmarotzer", die den ganzen Tag in der Sonne Oliven essen und Steuern hinterziehen.

Die Menschenrechte heißen so und nicht Deutschen- oder Amerikanerrechte, weil sie für *alle* Menschen gelten. Trotzdem nehmen es unsere führenden Politiker seit Jahrzehnten oft tatenlos hin, dass unsere „Freunde" in Ost und West im Interesse ihrer nationalen Sicherheit und des „Kriegs gegen den Terror" hemmungslos entführen (auch auf europäischem Grund und Boden), foltern, bombardieren, gar mit Drohnen morden. Alles Andere wäre ja schlecht für die Handelsbeziehungen.

Vom Nachteil, ein Moslem zu sein

Weltpolitisch gesehen mussten und müssen vor allem die Moslems viel einstecken. Noch schlechter: Moslem *und* Mann sein und dann vielleicht sogar noch einen Vollbart zu tragen. So fallen manche schon unter Terrorverdacht. Dabei sind auch die meisten Opfer islamistischen Terrors dies: Moslems. Man muss sich ein Beispiel an Moslems wie dem belgischen Straßenbahnfahrer Mohamed El Bachiri aus dem Problembezirk Molenbeek nehmen. Bei dem Terroranschlag in Brüssel im März 2016 verlor er seine Frau und Mutter seiner drei Kinder.

Er reagierte aber nicht wie ein wildgewordener Cowboy, der alles um sich herum zerstörte, sondern schrieb Gedichte: *Dschihad der Liebe.* „Weil deine Geschichte auch meine Geschichte ist", sagt der Autor darüber. Es wird meiner Meinung nach in Europa keinen Frieden mehr geben, ohne dass wir Moslems und anderen an den Rand gedrängten Gruppen wieder die Hand reichen.

Vom Untergang des Abendlandes

Seit einigen Jahren protestieren besorgte Bürgerinnen und Bürger gegen den von ihnen befürchteten Untergang des Abendlands. Es gibt auch viel, worüber man sich Sorgen machen sollte. Ich sage aber: Das Abendland ist schon längst untergegangen, wenn wir uns nicht mehr auf die Menschenrechte und Rechtsstaatlichkeit als Grundvoraussetzung für *alle* einigen können und einander nur noch mit Verunglimpfung und Hass begegnen.

Diejenigen, die sich in der Mehrheit und damit auf der sicheren Seite wähnen, sollten sich aber darüber im Klaren sein, dass sich Grenzen ganz schnell verschieben. Wer heute drinnen ist, kann schon morgen herausfallen. Erst in jüngerer Zeit dürfte es wohl eine kleine Freude gewesen sein, als wegen Terrorverdachts Verurteilte in der Türkei Monate später auch diejenigen im Gefängnis sahen, die vorher gegen sie ermittelt und sie verurteilt hatten.

Entscheidend ist nicht, die „richtige" Grenze zwischen *uns* und *denen* zu ziehen, sondern gar keine, außer der der Menschenrechte und Rechtsstaatlichkeit.

Vergessen wir nie, dass die Nationalsozialisten erst Millionen von Juden und Osteuropäern in Vernichtungskriegen und -Lagern ermorden konnten, *nachdem* sie kritische Denker und Künstler, Philosophen, Kommunisten und Sozialdemokraten – eben mitunter unangenehme Zeitgenossen, weil sie uns den Spiegel vorhalten – ins Konzentrationslager gesteckt hatten. Selbst ein General und Reichskanzler – der letzte vor Hitler – wie Kurt von Schleicher (1882–1934) war nach der Machtergreifung nicht vor der Ermordung durch Nazis sicher.

Für die Sicherheit

Unsere Sicherheitsbehörden arbeiten Tag und Nacht sowie sehr hart dafür, dass wir weiterhin in Freiheit und Frieden leben können. Ich habe selbst in meinem Leben ein paar Polizistinnen und Polizisten kennengelernt, die inspirierende Persönlichkeiten sind und sich ebenso wie viele Ärzte für das Wohlergehen anderer einsetzen und oft genug gar aufopfern. Auch Gespräche mit einigen Staatsanwälten und Richtern waren für mich von großer Bedeutung.

Es ist aber doch kein gutes Zeugnis für den deutschen Rechtsstaat und untergräbt den Gedanken der Volkssouveränität, wenn in parlamentarischen Untersuchungsausschüssen (etwa zum NSU oder dem Anschlag am Breitscheidplatz) Manipulationen von Polizisten und Staatsbeamten ans Tageslicht kommen; und wenn die Exekutive sich im Namen der „nationalen Sicherheit" mit Händen und Füßen dagegen stemmt, solchen Ausschüssen unverzügliche und vollständige Akteneinsicht zu gewähren.

So entstehen rechtsfreie Räume. Gerade die konservativen Politiker werden es im Wahlkampf doch nicht müde, gegen solche gefährlichen Räume zu wettern! Dass nicht alle Staatsgeheimnisse in der Tageszeitung abgedruckt werden sollen, ist klar. Wessen „nationale Sicherheit" gilt es aber noch zu schützen, wenn nicht einmal die gewählten Repräsentanten des Souveräns in diesem Land zu sehen bekommen, was die Behörden in ihren Akten stehen haben? *Alle* Behörden!

Das Fundament steht

Die gute Nachricht aber ist: Das demokratische und rechtsstaatliche Fundament steht, auch wenn es ein paar Risse bekommen hat. Jedes Verhalten ist auch ein Ausdruck sozialer Umstände – und diese kann man ändern; jede falsche Identifikation mit einem Missverständnis von „nationaler Sicherheit" oder einer Hassideologie ist ein psychologischer Prozess – und auf diese kann man einwirken. Und damit spiele ich nicht auf Medikamente, Hormone[3] oder gar Hirnschrittmacher an, wie sie das Menschenbild der Biomedizin und Hirnforschung nahelegen. Sondern auf: gute Argumente!

Wir Menschen haben das Fundament von Demokratie und Rechtsstaat selbst gebaut. Genauso, wie wir ihm Risse beigebracht haben, können wir diese auch wieder dichtkitten und das Fundament sogar verstärken. Angst ist dabei aber ein schlechter Ratgeber. Und Hass wird die Risse nur weiter verstärken. Auch sind die helfenden Ideen aus Geistes-, Kultur- und Sozialwissenschaften nur aus dem Mainstream verdrängt, jedoch nicht tot.

---

[3] Dabei dachte ich vor allem an einen Versuch unter der Leitung des Bonner Psychiatrieprofessors René Hurlemann (Marsh et al., 2017), bei dem angeblich Fremdenfeindlichkeit durch die Gabe eines Nasensprays reduziert wurde.

Der soziale Kontext

In seinem Abschlussstatement aus einem Bericht über die „Neurobiologie der Aggression" im Auftrag des US-Verteidigungsministeriums aus dem Jahr 2013 folgert der Generalleutnant Robert E. Schmidle Jr. – von der akademischen Ausbildung her übrigens Moralphilosoph und Sozialpsychologe:

„Wir sollten im Kopf behalten, dass die Biologie nur ein Teil dessen ist, was unser menschliches Selbstverständnis ausmacht und uns als Personen definiert, die in einer bestimmten Gesellschaft und Kultur leben. … Wenn wir über das Verhalten von Terroristen nachdenken, dann müssen wir nicht nur die Faktoren begreifen, die sie zu Terroristen gemacht haben, sondern auch diejenigen Faktoren, die uns dazu bringen, sie so zu nennen …

Menschen werden nicht schlicht wegen eines chemischen Ungleichgewichts in ihrem Gehirn zu Terroristen; sie werden wegen der Entscheidungen zu Terroristen, die zur Entwicklung ihres Selbstverständnisses als Terroristen beitrugen. Diese Entwicklung geschah in dem primär sprachlichen Austausch mit anderen Terroristen und nicht wegen des Feuerns bestimmter Synapsen im Gehirn …

Jeder Versuch, terroristisches Verhalten zu verstehen, ohne den gesellschaftlichen und kulturellen Kontext miteinzubeziehen, in dem sich das terroristische Selbstverständnis entwickelt, ist bestenfalls unvollständig und schlimmstenfalls vollständig falsch."[4]

Also packen wir's an! Beispielsweise, indem wir den Menschen wieder in der Vielfältigkeit erforschen, die er verdient: Dabei verdienen die psychologischen, sozialen und kulturellen Grundlagen unseres Fühlens, Denkens und Entscheidens besondere Berücksichtigung. Für den Aufbau einer toleranten und inklusiven Gesellschaft für alle Menschen gilt es, reduktionistische Ansätze zurückzudrängen, und Brücken für die Integration zu bauen, anstatt sie abzureißen.

Literatur

DiEuliis, D., & Cabayan, H. (Hrsg.). (2013). Topics in the neurobiology of aggression: implications to deterrence: A strategic milti-layer periodic publications.

---

[4]Aus DiEuliis und Cabayan (2013), S. 85 f.; meine Übersetzung.

El Bachiri, M. (2017). *Een jihad van liefde*. Amsterdam: Uitgeverij de Bezige Bij.

Marsh, N., Scheele, D., Feinstein, J. S., Gerhardt, H., Strang, S., Maier, W., & Hurlemann, R. (2017). Oxytocin-enforced norm compliance reduces xenophobic outgroup rejection. *Proceedings of the National Academy of Sciences, 114,*(35), 9314–9319. https://dx.doi.org/10.1073/pnas.1705853114.

18

Ausblick

Dieser Teil beschäftigte sich mit Moral, Unmoral und schließlich schwersten Verbrechen. Die Versuche des amerikanischen Psychologen Jonathan Haidt wirkten im Vergleich mit den späteren Gewalttaten vielleicht bizarr, doch auch unterhaltsam. Meiner Meinung nach haben in den 2000ern, nach der „Dekade des Gehirns" (1990er) und auch dem Humangenomprojekt, das 2000 abgeschlossen wurde, neurobiologische und genetische Erklärungen sehr viel Aufmerksamkeit erhalten – in der Wissenschaft ebenso wie in den Medien. Diese Befunde waren sicher neu, faszinierend und weckten darum große Erwartungen. Das habe ich aus erster Hand miterlebt, wo ich doch von 2005 bis 2009 meine Doktorarbeit über Gehirnprozesse beim moralischen und juristischen Urteilen schrieb.

Aus heutiger Sicht denke ich aber, dass die große Aufmerksamkeit für die biologischen Grundlagen unseres Verhaltens andere Ansätze verdrängt hat. Bei vielen der anfangs vielversprechenden Experimente kamen am Ende sehr ernüchternde Ergebnisse heraus. Dabei gilt bei genetischen Studien allgemein, dass die gefundenen Unterschiede sehr gering sind; in manchen der in diesem Teil beschriebenen Studien waren sie für sich genommen nicht einmal statistisch signifikant. Dies wurden sie nur im Zusammenhang mit sogenannten Umwelteffekten, in der Regel erfahrener Misshandlung in der Kindheit. Mit anderen Worten: Ob jemand im Erwachsenenalter aggressiv wird, liegt vor allem an schlimmen Erfahrungen am eigenen Leib. Die Ausprägung der Gene macht die Aggressivität dann nur *etwas* mehr oder weniger wahrscheinlich.

Bei den meisten Untersuchungen von Gehirnaktivität wird die Größe der Effekte, die für die Beurteilung der *praktischen* Relevanz entscheidend ist, nicht einmal berichtet. An Stelle einer langwierigen Erklärung der Methodik solcher Studien, wie ich sie schon vor vielen Jahren gegeben habe (Schleim, 2008), seien hier nur ein paar, auch für Laien verständliche Aspekte genannt: Bei Versuchen mit der funktionellen Magnetresonanztomographie (fMRT) müssen die Personen regungslos in einer engen Röhre liegen, wobei die Messungen oft starken Lärm verursachen. In dieser für Menschen so unnatürlichen Umgebung ist es von entscheidender Bedeutung, dass sich die Teilnehmerinnen und Teilnehmer strikt an die Anweisungen handeln.

Um die Ergebnisse nicht zu verwischen, werden oft nur Rechtshänder und bei Frauen nur diejenigen untersucht, die die Anti-Baby-Pille nehmen und darum weniger starke hormonelle Schwankungen haben. Als ich selbst diese Forschung betrieb, wurde ich natürlich oft von Kolleginnen und Kollegen gefragt, ob ich als Versuchsperson an deren Studien teilnehmen würde. Oft reichte schon der Hinweis darauf, dass ich Linkshänder bin, um solchen – oft eher eintönigen – Versuchen aus dem Weg zu gehen. Wie aussagekräftig kann aber ein Verfahren sein, das sich den Menschen erst durch so viele Schritte „zurechtbiegen" muss, damit es gute Ergebnisse liefert? Ob diese teuren Apparate wirklich die vielen Millionen wert sind, die Anschaffung und Wartung kosten, sollte man noch einmal überdenken.

Die eingangs erwähnte moralpsychologische Untersuchung von Jonathan Haidt kam zu dem Ergebnis, dass der Wohlstand der Versuchspersonen einen viel stärkeren Einfluss auf die moralischen Vorstellungen hatte als das Land, aus dem sie kamen. Dabei neigten ärmere Menschen dazu, das Verhalten Anderer stärker zu verurteilen und bestrafen zu wollen. Es spricht ja nichts gegen neurobiologische Grundlagenforschung – darum dürfen wir aber nicht die entscheidende psychosoziale Natur des Menschen vergessen. Gerade, um komplexe Verhaltensweisen zu verstehen, kommen wir um psychologische und sozialwissenschaftliche Ansätze nicht herum.[1]

Es ist verständlich, dass Wissenschaftler sich für neue Verfahren interessieren, vor allem dann, wenn diese auch noch zum Zeitgeist passen. In diesem Sinne war die Untersuchung von Genen und Gehirnen für viele wesentlich wichtiger. Wenn aus dem *Können* ein *Müssen* wird, droht

---

[1] In der Diskussion des Leib-Seele-Problems im ersten Teil ist diese Schlussfolgerung noch einmal stärker begründet.

aber Gefahr für die Freiheit der Wissenschaft. In einem anderorts Ort veröffentlichten Interview (Schleim, 2020) erklärt der Freiburger Neurowissenschaftler und Psychiatrieprofessor Ludger Tebartz van Elst über sein Fach, dass diejenigen, die darin Karriere machen wollen, auf die biologischen Verfahren setzen müssen. Auch bei der Diskussion des Unterschieds von Mensch und Tier begegneten wir den Äußerungen von Biologen und Primatologen, dass deren Fach von Moden geprägt wird: Weil es als neu und interessant galt, immer mehr Gemeinsamkeiten zwischen Menschen und Tieren zu finden, wurden lange Zeit die Unterschiede vernachlässigt.[2]

In vielen Gesellschaften sind die zwischenmenschlichen Konflikte in den letzten zwanzig Jahren eskaliert. Zu manchen Themen kann man in Online-Medien gar nicht mehr diskutieren, ohne gleich Hassbotschaften oder gar Morddrohungen zu erhalten. Attentate, Amokläufe und Terrorismus haben in diesem Zeitraum ebenfalls zugenommen. Auf sozialkritische Positionen wurde häufig erwidert, den Menschen gehe es insgesamt doch gut und in einem wohlhabenden Land wie Deutschland könne es gar keine absolute Armut geben. Solche Einwände mögen aus der Außensicht nachvollziehbar sein; für das tatsächliche Verhalten der Menschen ist aber die Innensicht entscheidend: Wenn man sich arm und ausgegrenzt *fühlt*, dann wird man sich dementsprechend verhalten, selbst wenn man es – objektiver gesehen – gar nicht *ist*.

Psychologie und Sozialwissenschaften haben sich traditionell oft mit den Problemen von Minderheiten beschäftigt und damit die Interessen der Menschen, die nicht so eloquent für sich selbst sprechen können, in den öffentlichen Diskurs eingebracht. Diese Forschung ist nicht gänzlich verschwunden, hat sich aber in zunehmendem Maße auf einzelne Kategorien wie die ethnische Herkunft, das Geschlecht oder die sexuelle Orientierung spezialisiert. Der allgemeine Grundsatz, dass wir die Gesellschaft in Abhängigkeit von solchen und vielen weiteren Faktoren, etwa Bildungshintergrund, Religion oder Wohlstand, sehr unterschiedlich erfahren, verlor damit an Aufmerksamkeit. Doch nur so können wir den Anderen besser verstehen und mehr miteinander reden, als gegeneinander.

---

[2] Siehe Kap. 4: Wie ähnlich sind Tiere und Menschen?

Literatur

Schleim, S. (2008). *Gedankenlesen: Pionierarbeit der Hirnforschung.* Hannover: Heise Verlag.

Schleim, S. (2020). *Psyche & psychische Gesundheit (Telepolis): Philosophen, Psychologen und Psychiater im Gespräch.* Hannover: Heise.

Teil IV

Philosophie psychischer Störungen

Als ich 2010 mein Buch über „Die Neurogesellschaft" abschloss, schrieb ich in der Einleitung, dass nun eigentlich ein Buch über die klinische Psychologie beziehungsweise Psychiatrie folgen müsse. Auch dort hat das neurowissenschaftliche Denken Einzug gehalten und Theorie und Praxis geprägt. Dieses Buch gibt es auch zehn Jahre später noch nicht. Stattdessen sind aber zahlreiche Artikel entstanden, die sich mal mit grundlegenderen Fragen zur psychischen Gesundheit, mal mit einem konkreten Störungsbild beschäftigen.

Das Beispiel Genderdysphorie eröffnet diesen Teil und griff ich im März 2017 auf. Anhand dieser neuen Kategorie, die die sogenannte Gender-Identitätsstörung ablöst, lässt sich der begriffliche Wandel in der Psychiatrie sozusagen hautnah nachvollziehen. Damit führe ich den Leser in das Denken ein, dass Bezeichnungen wie „Depressionen" oder „Burn-out" auch einem kulturellen Wandel unterliegen und keineswegs unveränderliche Kategorien sind. Ich hätte gerne noch mehr Beispiele angeführt, vor allem die Aufmerksamkeitsdefizit-/Hyperaktivitätsstörung (ADHS), die schon das Leben sehr junger Kinder betrifft. Aber mit dem Schwerpunkt auf die manchmal als „Volkskrankheiten" bezeichneten Depressionen und Burn-out ist dieser Teil schon der Längste des gesamten Buches. Den letzten Artikel über „Das Einmaleins psychischer Störungen" habe ich eigens hierfür geschrieben, um den Themenkomplex aus meiner heutigen Sichtweise abzurunden.

19

Genderdysphorie: Psychische Störung oder nicht?

In diesem Beitrag will ich mich nicht daran versuchen, das gesamte Thema der Transsexualität zu beleuchten. Dafür ist es zu komplex. Es geht mir vielmehr um eine Einladung zum Nachdenken: Was ist eigentlich eine psychische Störung und was bedeutet das für die Menschen, die unter diesen Begriff fallen? Als konkretes Beispiel dient hier die Genderdysphorie, ein neuer Begriff für die Geschlechtsidentitätsstörung.

Hier beschäftige ich mich mit den Kriterien des 2013 erschienenen DSM-5. Das DSM ist das Diagnosehandbuch der Amerikanischen Psychiatrischen Vereinigung. Es gilt zwar erst einmal nur dort, wird aber in manchen anderen Ländern ebenfalls angewendet und auch die internationale Klassifikation der Weltgesundheitsorganisation in Zukunft beeinflussen. Diese verwaltet das ICD, zurzeit in zehnter Auflage, das auch in Deutschland angewandt wird und zuletzt 1992 runderneuert wurde.

Am Konferenztisch entstanden

Nun muss man wissen, dass das DSM am Konferenztisch entsteht. Die Planung für die fünfte Auflage begann 2000. Dass von dem Vorhaben, die Definitionen psychischer Störungen auf eine neurobiologische Grundlage zu stellen, nichts aber auch wirklich gar nichts Anwendungsreife erreicht hat, ist ein Thema für einen eigenen Beitrag.

Jedenfalls haben sich diese namhaften Damen und (vor allem) Herren der nordamerikanischen Psychiatrie an besagtem Tisch darauf verständigt, die sogenannte *Gender Identitiy Disorder* (deutsch Geschlechtsidentitätsstörung) durch den Begriff der „Gender Dysphoria" zu ersetzen. Das heißt erst einmal nur, dass jemand mit der ihm oder ihr zugewiesenen Geschlechtsrolle unzufrieden ist, eben dysphorisch.

Dabei sollte man sich auf den Begriff „Gender" im Übrigen nicht allzu viel einbilden. Dieser wird im Englischen heutzutage vor allem als politisch korrektere Alternative für „Sex" (deutsch in diesem Kontext Geschlecht, nicht Geschlechtsverkehr) verwendet. Dementsprechend würden manche es schon für diskriminierend halten, von „Transsexualität" zu sprechen. Warum, das leuchtet mir nicht ein, denn wenn man als Philosoph die Bedeutung von „Gender" in der Forschungsliteratur (und dabei denke ich vor allem an die Medizin und Psychologie) nachschlägt, dann läuft es doch letztlich auf das alte Geschlecht heraus: Bitte kreuzen Sie an, ob sie männlich oder weiblich sind.

Wie dem auch sei, die im DSM-III von 1980 eingeführte Klassifikation (damals hatte man gerade nach langem Ringen Homosexualität aus dem Handbuch gestrichen) der Geschlechtsidentitätsstörung hat man 2013 also durch Genderdysphorie ersetzt. Das ICD-10 spricht nach wie vor von einer „Störung der Geschlechtsidentität des Kindesalters".[1]

Ein eigenes Hauptkapitel

Wenn man jetzt ins DSM-5 schaut, dann fällt erst einmal auf, dass von den zwanzig Hauptkapiteln der, je nach zählweise rund 150, 300 oder gar 600 Störungen, ein ganzes der Genderdysphorie gewidmet wurde. Allein das mag schon darauf hindeuten, dass sich die Expertinnen und Experten nicht ganz einig darüber waren, wo sie diese „Störung" verorten sollten. (Merke: Auch wenn man das Wort „Störung" aus dem Namen gestrichen hat, so ist der Eintrag als Teil des DSM natürlich weiter als psychische Störung zu verstehen. Ob das der Fall sein *soll,* darum geht es hier gerade in diesem Artikel.)

Und in diesem Hauptkapitel findet sich auch nur diese eine „Störung", eben die Genderdysphorie. Diese wird noch einmal für Kinder und Jugend-

---

[1] Siehe https://www.dimdi.de/static/de/klassi/icd-10-gm/kodesuche/onlinefassungen/htmlgm2017/block-f60-f69.htm#F64.2

liche/junge Erwachsene unterschieden. Und es gibt dann noch eine „other specified" Variante, in der nicht alle Bedingungen der Hauptkategorie erfüllt sind, der Kliniker oder die Klinikerin die Diagnose dennoch begründet. Schließlich gibt es noch die „unspecified" Variante, in der es keiner solchen Begründung bedarf. Ja, so geht es im DSM regelmäßig zu.

Kriterien der Genderdysphorie

Wie sieht nun die Genderdysphorie laut DSM-5 aus? Der Einfachheit halber beschränke ich mich hier auf die Variante für Kinder und auch dieser nur in Kurzzusammenfassung. Die gesamten Kriterien unterliegen dem Copyright der APA, die mit dem DSM Millionen an Lizenzgebühren verdient:

> **Diagnostische Kriterien für Genderdysphorie in Kindern (302.6, F64.2)**
> A. Eine ausgeprägte Inkongruenz zwischen der erlebten und zugewiesenen Geschlechtsidentität. Diese muss mindestens sechs Monate anhalten und mindestens sechs der folgenden acht Bedingungen erfüllen, darunter A1:
> 1. Ein starkes Bedürfnis, eine andere Geschlechtsidentität zu haben.
> 2. Bei Jungen: eine starke Vorliebe für weibliche Kleidung oder weibliches Auftreten; bei Mädchen: eine starke Vorliebe für ausschließlich typisch männliche Kleidung und eine starke Abneigung gegenüber typisch weiblicher Kleidung.
> 3. Eine starke Vorliebe für eine andere Geschlechtsidentität im Spiel.
> ...
> 7. Eine starke Abneigung gegenüber der eigenen sexuellen Anatomie.
> 8. Eine starke Vorliebe für die primären oder sekundären Geschlechtsmerkmale, die der erlebten Geschlechtsidentität entsprechen.
>
> B. Der Zustand ist mit klinisch signifikantem Leiden oder Einschränkungen im Funktionieren in sozialen, schulischen oder anderen wichtigen Bereichen verbunden.

Nebenbei eine Aufgabe zum Nachrechnen für Freunde der Kombinatorik: Mit der Definition von A1 zuzüglich mindestens fünf der folgenden sieben Kriterien A2 bis A8 komme ich auf $21+7+1=29$ mögliche Varianten. Bei manchen Störungen – etwa Major Depression – kommt man so auf hunderte. Wer sich über die Bemerkung oben wunderte, die Diagnosen seien nicht neurobiologisch fundiert, findet hierin schon einen Grund.

Was sind „typische" Geschlechtsrollen?

Kommen wir aber zurück zur Genderdysphorie: Natürlich wirft diese Definition die Frage auf, was denn nun „typisch" männliche oder weibliche Kleidung, „typisch" männliches oder weibliches Spielen und so weiter ist. Ich bezweifle, dass sich das in nicht-zirkulärer und nicht-tautologischer Weise definieren lässt, sondern allenfalls mithilfe von Beispielen, für die es wieder Gegenbeispiele geben dürfte. Wir befinden uns eben nicht in der Welt reiner Mathematik, sondern von klinischer Psychologie und Psychiatrie; also mitten im Leben.

Das sei alles geschenkt. Schauen wir uns erst einmal nur das *notwendige* Kriterium A1 an: „Ein starkes Bedürfnis, eine andere Geschlechtsidentität zu haben." Man könnte sich wohl schwerlich eine Genderdysphorie vorstellen, in der dieses Kriterium nicht erfüllt ist. Außer vielleicht, man versteht die Bezeichnung rein wörtlich und denkt an Kriterium A7, die starke Ablehnung der eigenen sexuellen Anatomie, die ja in aller Regel dem zugewiesenen Geschlecht gelten dürfte. Dann käme man vielleicht auf eine Variante der „Störung", in der jemand nicht lieber ein anderes Geschlecht hätte, sondern gar keines.

Signifikantes Leiden

Mir geht es jetzt um das bisher vernachlässigte Kriterium B, das allem Anschein nach überhaupt nichts mit der Genderdysphorie zu tun hat. Wer im DSM nicht nur hastig die Kriterien nachschlägt, sondern auch den Grundlagenteil liest, der wird wissen, dass dies schlicht die zentrale notwendige Bedingung für psychische Störungen im Allgemeinen ist, die hier redundant (aber wohl vorsichtshalber) wiederholt wird.

Und dies ist die Krux der ganzen Sache, ob es sich bei Genderdysphorie um eine Störung handelt oder nicht. Es ist nämlich ein hart erarbeiteter Konsens, dass man ohne „klinisch signifikantes Leiden" oder funktionelle Einschränkung nicht von einer psychischen Störung sprechen kann. Einmal platt formuliert: „Klinisch signifikant" ist ein Leiden genau dann, wenn ein Kliniker oder eine Klinikerin es dafür hält.

Vergleich mit Homosexualität

Jetzt muss man wissen, dass die Entscheidung im Jahr 1973, Homosexualität aus dem DSM zu entfernen, im Wesentlichen hiermit begründet wurde: Dass Homosexuelle nämlich nicht an sich leiden oder funktionell eingeschränkt sind, sondern nur aufgrund sozialer Ablehnung. Und das ist auch bei der Genderdysphorie der springende Punkt: Leiden die „Betroffenen" klinisch signifikant oder sind sie funktionell eingeschränkt? Und wenn ja, sind sie dies aufgrund der „Bedingung" – ausgedrückt in den oben genannten Kriterien – oder aufgrund gesellschaftlicher Ablehnung?

Wenn nur Letzteres der Fall ist, dann gehört die Genderdysphorie aus dem DSM gestrichen. So argumentieren einige Vertreterinnen und Vertreter aus der LGBTQ-Szene, die hier eine Analogie zum Umgang mit Homosexualität ziehen. „Aber!", widersprechen andere, „wir brauchen die Diagnose doch für die Abrechnung von Gesundheitsleistungen." Beratung, gegebenenfalls Psychotherapie, Hormone und in letzter Konsequenz eine geschlechtsangleichende Operation gibt es eben nicht umsonst.

Das Letztgenannte ist aber ein rein bürokratisches Argument: Genderdysphorie als Störung ist dann nämlich einzig und allein aus dem Grunde eine Voraussetzung, dass Krankenkassen und Medizinverbände es so vorschreiben. Wenn dem nicht so wäre, müsste man sich überlegen, ob man Geschlechtshormone oder so eine Operation allen anbieten soll, die es wollen – oder man dies wie die Schönheitschirurgie dem freien Markt überlassen bleibt. Dabei sind natürlich Konstellationen besonders zu berücksichtigen, bei denen es um Minderjährige, aus anderen Gründen eingeschränkt einwilligungsfähige Personen und unumkehrbare Eingriffe geht, wie etwa die Entfernung der Hoden oder Eierstöcke.

Aus welchen Gründen leiden die Menschen?

Alles steht und fällt also mit der Frage, *aus welchen Gründen* Menschen, denen eine Geschlechtsdysphorie diagnostiziert wird, leiden oder funktionell eingeschränkt sind. Fortgeschrittene dürfen diese Überlegung an anderen Störungen nachvollziehen: Ich nenne hier nur einmal Aufmerksamkeitsstörungen oder das autistische Spektrum als Anregung.

Ein kurzer Nachtrag zu den „other specified" und „unspecified" Varianten: Erstere liegt vor, wenn nicht alle Kriterien erfüllt sind, der oder die Diagnostizierende aber der Meinung ist, dass es sich dennoch um

Genderdysphorie handelt. Dann könnte er oder sie beispielsweise feststellen, dass es sich um so eine Störung handelt, die aber seit weniger als sechs Monaten vorliegt. Bei Letzterer wird einfach nur noch behauptet, dass nicht alle Kriterien erfüllt sind, der oder die Behandelnde aber schlicht davon ausgeht, dass die Störung besteht.

Literatur

American Psychiatric Association. (2013). *Diagnostic and statistical manual of mental disorders: DSM-5* (5. Aufl.). Arlington: American Psychiatric Association.

20

Was sind Ursachen von Depressionen?

Allein in Deutschland leiden Jahr für Jahr Millionen Menschen an einer depressiven Störung. In immer mehr Fällen werden zur Behandlung Medikamente verschrieben. Die Stiftung Deutsche Depressionshilfe berichtete über eine Umfrage, laut derer viele Menschen die Bedeutung der biologischen Faktoren unter- und der sozialen Faktoren überschätzen würden. Doch stimmt das mit den maßgeblichen wissenschaftlichen Studien überein? Was wissen wir über die Ursachen von Depressionen?

Laut der Stiftung Deutsche Depressionshilfe „erkranken jedes Jahr in Deutschland 5,3 Mio. Menschen an einer behandlungsbedürftigen, unipolaren Depression."[1] Das wären rund 6,5 % der Bevölkerung, wobei Frauen mehr als zweimal so häufig betroffen sind. Dazu kommt, dass bei den Frühberentungen psychische Störungen eine immer größere Rolle spielen: Laut Deutscher Rentenversicherung ging es 1983 nur bei 8,6 % der Fälle um Depressionen und andere psychische Störungen. 2002 waren es schon 28,5 %, 2016 gar 42,9 %.

Diese Zahlen mögen genügen, die gesellschaftliche Bedeutung des Themas zu unterstreichen – und damit meine ich nicht primär die vermeintlichen Kosten für das Sozialwesen und die Wirtschaft.[2] Das Leiden für die

---

[1] https://www.deutsche-depressionshilfe.de/presse-und-pr/pressemitteilungen?file=files/cms/downloads/Pressemitteilungen/pm-barometer_.pdf

[2] Mit der brisanten Frage, wie teuer psychische Störungen sind und wie diese Kosten berechnet werden, habe ich mich an anderer Stelle auseinandergesetzt: https://scilogs.spektrum.de/menschen-bilder/verursachen-psychisch-kranke-finanziellen-schaden/

Betroffenen und ihre Angehörigen kann enorm sein. Auch wenn die Zahl der Selbsttötungen sich seit den frühen 1980ern auf jährlich rund 10.000 beinahe halbiert hat, ist es immer noch tragisch, wenn sich ein Mensch aus Verzweiflung das Leben nimmt.

Über 60 % betroffen

Daher ist es zu begrüßen, dass die Stiftung Deutsche Depressionshilfe zusammen mit der Deutsche Bahn Stiftung das Wissen über das Thema erforschen und verbessern will. Laut der Befragung „Deutschland-Barometer Depression" gibt es „eklatante Wissenslücken" in der Bevölkerung. Vor allem würden Depressionen zu wenig als Erkrankung im medizinischen Sinne angesehen. Auch über die Ursachen irrten sich viele Menschen. Ein Grund, sich die Ergebnisse und ihre Interpretation genauer anzuschauen.

Zunächst ist auffallend, dass von den knapp über 2000 repräsentativ Befragten mehr als 60 % mit Depressionen zu tun hatten: So gaben 22,9 % an, dass bei ihnen schon einmal diese Störung diagnostiziert wurde; bei 36,6 % war ein Angehöriger oder Bekannter betroffen; 3,3 % behandelten oder berieten Menschen mit Depressionen. So bleibt nur eine Minderheit von 37,1 %, die nach eigenen Angaben noch keinen direkten Kontakt mit der Störung hatte.

Biologie angeblich unterschätzt

Das heißt auch, dass die Meisten der Befragten schon persönliche Erfahrungen mit Depressionen hatten. Man sollte also davon ausgehen, dass sie relativ gut über das Thema informiert waren. Dennoch zieht die Stiftung Deutsche Depressionshilfe ein ernüchterndes Fazit:

> „Das Deutschland-Barometer Depression zeigt, dass in der deutschen Bevölkerung die Bedeutung von belastenden Lebensereignissen für die Entstehung von depressiven Erkrankungen überschätzt und gleichzeitig die Bedeutung der Veranlagung unterschätzt wird. Nahezu alle Deutschen sehen die Ursachen der Depression in Schicksalsschlägen (96 %) und Belastungen am Arbeitsplatz (94 %). Dass die Depression auch biologische Ursachen hat, ist dagegen weniger bekannt. So kennen nur 63 % die große Relevanz der

erblichen Komponente der Depression. Nur zwei Drittel wissen, dass während der Depression der Stoffwechsel im Gehirn gestört ist."[3]

Diese Botschaft wurde von den Medien aufgegriffen. So berichtete etwa das ZDF am selben Tag:

„Lediglich 66,3 % der Bevölkerung und 85 % der Betroffenen sehen eine Stoffwechselstörung im Gehirn als mögliche Ursache für eine Depression. Der Großteil der Befragten sieht belastende Lebensereignisse wie Schicksalsschläge und Probleme mit Mitmenschen oder am Arbeitsplatz als häufigsten Auslöser für eine Depression."[4]

Zusammen mit dem (angeblich falschen) Denken über die Ursachen der psychischen Störung wird die Befragung auf einer Infografik zusammengefasst, in der es auch um die Wirkungsweise von Psychopharmaka und die Therapiemöglichkeiten geht: Demzufolge glaubten über 90 % der Deutschen, Depressionen würden von Schicksalsschlägen und Stress verursacht, 78 % glaubten, Antidepressiva machten süchtig und fast jeder Fünfte denke, dass die Depression abklinge, wenn man sich zusammenreiße und man Schokolade esse.

Meinungen über Ursachen

Diskutieren wir hier nicht die Idee, Schokolade oder Zusammenreißen würde gegen Depressionen helfen. Immerhin hatten auch nur knapp 20 % der Befragten diese Überzeugung – bei denjenigen mit persönlicher Erfahrung mit Depressionen übrigens nur 13,8 % (Schokolade oder Süßes) beziehungsweise 4,7 % (sich zusammenreißen). Kommen wir stattdessen zu einem ernsthafteren Punkt: Was sind die Ursachen der Störung? Und wie gezielt wirken die Medikamente?

Die Stiftung beziehungsweise ihre Vertreter spielen hier zwei Sichtweisen gegeneinander aus: Schicksalsschläge, Belastungen am Arbeitsplatz und Probleme mit Mitmenschen auf der einen Seite gegenüber Stoffwechselstörung im Gehirn und Vererbung auf der anderen. Bei der Befragung ergab

---

[3] https://www.deutsche-depressionshilfe.de/presse-und-pr/pressemitteilungen?file=files/cms/downloads/Pressemitteilungen/pm-barometer_.pdf

[4] https://www.zdf.de/nachrichten/heute/depressions-barometer-umfrage-100.html

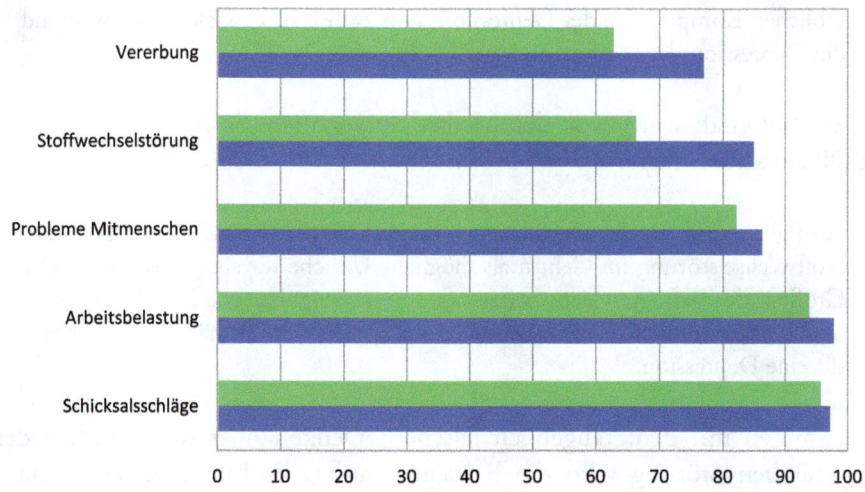

Abb. 20.1 Meinungen über die fünf wichtigsten möglichen Ursachen für Depressionen in der Gesamtbevölkerung (grün) und unter Betroffenen (blau). Gezeigt sind hier die Beurteilungen als „relevant" oder „sehr relevant"

sich folgendes Bild (Abb. 20.1), reduziert auf diese fünf Aspekte von insgesamt elf:

Wir sehen, dass bereits in der Gesamtbevölkerung alle fünf Faktoren von mindestens 60 %, bei den Betroffenen von sogar mindestens 70 % zu den relevanten Ursachen von Depressionen gezählt werden. Die deutlichsten Unterschiede zwischen beiden Gruppen gibt es tatsächlich für die biologische Ebene: rund 63 % bzw. 66 % (Nicht-Betroffene) gegenüber 77 % und 85 % (Betroffene). Dass die Betroffenen stärker an den genetisch-neuronalen Einfluss glauben, dürfte an deren Kontakte mit Experten liegen, die ihnen entsprechende Erklärungen anboten, oder auch an der Erfahrung, dass es einem nach einer Behandlung mit Antidepressiva besser ging.

Biologische gegen psychosoziale Ursachen

Wie dem auch sei, alle fünf Faktoren gelten als relevant – laut Berichten der Stiftung werden allerdings die psychosozialen Ursachen (Schicksalsschläge, Arbeitsstress, Probleme) überbewertet, die biologischen (Stoffwechsel, Gene) aber unterbewertet. Schauen wir uns daher die entsprechenden Tatsachenbehauptungen im Detail an. Das war, erstens, in der Pressemitteilung die Aussage: „Dass die Depression auch biologische Ursachen hat, ist dagegen weniger bekannt… Nur zwei Drittel wissen, dass während der Depression der Stoffwechsel im Gehirn gestört ist." Und, zweitens, auf der Grafik: „Depression hat immer auch biologische Ursachen" sowie „Antidepressiva ... wirken gezielt gegen die in der Depression gestörten Funktionsabläufe im Gehirn."

Es geht also entscheidend um biologische Ursachen. Ohne hier ganz grundlegend zu werden und die Frage aufzuwerfen, was eigentlich Ursachen sind und wie man sie misst (den Autoren der Pressemitteilung möchte ich aber doch mit auf den Weg geben, noch einmal über den Unterschied zwischen Korrelation, also gleichzeitigem Auftreten, und Kausalität nachzudenken), möchte ich auf Folgendes hinaus:

Entweder denkt man sich den Geist als ohnehin biologisch bedingt (abhängig vom Nervensystem), dann gibt es sowieso für alle psychischen Vorgänge, also auch psychische Störungen, biologische Ursachen; und dann wäre die Feststellung, dass Psychisches biologische Ursachen hat, schlicht trivial. Oder man lässt diese schwierige, metaphysische Fragen außen vor und unterscheidet auf der Ebene der Prozesse, die auf die Psyche einwirken können, etwa psychosozial gegenüber biologisch.

Angebliches Missverhältnis

Das Letztgenannte scheint dem Standpunkt der Stiftung Deutsche Depressionshilfe zu unterliegen, wenn sie kritisiert, Menschen würden den psychosozialen Beitrag über- und den biologischen unterschätzen. Aufgrund der Befragung können wir das sogar quantifizieren: Rechnet man für die fünf genannten Faktoren die Mittelwerte für psychosozial und biologisch aus, dann ergibt sich das Bild, das wir in Abb. 20.2 sehen.

Der Standpunkt der Stiftung ist also, dass die Werte für die Biologie höher und für das Psychosoziale niedriger sein sollten. Dem möchte ich erwidern: Stimmt das denn? Natürlich wird seit Jahrzehnten, ja mehr als einem Jahrhundert nach den Ursachen psychischer Störungen wie Depressionen gesucht. Um die Situation kurz zusammenzufassen sei gesagt, dass man mit dem psychiatrischen Diagnosehandbuch DSM-III von 1980 Aussagen über die Ursachen – in der Fachsprache: *Ätiologie* – der Störungen entfernt hat.

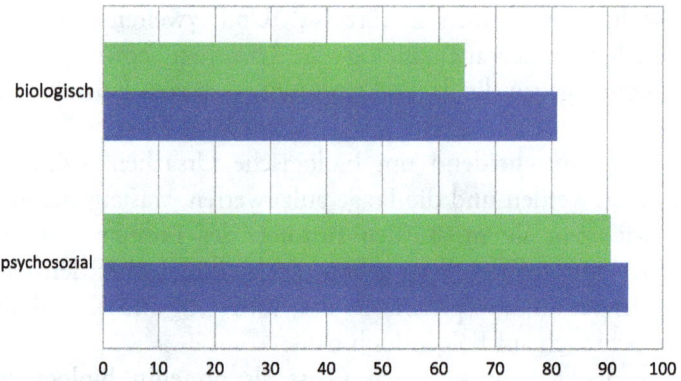

Abb. 20.2 Laut der Befragung hielten 65 % der Allgemeinbevölkerung (grün) biologische Ursachen für relevant, 91 % psychosoziale Ursachen. Für die Betroffenen (blau) sind es 81 % gegenüber 94 %

Abschied von der Ursachenlehre

Damals löste sich die amerikanische Psychiatrie, gefolgt von vielen anderen Teilen der Welt, vom psychodynamischen Ansatz Sigmund Freuds (1856–1939). Dieser galt zunehmend als wissenschaftlich überholt. Warum wurde aber die Ätiologie, die Lehre von den Ursachen, aus der sogenannten Psychiatrie-Bibel entfernt? Weil man einräumen musste, dass man die Ursachen der psychischen Störungen nicht kannte; oder dass das Wissen hypothetisch und umstritten war.

Jetzt ist es aber so, dass auch mehr als 30 Jahre später in der neuesten Auflage des Handbuchs, dem DSM-5 von 2013, Aussagen über die Ursachen immer noch fehlen; und zwar, weil man sie immer noch sucht! Außerdem ist es trotz größter Bemühungen und finanzieller Mittel bisher nicht gelungen, für auch nur eine einzige der mehreren hundert unterschiedenen psychischen Störungen einen verlässlichen Biomarker zu finden, das heißt, ein Merkmal im Körper/Gehirn, mit dem man die Störung diagnostizieren könnte. Was weiß also die Stiftung Deutsche Depressionshilfe, was der internationalen Forschergemeinde bisher entgangen ist?

Bedeutung psychosozialer Faktoren

Natürlich sind psychosoziale Faktoren ursächliche Faktoren psychischer Störungen und insbesondere auch von Depressionen. Die Stiftung stellt hier Jahrzehnte der Forschung unterschiedlichster Disziplinen wie der

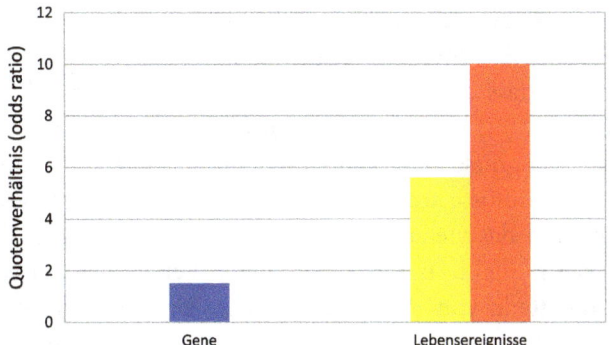

Abb. 20.3 Die Effektgröße (Quotenverhältnis oder Odds Ratio) für drei ursächliche Faktoren im Vergleich: Die üblichen Effekte für psychiatrische Risikogene (blau, nach Kendler, 2005) sind um ein vielfaches kleiner als die für schwere (gelb, nach Kendler et al., 1999) oder schwerste Lebensereignisse (rot, nach Kendler et al., 2010)

Psychologie, Sozialwissenschaften und Psychiatrie auf den Kopf. Als – nach meinem Wissen – größter ursächlicher Faktor wurden schwere Lebensereignisse (man denke an den Tod eines Nahestehenden, Scheidung, Verlust der Arbeit, Erleben eines Verbrechens) gefunden und vielfach bestätigt.

Wenn man sich die Stärke dieser Effekte anschaut, dann ist diese gut viermal so groß wie alles, was – nach meinem Wissen – die psychiatrische Genetik bisher zu bieten hat. Betrachtet man nur die vier schlimmsten Lebensereignisse, nämlich Tod eines nahen Verwandten, Erleben eines Überfalls, ernsthafte Partnerschaftsprobleme und Trennung/Scheidung, dann sind die Einflüsse sogar mehr als siebenmal so stark. Es ist keinesfalls so, wie die Stiftung Deutsche Depressionshilfe erklärt, dass den Genen „große Relevanz" zukomme. Allenfalls erklären diese kleine Unterschiede zwischen den Menschen, die schlimme Dinge und viel Stress erleben: Beim Einen ist die Wahrscheinlichkeit, eine depressive Störung zu bekommen, *etwas* höher, beim Anderen *etwas* niedriger (Abb. 20.3).

Gene – Heiliger Gral der Psychiatrie

Mit anderen Worten: Es gibt keine Depressions- oder Schizophrenie-Gene, sondern nur eine leicht veränderte genetische Anfälligkeit für die Störungen. Dass der geringe Einfluss der Gene dennoch so verabsolutiert wird, liegt wahrscheinlich daran, dass sie der Heilige Gral der biomedizinischen psychiatrischen Forschung sind: Mit größten Bemühungen gesucht, doch nie gefunden. Irgendwie muss man die Milliardenförderung für größtenteils klinisch irrelevante Forschung ja rechtfertigen.

Dazu kommt, dass auch die Genaktivität und die von der Stiftung so gerne angeführte „Stoffwechselstörung im Gehirn" natürlich selbst die Folge psychosozialer Ereignisse sein kann. Worauf reagiert denn unser Gehirn, wenn nicht auf Einflüsse und Eindrücke aus der Umwelt? Wozu ist unser Nervensystem und das vieler anderer Spezies denn im Laufe der Evolution entstanden, wenn nicht, um sich in dieser Lebenswelt zurechtzufinden? Insofern ist die Rede von den „biologischen Ursachen" verwirrend, denn diese spiegeln in den meisten Fällen schlicht unsere Erfahrungen wider.

Ein Selbstversuch

Jeder mag selbst einen Versuch wagen und einen Bekannten darum bitten, zu einem unvorhersehbaren Moment einen lauten Knall auszulösen, etwa indem man eine Tür sehr laut zuschlägt. Der Schreck (in der Psychologie: Schreckreaktion, englisch *startle response*) geht wahrscheinlich mit einer messbaren Veränderung des Atems, des Herzschlags, der Hautleitfähigkeit und bestimmter Botenstoffe einher; und ja, diese Prozesse sind vom Nervensystem gesteuert. Aber was ist denn nun die Ursache? Das Nervensystem oder der Knall? Übrigens haben Menschen, die seit Jahren meditieren, im Mittel eine messbar geringere Schreckreaktion. Vielleicht liegt das daran, dass Erfahrungen den Stoffwechsel im Gehirn beeinflussen?

Fazit: Der von der Stiftung Deutsche Depressionshilfe konstruierte Widerspruch zwischen psychosozialen und biologischen Faktoren ist in Wirklichkeit gar keiner: Die biologischen Reaktionen sind meistens schlicht *Vermittler* der psychosozialen Ereignisse. Wenn man Körper und Geist als Einheit sieht, dann ist diese Feststellung trivial; wenn man Ursachen auf der Ebene von Prozessen – also etwa biologisch gegenüber psychosozial – unterscheidet, dann muss man auch die zeitliche Reihenfolge und die Effektstärke berücksichtigen.

Dass jedenfalls Stress eine der Hauptursachen für Depressionen und andere psychische Störungen ist, ist schon lange bekannt (Hammen, 2005). Dabei spielen biologische, entwicklungsbedingte (etwa Kindesmisshandlung, Vernachlässigung), psychologische (etwa Denkstile, Persönlichkeitsfaktoren) und soziodemographische Faktoren (wie die bereits genannten Lebensereignissen) mal eine größere, mal eine kleinere Rolle.

Politische Brisanz

Darum ist es verquer, falsch und auch politisch brisant, der Allgemeinheit weiszumachen, sie überschätze den Einfluss psychosozialer Einflüsse auf Depressionen gegenüber den biologischen. Wer es nämlich schlicht als biologische Tatsache annimmt, dass er depressive Symptome hat, der wird auch vor allem auf der biologischen Ebene nach der Lösung suchen, also mit Psychopharmaka, Elektroschocks (auch EKT genannt, Elektrokrampftherapie), Tiefenhirnstimulation und eines Tages vielleicht Gentherapie. So gerät aber die ganze soziale Umwelt aus dem Fokus.

Die Biologie *kann* durchaus die beste Anlaufstelle sein – Stressvermeidung und die Stärkung des sozialen Netzes werden in der Praxis aber für die meisten Menschen eine viel größere Rolle spielen. Nun lassen sich bestimmte schwere Lebensereignisse, beispielsweise die Todesfälle Nahestehender, nicht aus der Welt schaffen. Wie stark sich aber etwa der Verlust eines Arbeitsplatzes auf einen Menschen auswirkt, hängt auch von den sozialen Absicherungen und von Freundschaften ab. Verliert man damit seine finanzielle Perspektive, verliert man vielleicht auch die meisten Freunde, gar die Partnerschaft und die Wohnung, dann wird einen dieses Ereignis ungleich schwerer treffen (man denke an Stress, Angst und Einsamkeit, die einander gegenseitig verstärken). Auch von solchen lebenspraktischen Erwägungen lenkt das biologische Denken ab.

Was ist eine „Gehirnstörung"?

Zum Schluss noch zwei Bemerkungen zum Begriff der „Gehirnstörung" und der Behauptung, Psychopharmaka würden im Gehirn „gezielt" wirken, um eine Stoffwechselstörung zu beheben. Beide würden eine eigene Abhandlung verdienen.[5] Daher nur kurz als Anregung zum Nachdenken:

Wenn Depressionen (oder eine beliebige andere psychische Störung) eine Gehirnstörung ist, warum kann man sie dann eigentlich nicht im Gehirn diagnostizieren? Und warum kann man dann nicht mit einem Gehirnscan, der beispielsweise die Konzentration von Neurotransmittern misst (wie die

---

[5]Die eine Frage wird im Kap. 22 beantwortet: Was heißt es, dass psychische Störungen Gehirnstörungen sind? Zur anderen habe ich zwei Interviews mit dem habilitierten Schweizer Psychologen Michael Hengartner geführt, der sich kritisch mit der Wirkungsweise von Antidepressiva auseinandergesetzt hat, siehe Schleim (2020).

Positronenemissionstomographie), feststellen, ob jemand genesen ist? Das wäre nicht nur für Ärzte, sondern auch die eingangs erwähnten Rentenkassen äußerst praktisch; schließlich könnte man dann Simulanten von echten Depressiven unterscheiden. Davon hängen je Einzelfall schnell Hunderttausende Euro ab.

Probleme der Abgrenzung

Nein, „Depression" (in der Fachsprache auch: Majore Depression) ist eine Definition unserer Zeit und Kultur für eine vielfältige Symptomatik, die manche Menschen unter bestimmten Bedingungen erleben. Das macht die Probleme für die Betroffenen nicht minder schwer und ernsthaft, lenkt aber die Aufmerksamkeit auf die Tatsache, dass Experten am Konferenztisch entscheiden, was eine Depression ist.

Wo hört sie beispielsweise auf und wo fängt die Angststörung an, wo die Schizophrenie? Darauf gibt es Antworten – aber eben unterschiedliche und es bleibt immer ein Rest, der im Auge des Betrachters liegt. Gerade darum suchen so viele Forscher weltweit ja nach zuverlässigen Biomarkern für psychische Störungen, um diese schwierigen Probleme zu lösen, bloß bisher weitgehend ergebnislos.

Erinnern wir uns noch einmal daran, dass man früher bei Kindern mit Verhaltensauffälligkeiten sofort eine Gehirnstörung diagnostizierte: Die Diagnose MBD (für englisch *minimal brain damage*, später etwas abgeschwächt zu *minimal brain dysfunction*) war geboren. Heute spricht man von der Aufmerksamkeitsdefizit-/Hyperaktivitätsstörung, kurz ADHS. Dennoch hat man den vermeintlichen „Hirnschaden" dieser Kinder bis heute nicht gefunden.

Wirkung von Antidepressiva

Nun zum zweiten Punkt: Wenn Antidepressiva so gezielt wirken, wie es die Stiftung Deutsche Depressionshilfe beschreibt, warum verschreibt man sie dann beispielsweise auch gegen Angststörungen? Oder gegen Zwangsstörungen? Oder gegen Essstörungen? Oder zur Behandlung vorzeitiger Samenergüsse? Und warum wirken sie, wenn überhaupt, im Mittel nur leicht besser als Placebo?

Oder wenn etwa, wie Thomas Insel, früherer Direktor der *National Institutes of Mental Health*, der wichtigsten psychiatrischen

Forschungseinrichtung weltweit mit Milliardenbudget, 2010 noch schrieb, zur Behandlung von Depressionen müsse man den subgenualen zingulären Gyrus im Gehirn, auch bekannt als Brodmann-Areal 25, neu starten (Insel, 2010), warum überflutet man dann das ganze Gehirn mit Botenstoffen? Psychopharmaka wirken, anders als es die Stiftung Deutsche Depressionshilfe verbreitet, gerade *nicht* „gezielt", sondern auf ganz viele Systeme.

Allgemeinheit schon gut informiert

Nein, die Allgemeinheit ist, was den Einfluss psychosozialer Effekte auf die psychische Gesundheit angeht, schon sehr gut informiert. Das biologische Wissen wird wahrscheinlich eher noch überschätzt, wenn man sich überlegt, wie wenig man damit in der Praxis anfangen kann.

Postskriptum: Noch eine Kleinigkeit zum Schluss: Sie sprechen von jährlich 5,3 Mio. „behandlungsbedürftigen" Depressiven in Deutschland. Das können sie aber gar nicht wissen. Epidemiologen wie Frank Jakobi oder Hans-Ulrich Wittchen, auf deren Forschung sie sich berufen, zählen stattdessen Symptome in repräsentativen Gruppen. Die Behandlungsbedürftigkeit lässt sich aber nur im individuellen diagnostischen Gespräch feststellen. Eine Diagnose ist eben nicht dasselbe wie eine Klassifikation.[6] Das heißt, wer mit den Symptomen gut lebt und gut funktioniert, der ist auch nicht behandlungsbedürftig.

Literatur

Hammen, C. (2005). Stress and depression. *Annual Review of Clinical Psychology, 1*(1), 293–319. https://dx.doi.org/10.1146/annurev.clinpsy.1.102803.143938.
Insel, T. R. (2010). Faulty circuits. *Scientific American, 302*(4), 44–52.
Kendler, K. S. (2005). „A gene for…": The nature of gene action in psychiatric disorders. *American Journal of Psychiatry, 162*(7), 1243–1252. https://dx.doi.org/10.1176/appi.ajp.162.7.1243.
Kendler, K. S., Karkowski, L. M., & Prescott, C. A. (1999). Causal relationship between stressful life events and the onset of major depression. *American Journal of Psychiatry, 156*(6), 837–841. https://dx.doi.org/10.1176/ajp.156.6.837.

---

[6]Siehe dazu auch die Diskussion im abschließenden Kap. 24 dieses Teils: Das Einmaleins psychischer Störungen.

Kendler, K. S., Kessler, R. C., Walters, E. E., MacLean, C., Neale, M. C., Heath, A. C., & Eaves, L. J. (2010). Stressful life events, genetic liability, and onset of an episode of major depression in women. *Focus, 8*(3), 459–470.

Schleim, S. (2020). *Psyche & psychische Gesundheit (Telepolis): Philosophen, Psychologen und Psychiater im Gespräch.* Hannover: Heise.

21

Mehr über Ursachen von Depressionen

Im vorherigen Kapitel haben wir schon gesehen, wie biologische und psychosoziale Faktoren gegeneinander ausgespielt werden. Wenn man sich genauer mit der Frage beschäftigt, was Depressionen eigentlich sind, und tiefer in die verfügbaren Studien einsteigt, dann ergeben sich interessante und auch sozial sehr relevante Befunde: Inwiefern spielen das Geschlecht und das Wohlstandsniveau eine Rolle? Welche Rolle spielen beispielsweise Erfahrungen am Arbeitsplatz? Und nimmt die Anzahl der depressiven Störungen zu?

Laut einer Studie des Robert-Koch-Instituts aus dem Jahr 2013 wurde bei 6,0 % der Deutschen (knapp 5 Mio. Menschen; Frauen: 8,1 %, Männer: 3,8 %) innerhalb der letzten zwölf Monate eine Depression diagnostiziert (Busch et al. 2013). Im Laufe eines Lebens bekämen 11,6 % (knapp 10 Mio. Menschen; Frauen: 15,4 %, Männer: 7,8 %) mindestens einmal die Diagnose gestellt. Ob man Depressionen darum eine „Volkskrankheit" nennen sollte, sei dahingestellt. Fakt ist: Es betrifft Jahr für Jahr sehr viele Menschen, davon einen großen Teil nicht zum ersten Mal.

Ein komplexes Störungsbild

Was sind überhaupt Depressionen? Betrachten wir die neue Klassifikation der Amerikanischen Psychiatrischen Vereinigung aus dem Jahr 2013. Demnach liegt eine depressive Störung (englisch *major depressive disorder*) vor, wenn mindestens fünf der folgenden neun Symptome mindestens zwei Wochen lang anhalten, worunter wenigstens eines der ersten beiden Symptome sein muss:

> **Kriterien für Depressionen, verkürzt und übersetzt nach DSM-5**
> - depressive Verstimmung, bei Kindern oder Jugendlichen möglicherweise eine reizbare Stimmung;
> - auffälliger Verlust des Interesses oder der Freude an Aktivitäten;
> - signifikanter Gewichtsverlust ohne Diät oder eine Gewichtszunahme;
> - Schlaflosigkeit oder zu viel Schlaf;
> - übertriebener Bewegungsdrang oder Trägheit;
> - Müdigkeit oder Verlust von Energie;
> - Gefühl der Wertlosigkeit oder übertriebene Schuldgefühle;
> - Konzentrationsschwierigkeiten oder Entscheidungslosigkeit; und
> - wiederholte Gedanken an den Tod oder ein Selbstmordversuch.

Schon auf den ersten Blick fällt auf, dass es sich bei Depressionen um ein komplexes Störungsbild handelt. Mithilfe dieser Kriterien lassen sich insgesamt 227 verschiedene Formen unterscheiden! Dabei ist noch gar nicht berücksichtigt, dass einige Kriterien gegenteilige Symptome enthalten, etwa zu viel oder zu wenig Schlaf, zu viel oder zu wenig Bewegung, Gewichtsverlust oder auch Zunahme.

Zwei Menschen mit der gleichen Diagnose haben im äußersten Fall bloß *ein einziges* Kriterium gemeinsam, etwa 1, 3, 4, 5 und 6 gegenüber 2, 6, 7, 8 und 9 von der Liste. Wer jetzt noch behauptet, er wisse beim Thema Depressionen genau, wovon er redet, der begibt sich aufs Glatteis. Es ist jedenfalls alles andere als ein einheitliches Störungsbild.

Selbstbild der Psychiatrie

Manche psychiatrische Vereinigungen erwidern hierauf mit dem Hinweis, bei Depressionen handle es sich um eine Erkrankung im medizinischen Sinne.[1] Das soll wohl heißen, dass es einen Erreger oder eine organische Ursache gibt, wie bei anderen Erkrankungen auch. Für Depressionen und alle anderen psychischen Störungen sucht man aber nach wie vor danach.

Der Gedanke hinter diesem Argument ist wahrscheinlich, dass die Psychiatrie (und mit ihr die klinische Psychologie) ihren Gegenstand und damit ihre Daseinsberechtigung verlieren würde, wenn psychische

---

[1]Wie etwa die Stiftung Deutsche Depressionshilfe, siehe das vorherige Kapitel oder das Informationsmaterial der Stiftung unter https://www.deutsche-depressionshilfe.de/presse-und-pr/pressemitteilungen?file=files/cms/downloads/Pressemitteilungen/pm-barometer_.pdf.

Störungen keine „echten" Erkrankungen wären. Die Echtheit von Depressionen ergibt sich aber doch nicht aus dem Vorhandensein einer biologischen Ursache, sondern aus dem Leiden und der Einschränkung im Leben der Betroffenen. Und dies lässt sich zum Beispiel mit den genannten Symptomen ausdrücken: Niedergeschlagenheit, Verlust der Lebensfreude, Schuldgefühle, Gedanken an den Tod und so weiter.

Wirklich ist, was wirkt

Das Argument von den Erkrankungen im medizinischen Sinne verkennt die psychosoziale Realität unserer Lebenswelt. „Wirklich ist, was wirkt!", wie es Karl Popper (1902–1994) häufig formulierte. Und wer bezweifelt, dass etwa Angst, Eifersucht, Hass oder Liebe psychische Vorgänge sind, die in unserer Welt wirken? Wer verlangt, wenn jemand zu ihm sagt: „Ich liebe dich!", einen Gehirnscan als Beweis? Und was würde er auf so einer Abbildung des Nervensystems wirklich sehen? Sicher nicht die Liebe selbst. Die psychischen Vorgänge erleben wir zudem nicht nur in uns selbst, sondern wir sehen sie auch im Verhalten unserer Mitmenschen – sowie mancher Tiere.

Wer dennoch am biologischen Beweis festhält, der handelt sich ein noch größeres Problem ein: Welche ist denn die „echte" Depression? Etwa das „manisch-depressive Irresein" nach dem Psychiatrie-Pionier Emil Kraepelin (1856–1926) vor rund hundert Jahren? Die Klassifikation der Amerikanischen Psychiatrischen Vereinigung im DSM-III von 1980? Die hier zitierte Variante von 2013? Oder vielleicht erst die im neuen ICD-11 der Weltgesundheitsorganisation? Nein, die Symptome und das Leid sind real, daran besteht kein Zweifel – und doch ist Depression eine Definition, über die sich Experten am Konferenztisch verständigen.

Stiftung Depressionshilfe

Kürzlich kommentierte ich eine in den Medien stark verbreitete Pressemitteilung der Stiftung Deutsche Depressionshilfe in Zusammenarbeit mit der Deutsche Bahn Stiftung.[2] In dem Artikel kritisierte ich vor allem

---

[2] Siehe das vorherige Kapitel.

die Empfehlung, psychosoziale Ursachen solle man weniger ernst, dafür biologische umso ernster nehmen. Zur Erinnerung: Die Befragung hatte ergeben, dass rund 90 % der Allgemeinbevölkerung Probleme mit Mitmenschen, die Arbeitsbelastung oder Schicksalsschläge als relevante Ursachen ansahen, jedoch nur knapp 65 % Vererbung oder eine Stoffwechselstörung im Gehirn.

In Reaktion auf einige Leserkommentare sowie eine Antwort Professor Ulrich Hegels, Direktor der Universitätsklinik für Psychiatrie und Psychotherapie in Leipzig sowie Vorsitzender der Stiftung Deutsche Depressionshilfe, will ich die Gedanken über die Ursachen der Depression hier noch einmal vertiefen. Diese Diskussion ist auch politisch brisant. Denn die Unterscheidung in biologische und psychosoziale Ursachen fällt ungenannt mit einer anderen Gegenüberstellung zusammen, die es in sich hat: nämlich der zwischen *Individuum* (Gene, Gehirn) und *Gesellschaft* (Mitmenschen, Lebensumstände).

Individualisierung

Das heißt, wer sich auf die biologische Sichtweise einlässt, der unterstellt implizit, dass die Ursache – oder der Fehler oder das Problem – im Menschen mit der Depression liegt; wer hingegen die psychosozialen Aspekte hervorhebt, der verteilt die Verantwortung in der sozialen Umgebung des Betroffenen, denken wir an Schicksalsschläge, chronischen Stress durch Überarbeitung oder familiäre Verpflichtungen und an mobbende Kollegen.

Das ist übrigens keinesfalls zwingend: Man könnte biologisch etwa von Umweltgiften (Umgebung) oder psychosozial von Faulheit (Individuum) sprechen; das wird jedoch in aller Regel nicht getan. In der politischen Tradition nach der früheren britischen Ministerpräsidentin Margaret Thatcher (1925–2013), dass es keine Gesellschaft gebe und ergo der Einzelne für alles verantwortlich sei (O-Ton von 1987: „And, you know, there's no such thing as society. There are individual men and women and there are families. And no government can do anything except through people, and people must look after themselves first."), sollte einen das Verorten der Ursachen von Depressionen im Individuum durch die biologische Sichtweise aufhorchen lassen.

Ent-Schuldigung

Jetzt kommt aber die molekularbiologische Psychiatrie und sagt: „Halt! Das Problem mag zwar im Einzelnen liegen, jedoch kann keiner etwas für seine Gene und auch die Gehirnstörung ist eine Krankheit, die einen zufällig treffen kann, wie jede andere." Nachdem sie das Individuum in den Mittelpunkt gestellt hat, ent-schuldigt die Psychiatrie es sogleich.

Solche Macht haben sonst nur Richter und, nach persönlicher Vorliebe, vielleicht noch Priester. Das soziale Konstrukt Verantwortung verschwindet so in der Zufälligkeit der Kombination von DNA-Strängen und neurobiologischer Vorgänge im Körper. Gene und Botenstoffe können ebenso wenig verantwortlich gemacht werden wie Erdbeben und Vulkanausbrüche. Nur *Personen* können verantwortlich gemacht werden. Man könnte daher meinen, die Diagnose Depression sei eine Win-win-Situation für alle Beteiligten.

Für und Wider molekularbiologische Psychiatrie

Um hier Missverständnisse zu vermeiden: Die molekularbiologische Sichtweise *könnte* stimmen. Dann sollte man aber erwarten, dass sich ein starker Zusammenhang zwischen Genen, Gehirnzuständen und Depressionen herstellen lässt. Mit etwas Vernunft wird einem schnell klar, dass die Natur die psychiatrischen Diagnosehandbücher unserer Zeit natürlich nie gelesen hat und daher nicht zu erwarten ist, dass die 227 immer noch sehr unscharfen (wie viel ist „signifikanter" Gewichtsverlust, wie viel „zu viel" Schlaf usw.?) Kombinationsformen der Störung irgendeinem identifizierbaren Naturzustand entsprechen, weder im Gehirn eines Betroffenen noch sonst wo im Körper.

Hier könnte man einwenden, dass unser Verständnis von Depressionen eben noch nicht endgültig ist. Das stimmt sicher, macht den Standpunkt für den Psychiater – der immerhin aufgrund des heutigen Verständnisses diagnostiziert, behandelt und ent-schuldigt – aber nicht einfacher! Respekt für all diejenigen, die sich in aller Redlichkeit trotzdem auf diese Herausforderung einlassen. Wenn aber an dem molekularbiologischen Ansatz der Psychiatrie etwas dran ist, dann sollte man doch erwarten, dass sich wenigstens *irgendeine* der rund 150 bis 600 unterschiedenen psychischen Störungen deutlich genug in Genen oder Gehirnen abzeichnet, dass man damit eine Diagnose stellen könnte!

Das ist aber nicht der Fall. Und zwar nach mehr als hundert Jahren in der neurobiologischen Tradition Emil Kraepelins und anderer Pioniere der wissenschaftlichen Psychiatrie. Und zwar nach Jahrzehnten sprudelnder Forschungsmilliarden – es sind wirklich Jahr für Jahr Milliarden! – mit immer ausgefalleneren Gehirnscannern und Gensequenzierern. Nein, die molekularbiologische Psychiatrie steckt in ihrer tiefsten Krise seit langem, auch wenn man das noch nicht überall wahrhaben möchte.

Pionier am Umdenken

Eine in diesem Zusammenhang interessante Persönlichkeit ist der amerikanische Psychiater Kenneth Kendler (Jahrgang 1950), einer der einflussreichsten Wissenschaftler unserer Zeit. Er hat seit den 1970er Jahren bis heute an drei Ausgaben des dort und in vielen anderen Ländern maßgeblichen Diagnosehandbuchs (DSM-III von 1980, DSM-IV von 1994, DSM-5 von 2013) mitgearbeitet; zuletzt übrigens ganz konkret in der Arbeitsgruppe für affektive Störungen, also auch den Depressionen in der Form, die wir oben kennengelernt haben.

Als einer der führenden Forscher auf dem Gebiet der Genetik psychischer Störungen hatte er sich in jungen Jahren angeschickt, das Geheimnis der Schizophrenie zu knacken – bis heute ist das keinem gelungen. Auch zu den Ursachen von Depressionen hat er maßgeblich geforscht. Jetzt, auf seine älteren Tage, rückt er jedoch zunehmend vom molekularbiologischen Ansatz ab; seine Gedanken zum Wesen psychischer Störungen seien denjenigen, die nicht vorm Englisch zurückschrecken, wärmstens empfohlen (Kendler, 2016).

Vage Anhaltspunkte

Halten wir fest: Die biologische Sichtweise *könnte* stimmen; sie ergibt aber einfach kein schlüssiges Bild psychischer Störungen. Professor Hegerl, der die biologischen Ursachen als relevanter verstanden haben will, schreibt in Antwort auf meine kritischen Fragen:

„Hier [das ist im Organismus, Anm. d. A.] kann dann wieder … nach Veränderungen in verschiedenen neurochemischen Systemen und Hirnfunktionen (z. B. Stresshormonsystem) gesucht werden, die als Auslöser wirken können oder die die biologische Grundlage für die aktuelle depressive Symptomatik darstellen. Hierbei ist festzuhalten, dass zwar eine

Fülle von Veränderungen beschrieben sind, der genaue Krankheitsmechanismus aber noch nicht aufgeklärt ist."[3]

Diese „Fülle von Veränderungen" (gemeint ist: im Körper beziehungsweise im Gehirn, im Nervensystem, in den Genen) krankt leider an zu viel Widersprüchlichkeit und vor allem daran, dass der herrschende Standard für wissenschaftliche Publikationen *statistische Signifikanz* ist, nicht aber *praktische Relevanz*.

Praktische Relevanz, statt statistischer Signifikanz

Was heißt das konkret? Dass die in der Forschungslandschaft beschriebene „Fülle von Veränderungen" für die klinische Psychiatrie praktisch irrelevant ist. Diese Funde müssen bloß in einer Gruppe von Versuchspersonen irgendein Muster aufweisen, das nicht rein zufällig aussieht. Dafür gibt es statistische Signifikanztests. Diese wurden ursprünglich für den Landbau entwickelt, nämlich um die größten Kartoffeln zu züchten. Da kommt es nicht auf die einzelne Knolle an, solange sie im Mittel größer werden.

Nun ist es aber ein weiter Weg von Kartoffeln und anderen Feldfrüchten hin zum einzelnen, einzigartigen Menschen. Der Standard für die wissenschaftliche Psychiatrie müsste ohne Zweifel die praktische Relevanz sein – Psychiatrie ist ja schließlich nicht nur eine Sphäre für wilde Ideen, wie es vielleicht Philosophie und Mathematik sind, sondern wichtiger Teil der praktischen Wissenschaft, genannt *Medizin*.

Wie wir am Anfang gesehen haben, bekommen allein in Deutschland jedes Jahr rund 5 Mio. Menschen die Diagnose Depression. Nehmen wir die häufigsten anderen Störungen hinzu, dann kommen die führenden Forscher auf diesem Gebiet auf knapp 40 % der Bevölkerung beziehungsweise rund 33 Mio. Menschen in Deutschland, über 150 Mio. in der EU.[4] Und das jedes Jahr!

Praktische Relevanz misst man nicht mit dem Signifikanztest, sondern mit der Effektgröße. In der Forschung werden dafür in der Regel Menschen (oder auch Versuchstiere) in zwei Gruppen getrennt, eine mit der Diagnose

---

[3]Antwort vom 12. Dezember 2017.
[4]Diese Zahlen werden im letzten Kapitel dieses Teils ausführlich behandelt, Kap. 24: Das Einmaleins psychischer Störungen.

und eine ohne. Jetzt schaut man nach einem Kriterium, das kann die Ausprägung von Genen sein oder auch psychosoziale Merkmale. Vergleicht man die Häufigkeit des Vorliegens eines Kriteriums in beiden Gruppen, dann kann man das *Quotenverhältnis* (englisch *odds ratio*) berechnen. Je größer dieses Verhältnis, desto größer der Effekt.

Effektgrößen entscheiden

Um hier nicht nur rein theoretisch zu argumentieren, habe ich in meinem kritischen Artikel über die Berichterstattung der Stiftung Deutsche Depressionshilfe solche Quotenverhältnisse aufgeführt: die allgemeinen für Gene, die vielfach mit psychischen Störungen in Zusammenhang gebracht wurden (nach dem erwähnten Kenneth Kendler), sowie diejenigen für schwere Lebensereignisse wie dem Tod eines Nahestehenden, Scheidung, Verlust der Arbeit oder Erleben eines Verbrechens (zufällig ebenfalls nach Kendler, doch hier gibt es viel mehr Literatur mit ähnlichen Ergebnissen).

Dabei zeigte sich: Der Beitrag des Psychosozialen zu Depressionen scheint für diese Beispiele vier- bis siebenmal so groß zu sein wie das Biologische. Es wäre hilfreich gewesen, hätte die Stiftung, die so sehr an der Biologie festhält, hier bessere Daten angeführt; oder sonst irgendeiner meiner Kritiker in der Diskussion. Dass es niemand getan hat, meine zugegebenermaßen nicht lückenlose Erfahrung in dem Forschungsgebiet und Rücksprache mit Kollegen, die aktiv in der Psychiatrie forschen, bestärken mich aber in meiner Vermutung, dass es schlicht keine besseren Daten gibt.

Neue Genetik-Studie

Tatsächlich sieht es für die molekularbiologische Psychiatrie noch schlechter aus, als ich es beim Schreiben meines vorherigen Artikels vermutete. Der beste Hinweis fiel nämlich auf eine 2015 in *Nature* veröffentliche Studie zur Genetik depressiver Störungen (Cai et al. 2015). Wir haben gelernt: Schaue nicht nur auf die statistische Signifikanz, sondern auch auf die Effektgröße. Diese ist allerdings noch einmal um mehr als 20 % kleiner als das, was ich im letzten Beitrag der Gegenseite eingeräumt habe. Damit ergibt sich das Bild, das in Abb. 21.1 deutlich wird:

21 Mehr über Ursachen von Depressionen

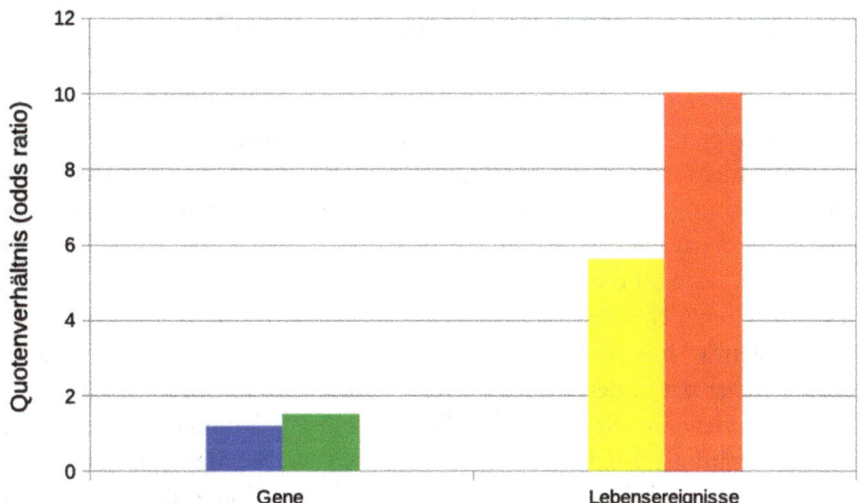

Abb. 21.1 Von links nach rechts sehen wir die Effektgrößen der genannten Genetik-Studie in Nature aus dem Jahr 2015 (blau), der Gene allgemein, die mit psychischen Störungen in Zusammenhang gebracht werden allgemein (grün), schwerer (gelb) und schwerster Lebensereignisse (rot). Für die Quellen der letzten drei Effektgrößen, siehe Abb. 20.3

Vergleicht man diesen neuen Fund, ein Beispiel für Hegerls „Fülle organischer Veränderungen", mit den schwersten Lebensereignissen, dann ist das Psychosoziale ca. 8,5-mal so stark beteiligt wie das Biologische. Dazu muss man aber noch sagen, dass der Fund der *Nature*-Studie nur für die ethnische Gruppe der Han-Chinesen signifikant war, von denen immerhin rund 10.000 untersucht wurden. Und auch nur Frauen. Und auch nur solche, mit schweren Depressionen.

Wir erfahren, dass die zwei gefundenen genetischen Ausprägungen irgendetwas mit Mitochondrien zu tun hätten. Dumm nur, dass ausgerechnet diese beiden Ausprägungen auf Chromosom 10 auf den Orten genannt rs12415800 und rs35936514 in Europäern kaum vorkommen. Und trotz dieses scheinbaren genetischen Pechs der Chinesen werden Depressionen dort 70 % seltener diagnostiziert als in Deutschland (Lee et al., 2009). Wie verzweifelt muss jemand auf der Suche nach Erfolgserlebnissen sein, der so etwas als Durchbruch für die Depressionsforschung feiert?

Depressionen statt Rückenschmerzen?

Ich will zum Schluss kommen. Ulrich Hegerl hat Recht, wo er feststellt, dass in den letzten Jahren nur die Anzahl der Diagnosen von Depressionen zunimmt, nicht aber deren Häufigkeit nach Schätzungen der wissenschaftlichen Forschungsliteratur. Ob aber schlicht immer mehr Menschen psychologische und psychiatrische Hilfe suchen, weil mehr über deren Angebote bekannt ist, oder ob die Probleme der Menschen größer werden, das wissen diese Forscher nicht, das weiß Hegerl nicht und das weiß ich auch nicht. Zudem wurde hier die Rechnung völlig ohne das Burn-out-Syndrom gemacht, über das in den letzten Jahren immer häufiger berichtet wurde.[5]

Im Interview im Radio Berlin Brandenburg behauptet Hegerl, früher seien halt häufiger Rückenprobleme diagnostiziert worden, die man heute korrekt als Depression erkennen würde.[6] Diese These lässt sich überprüfen – und sie ist laut Zahlen des Robert-Koch-Instituts wahrscheinlich falsch: Gaben 2003 15,5 % der Männer und 21,6 % der Frauen an, unter chronischen Rückenschmerzen zu leiden, waren es 2009/2010 schon 16,9 % beziehungsweise 25,0 %.[7]

Mehr Frühberentungen wegen Depressionen

Hegerl hat allerdings Recht damit, dass psychische Störungen einen immer größeren Anteil der Frühberentungen ausmachen (2002: 28,5 %, 2016: 42,9 %). Seine Behauptung, deren Gesamtanzahl habe sich nicht verändert, ist jedoch fraglich: Es hängt davon ab, welche Zeiträume man miteinander vergleicht; und die Interpretation ist noch einmal eine ganz andere Frage. Korrekt ist, dass es um das Jahr 2000 einen Rückgang gab. Die Rentenforscher Kalamkas Kaldybajewa und Edgar Kruse vermuten, dass dieser sowohl am medizinischen Fortschritt als auch am Rentenreformgesetz lag, das 2001 in Kraft trat und die Zugangsvoraussetzungen erschwerte (Kaldybajewa und Kruse 2012).

---

[5]Siehe hierzu auch Kap. 23: Warum man Burn-out nicht als Modeerscheinung abtun sollte.
[6]https://mediathek.rbb-online.de/radio/Dein-Vormittag/Deutschland-Barometer-Depression/radioBERLIN-88-8/Audio?bcastId=36523938&documentId=47949320
[7]https://www.rki.de/DE/Content/Gesundheitsmonitoring/Gesundheitsberichterstattung/GBEDownloadsGiD/2015/02_gesundheit_in_deutschland.pdf?__blob=publicationFile

Schaut man sich aber den Zehnjahreszeitraum von 2006 bis 2015 an, dann fällt Folgendes auf: In den Krisenjahren gab es einen Anstieg der Frühberentungen, der im Jahr 2010 einen Höhepunkt erreichte (14 % mehr, verglichen mit 2006); auch 2015 lag die Zahl noch knapp 10 % höher als unmittelbar vor der Finanzkrise. Im selben Zeitraum sank die Zahl der Frühberentungen wegen Muskel- und Skeletterkrankungen, zu denen chronische Rückenschmerzen zählen, um knapp 20 % von 26.490 auf 21.289; wegen psychischer Erkrankungen stieg sie aber um rund 44 %, von 51.432 auf 74.234 (Abb. 21.2).

Es trifft vor allem Hartz-IV-Empfänger

Die Zahl der Frühberentungen ist also nicht gleich geblieben, sondern spiegelt gesellschaftlich-ökonomische sowie gesetzliche Veränderungen wider. Wenn zudem, wie Psychiatrieprofessor Hegerl behauptet, die diagnostischen Methoden seines Fachs verbessert wurden und die Therapien helfen, dann ist es schier ein Rätsel, warum in jüngerer Zeit beinahe 50 % mehr Menschen wegen psychischer Störungen aus dem Arbeitsleben

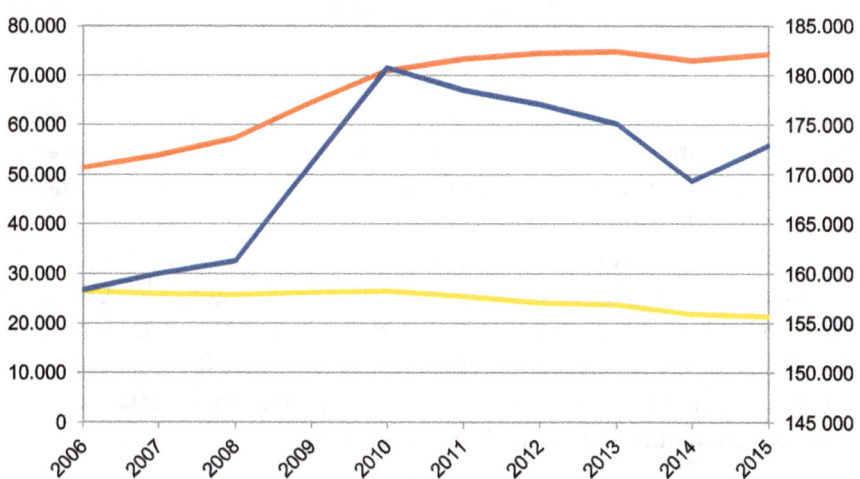

Abb. 21.2 Die Gesamtzahl der Frühberentungen in Deutschland fluktuierte mit der Finanzkrise (blaue Linie, rechte Skala). Die Zahl der Frühberentungen wegen psychischer Störungen stieg um rund 44 % (rote Linie, linke Skala), die wegen Muskel- und Skeletterkrankungen sank um knapp 20 % (gelbe Linie, linke Skala). (Quelle: Daten der Gesundheitsberichterstattung des Bundes)

ausscheiden mussten als zehn Jahre vorher. Diese Rechnung kann Ulrich Hegerl unmöglich für sich oder sein Fach verbuchen.

Der Sachverhalt hat übrigens ein soziales Gesicht, wie die Rentenforscher Kaldybajewa und Kruse schreiben: „Gerade die Leistungsempfänger von Arbeitslosengeld II zeichnen sich durch besonders niedrige durchschnittliche Rentenzahlbeträge aus und werden überproportional wegen psychischer Störungen berentet." Diese Form der Frühberentung trifft also vor allem Hartz-IV-Empfänger, die dann wahrscheinlich mit einer Minimumrente über die Runden kommen müssen. Ich werde auf das soziale Gesicht der Depression am Ende zurückkommen. Festzuhalten ist: Ulrich Hegerls Erklärung ist weder mit Blick auf die Diagnose von Rückenschmerzen, noch auf den Verlauf der Frühberentungen schlüssig.

Arbeit mache nicht depressiv

Dennoch vertritt der Psychiatrieprofessor etwa in der Huffington Post die These: Arbeit macht nicht depressiv![8] Hegerl verweist darin auf eine Studie vom November 2015 über den Einfluss von Arbeitsbedingungen auf die psychische Gesundheit.[9] Diese hat das Max-Planck-Institut für Psychiatrie in München im Auftrag der Vereinigung der Bayerischen Wirtschaft durchgeführt.

Korrekt ist wiederum, dass auch diese Untersuchung keinen Anstieg der psychischen Störungen festgestellt hat. Sie war allerdings auf den Großraum München beschränkt und daher nicht repräsentativ. Für die letzte Befragung aus dem Zeitraum 2013–2015 fehlten zudem die Daten von Menschen jünger als 32 oder älter als 44 Jahre.

Wo wir schon beim Thema Repräsentativität sind: Dass die genannte Häufigkeit diagnostizierter Depressionen bei der Befragung der Deutschen Stiftung Depressionshilfe mit 22,9 % *doppelt* so hoch ist, wie in der wissenschaftlichen Literatur allgemein berichtet, das zieht ihre Repräsentativität in starken Zweifel. So etwas muss Depressionsexperten doch auffallen! Trotzdem stand davon im Bericht der Stiftung kein Wort.

---

[8] https://www.huffingtonpost.de/ulrich-hegerl2/depression-arbeit_b_12436884.html
[9] https://www.vbw-bayern.de/Redaktion/Frei-zugaengliche-Medien/Abteilungen-GS/Arbeitswissenschaft/2015/Downloads/151105-vbw-Studie-Der-Einfluss-von-Arbeitsbedingungen-auf-die-psychische-Gesundheit.pdf

Selektive Wahrnehmung

Noch frappierender ist aber, dass die von Ulrich Hegerl zitierte Studie des Max-Planck-Instituts auch Funde erbrachte, die seinem Standpunkt diametral widersprechen: Es scheinen nämlich für Depressionen und Angststörungen...

„...vor allem traumatische Erfahrungen in Kindheit und Jugend, chronischer und Alltagsstress sowie Temperamentfaktoren zu sein, die das Wiedererkrankungsrisiko beeinflussen. Darüber hinaus sind genetische Faktoren zu nennen, aber auch spezifische Ereignisse, die in der individuellen Biografie der Patienten zu finden sind. Unsere Ergebnisse legen jedoch nahe, dass die Schaffung günstiger Umgebungsbedingungen am Arbeitsplatz sich positiv auf das Wiedererkrankungsrisiko bei affektiven Störungen auswirken kann."[10]

Und weiter:

„Einen direkten Einfluss auf die berichteten Fehltage konnten für die Merkmale Ungünstige Umgebungsbedingungen am Arbeitsplatz (Lärm, Hitze/Kälte, Staub/Schmutz, ungünstige Räume, ungünstige Raumausstattung) sowie für empfundenes Mobbing (ungerechtfertigte Kritik, Schikanen, Bloßstellung) gezeigt werden."[11]

Es ist kein guter wissenschaftlicher Stil, nur Befunde zu erwähnen, die die eigene Sichtweise bestätigen und dem eigenen Standpunkt widersprechende Ergebnisse zu übergehen. Im Wissenschaftsjargon nennt man das auch „cherry picking" – man sucht sich nur die Kirschen heraus, die einem gefallen.

Beispiel Selbsttötungen

Der Psychiatrieprofessor verweist ferner auf die verglichen mit den 1980er Jahren in Deutschland beinahe halbierte Zahl der Suizide. Wenn diese aber auf eine bessere Behandlung zurückzuführen ist, wie er selbst vermutet, dann ist dies wiederum ein Hinweis auf ursächliche Faktoren des Psychosozialen, gerade nicht der Gene. Ein ähnliches Bild ergibt ein Vergleich der Zahlen einiger europäischer Länder (Abb. 21.3).

---

[10]Aus der genannten Studie des Max-Planck-Instituts für Psychiatrie, München, S. 26.
[11]Ebenda, S. 25.

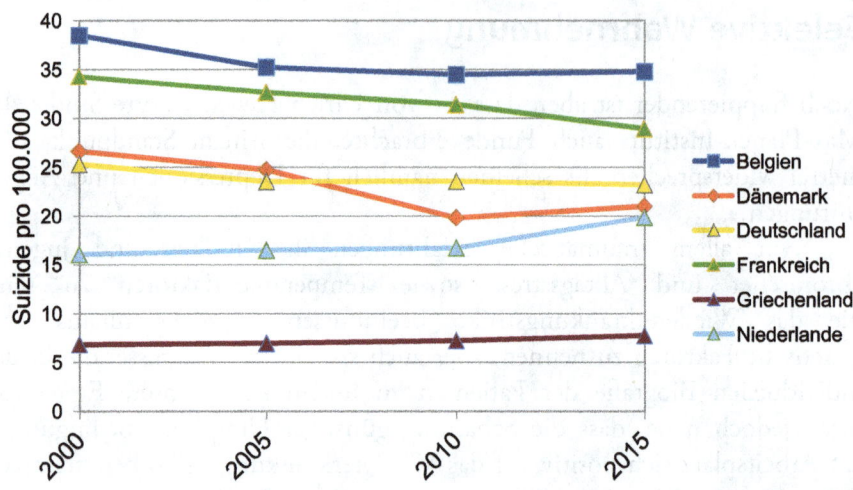

Abb. 21.3 Laut Zahlen der Weltgesundheitsorganisation ist die Anzahl der Suizide in Deutschland seit 2000 auf dem Niveau von ca. 25 pro 100.000 Einwohnern konstant. In Westeuropa führt Belgien mit großem Abstand die Statistik an. In den Niederlanden ist die Suizidrate aber stark gestiegen und 2016 nahmen sich mehr Menschen das Leben als jemals zuvor

Würde nun der Anstieg der Diagnosen depressiver Störungen an verbesserten Behandlungsmethoden liegen, wie es Hegerl vermutet, dann hätte die Anzahl der Suizide eigentlich kontinuierlich abnehmen müssen. Vergleicht man zudem die Zahlen vor Beginn der Finanzkrise mit dem Stand von 2015, dann ergeben sich für Dänemark, Frankreich, Griechenland und die Niederlande deutliche Unterschiede (Abb. 21.4).

Niederländische Experten vermuten hinter dem Anstieg die zunehmende Individualisierung und Einsamkeit in der Gesellschaft, die allgemein steigende Nachfrage nach psychologischer Hilfe, wodurch die Versorgung schwieriger verfügbar werde, zunehmende Schwierigkeiten beim Wechsel in neue Lebensphasen und die ökonomische Krise.[12] Letztere wird in der international Fachliteratur auch zur Erklärung des Anstiegs in Griechenland herangezogen (Economou et al. 2016; Rachiotis et al. 2015). Denken Sie selbst darüber nach: Sind das psychosoziale oder biologische Faktoren?

---

[12] https://www.ggznieuws.nl/home/deskundigen-over-het-hoge-aantal-suicides-in-nederland/

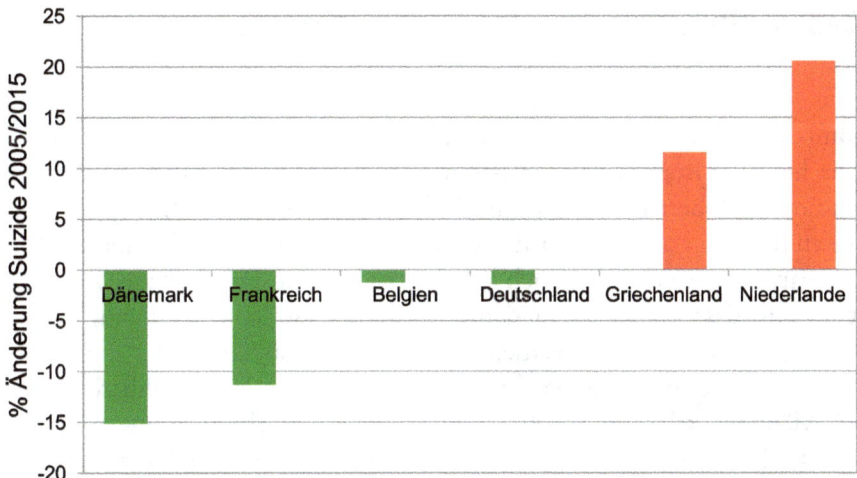

Abb. 21.4 In Griechenland gibt es zwar, bezogen auf die Gesamtbevölkerung, sehr wenige Suizide, dafür stiegen sie innerhalb von zehn Jahren aber um über zehn %. Besonders dramatisch war der Anstieg jedoch in den Niederlanden. (Quelle: Daten der Weltgesundheitsorganisation)

Geschlechterunterschiede bei Suiziden

Das Beispiel Suizid ist noch aus einem anderen Grund interessant für unsere Diskussion: Es ist bekannt, dass sich in so gut wie allen Ländern Männer häufiger umbringen als Frauen. In Deutschland beispielsweise betrug das Verhältnis im Jahr 2015 ca. 1,4:1. Paradox ist aber, dass sehr viel mehr Frauen *versuchen*, sich das Leben zu nehmen. Biologisch geneigte Forscher suchten deshalb jahrzehntelang nach genetischen Unterschieden – und fanden bisher keine überzeugende Erklärung.

Diese ergibt sich eher aus dem Verständnis von Geschlechtsrollen (Swami et al. 2008): Erstens wählten Männer eher härtere Methoden wie Schusswaffen oder Erhängen, die häufiger zum Tod führen; zweitens würden sie es auch als beschämender erfahren, einen Suizidversuch zu überleben: Noch nicht einmal das könnten sie richtig machen. Frauen griffen hingegen zu weniger tödlichen Methoden wie Tabletten oder Schnittwunden und verwendeten solche Versuche eher als Hilferuf, um Aufmerksamkeit zu bekommen.

An diesem Beispiel wird deutlich, wie eine auf die Biologie beschränkte Sichtweise in der Psychiatrie sogar Menschenleben kosten kann: Indem Forscher lange am falschen Ort suchen und psychosoziale Erklärungen außer Betracht lassen.

Das soziale Gesicht der Depressionen

Einen letzten deutlichen Befund ergibt ein Blick auf den sozio-ökonomischen Status (SES), mit dem Wissenschaftler den Zusammenhang zwischen Wohlstand und Depressionen untersuchen. Die eingangs erwähnte Studie des Robert-Koch-Instituts zeichnet hier ein bedrückendes Bild, dass es sich dabei vor allem um eine Störung *armer Frauen* handelt (Abb. 21.5).:

Zwar belegt so ein Bild noch keinen kausalen Zusammenhang. Es könnte etwa sein, dass Frauen nicht depressiv werden, weil sie arm sind, sondern dass sie umgekehrt arm werden, weil sie depressiv sind. Das würde aber zumindest die Frage aufwerfen, warum es keinen vergleichbaren Effekt bei Männern gibt. In welche Richtung die Ursache-Wirkung-Beziehung hier auch weist, die Abbildung macht ein weiteres Mal deutlich, dass Depressionen ein psychosoziales Gesicht haben.

Eine heikle Frage der Interpretation

Denselben Befund haben wir bereits bei der Diskussion der Frühberentungen wegen psychischer Störungen gehabt: Die betrafen vor allem Hartz-IV-Empfänger – und auch darunter vor allem Frauen. Man möge

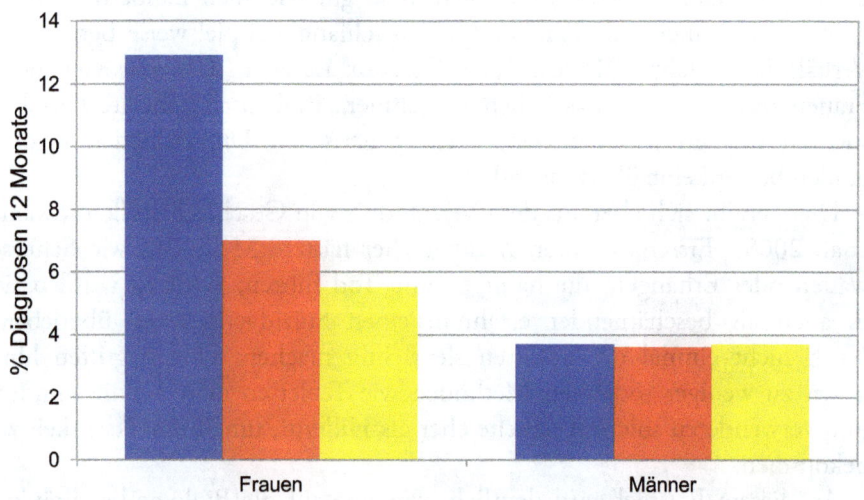

Abb. 21.5 Bei Frauen fällt die Anzahl der Diagnosen einer Depression innerhalb der letzten zwölf Monate von 12,9 % (niedriger SES, blau) auf 7,0 % (mittlerer SES, rot) und 5,5 % (hoher SES, gelb) mit dem Wohlstand. Für Männer gibt es keinen solchen Effekt. (Quellen: Zahlen des Robert-Koch-Instituts, 2013)

nun selbst den Unterschied dieser beiden Interpretationen der Kausalität betrachten und vergleichen: Armut macht depressiv. Oder: Depressionen machen arm.

Hegerl behauptet dies zwar nicht, geht jedoch sehr weit mit seiner Vermutung, dass Depressionen arbeitslos machen und nicht umgekehrt Arbeitslosigkeit depressiv. An der Interpretation hängt sehr viel für die Fragen von Verantwortung, vielleicht sogar Schuld, sozialer Gerechtigkeit und der Ausgestaltung von Präventions- und Hilfsangeboten. Wo man die Ursache verortet, im Individuum oder in der Gesellschaft, hat also große gesellschaftspolitische Auswirkungen. Wer sich hier deutlich für eine Interpretation entscheidet, der muss schon über sehr gute Argumente verfügen.

Unhaltbare Schlussfolgerungen

Das ist beim Standpunkt der Stiftung Deutsche Depressionshilfe und ihres Vorsitzenden, Professor Ulrich Hegerl, Direktor der Universitätsklinik für Psychiatrie und Psychotherapie in Leipzig, aber nicht der Fall. Wie wir gesehen haben, sprechen die wissenschaftlichen Daten deutlich für die psychosoziale Sichtweise, während die genetische Veranlagung nach heutigem Kenntnisstand nur wenig beiträgt. Die Schlussfolgerung der Stiftung, die Bevölkerung müsse biologische Faktoren als relevanter, psychosoziale als weniger relevant ansehen, lässt sich jedenfalls nicht halten.

Dass viele Medien die Pressemitteilung der Deutschen Stiftung Depressionshilfe in Zusammenarbeit mit der Deutsche Bahn Stiftung kritiklos übernehmen und hier ohne wissenschaftliche Notwendigkeit eine arbeitgeberfreundliche, neoliberale Haltung einnehmen, wirft kein gutes Bild auf sie.

Wahrlich: Depressionen sind ein politisch brisantes Thema.

Literatur

American Psychiatric Association. (2013). *Diagnostic and statistical manual of mental disorders: DSM-5* (5. Aufl.). Arlington: American Psychiatric Association.

Busch, M. A., Maske, U. E., Ryl, L., Schlack, R., & Hapke, U. (2013). Prävalenz von depressiver Symptomatik und diagnostizierter Depression bei Erwachsenen in Deutschland. Bundesgesundheitsblatt – Gesundheitsforschung – Gesundheitsschutz, 56(5), 733–739. doi: https://doi.org/10.1007/s00103-013-1688-3

Cai, N., Bigdeli, T. B., Kretzschmar, W., Li, Y., Liang, J., Song, L., & consortium, C. (2015). Sparse whole-genome sequencing identifies two loci for major depressive disorder. *Nature, 523*(7562), 588–591. https://doi.org/10.1038/nature14659.

Economou, M., Angelopoulos, E., Peppou, L. E., Souliotis, K., & Stefanis, C. (2016). Suicidal ideation and suicide attempts in Greece during the economic crisis: An update. *World Psychiatry: Official Journal of the World Psychiatric Association (WPA), 15*(1), 83–84. https://doi.org/10.1002/wps.20296.

Kaldybajewa, K., & Kruse, E. (2012). Erwerbsminderungsrenten im Spiegel der Statistik der gesetzlichen Rentenversicherung-Unterschiede und Gemeinsamkeiten zwischen Männern und Frauen. *RVaktuell, 8*(2012), 2016–2216.

Kendler, K. S. (2016). The nature of psychiatric disorders. *World Psychiatry, 15*(1), 5–12.

Lee, S., Tsang, A., Huang, Y. Q., He, Y. L., Liu, Z. R., Zhang, M. Y., & Kessler, R. C. (2009). The epidemiology of depression in metropolitan China. *Psychological medicine, 39*(5), 735–747. https://doi.org/10.1017/S0033291708004091.

Rachiotis, G., Stuckler, D., McKee, M., & Hadjichristodoulou, C. (2015). What has happened to suicides during the Greek economic crisis? Findings from an ecological study of suicides and their determinants (2003–2012). *British Medical Journal Open, 5*(3), e007295. https://doi.org/10.1136/bmjopen-2014-007295.

Swami, V., Stanistreet, D., & Payne, S. (2008). Masculinities and suicide. *The Psychologist, 21*(4), 308–311.

22

Was heißt es, dass psychische Störungen Gehirnstörungen sind?

Es wurde schon oft angesprochen: Was heißt es, dass psychische Störungen Gehirnstörungen sind? In diesem Kapitel schlage ich eine Antwort auf diese Frage vor.

Milliarden an Steuer- und anderen Geldern werden Jahr für Jahr in die genetische und neurowissenschaftliche Erforschung psychischer Störungen gesteckt. Dabei wird stillschweigend vorausgesetzt, dass sich die Probleme der Menschen auf dieser Ebene verstehen und behandeln lassen. Zehntausende Forscher gehen weltweit diesen Fragen nach und potenziell hunderte Millionen Patienten sind davon betroffen, was diese Forscher finden – oder auch nicht finden.

Die Frage, was psychische Störungen sind und auf welcher Ebene sie am besten beschrieben werden können, ist darum nicht nur theoretisch interessant, sondern auch unmittelbar praktisch relevant. Tatsächlich kritisierten einige führende Psychiater erst 2016 im *British Journal of Psychiatry*, dass der Neurohype in ihrem Fach zu viel Geld verschlinge (Lewis-Fernández et al. 2016). Für wichtige Ansätze etwa zur Suizidprävention, zur Förderung von Eltern mit psychischen Problemen oder für bessere Lernumgebungen für benachteiligte Kinder bleibe dann kein Geld übrig.

Von dem National of Institute of Mental Health (NIMH), der vielleicht größten psychiatrischen Forschungseinrichtung der Welt, heißt es in dem Aufsatz, dass 85 % des Milliardenbetrags, den das Institut Jahr für Jahr bekommt und in Forschung investiert, in die Neurowissenschaften gehe. Ob das Patienten jemals etwas nutzen wird, steht in den Sternen.

Das überrascht nicht, wenn man weiß, dass der vorherige NIMH-Direktor Thomas Insel psychische Störungen als „gestörte Schaltkreise" im Gehirn beschrieb (Insel 2010) und sein Nachfolger Joshua Gordon (seit 2016) sein eigenes Fach als „Schaltkreisepsychiatrie" (Gordon 2016). Wenn ich so diesen Aufsatz von Gordon lese, dann bekomme ich den Eindruck, dass in der Tat nur Schaltkreise behandelt werden – und dann auch nur solche von Mäusen oder anderen Nagetieren –, und nicht Menschen.

Damit befinden sie sich in der guten Gesellschaft des Physiologie-Nobelpreisträgers Eric Kandel, dem folgendes Zitat nachgesagt wird: „Alle psychischen Prozesse sind Gehirnprozesse und darum sind Störungen der psychischen Funktionen biologische Erkrankungen. Das Gehirn ist das Organ der Psyche. Wo sonst sollten sich psychische Störungen befinden, wenn nicht im Gehirn?"[1]

Mir sind auch schon aufstrebende junge Psychiater begegnet, die dank ihrer langen Publikationslisten im biomedizinischen Bereich in Bälde auf die Lehrstühle vorrücken werden, und mir erwiderten: „Was sollen sie denn sonst sein, wenn nicht Gehirnstörungen?" Vielleicht biopsychosoziale Störungen, die sich nicht auf neuronale Prozesse reduzieren lassen? Aber das ist ja so 70er Jahre (Engel 1977), damit kriegt man heute freilich keine Forschung mehr finanziert. Und sicher auch keine Publikationen in den angesehenen Zeitschriften *Science* oder *Nature*.

Und mir sind auch schon alte Hasen begegnet, die auf Nachfrage einräumten, dass sie das mit den Gehirnstörungen selbst gar nicht glauben, sondern es nur der Fördergelder wegen in ihre Publikationen und Anträge schrieben. Eine gute Portion Pragmatismus und Opportunismus hat der Forscherkarriere noch nicht geschadet. Der Wind weht nun einmal seit den 1990ern, der „Dekade des Gehirns", in Richtung Neuro.

Für das heutige Intermezzo gibt es gerade zwei aktuelle Anlässe: Erstens die immer noch voranschreitende Diskussion in meinem Beitrag „Warum wir dringend mehr Philosophie brauchen",[2] in dem ich am Rande auf Beispiele aus der Neurophilosophie einging. Zweitens der kurze Gastvortrag einer jungen Psychologin gestern in meiner (leider schon wieder letzten) Vorlesung meines Kurses „Philosophie der Psychologie", die verschiedene Fachleute dazu befragt hat, wie sie über Depressionen denken. Allein schon, weil ich einmal eine Studie als „Schimmel & Schleim (2021?)" zitieren

---

[1] https://www.apa.org/monitor/2012/06/roots.aspx
[2] https://scilogs.spektrum.de/menschen-bilder/warum-wir-dringend-mehr-philosophie-brauchen-replik-auf-winfried-degens-polemik-gegen-das-philosophiestudium/

22 Was heißt es, dass psychische Störungen Gehirnstörungen sind?

möchte, hoffe ich sehr, dass daraus eine gemeinsame Veröffentlichung wird. Ja, so appetitlich kann philosophisch-psychologische Forschung sein.

In der anschließenden Diskussion stellten meine Studierenden dann die Frage, was das überhaupt heiße, dass (beispielsweise) Depressionen eine Gehirnstörung sind. Da habe ich in der Pause Folgendes an die Tafel geschrieben und im Anschluss näher erklärt:

> **Die Aussage „X ist eine Gehirnstörung" bedeutet für psychische Störungen, dass**
> 1. die mit X verbundenen Probleme des Patienten/der Patientin in „Gehirnsprache", also in Wörtern der Neurologie oder Neurowissenschaften, beschrieben werden können, zumindest besser als in den Wörtern der Psychologie;
> 2. die Störung X durch neurowissenschaftliche oder genetische Verfahren zuverlässig diagnostiziert werden kann, jedenfalls zuverlässiger als mit den Verfahren der Psychologie; und
> 3. der Therapieverlauf (also eine Verbesserung/Verschlechterung der Symptome) sich durch ein neurowissenschaftliches oder genetisches Verfahren bestimmen lässt, mindestens so gut wie mit psychologischen Verfahren.

Wenn die Sache mit den Gehirnstörungen so eindeutig ist, wie manche es immer wieder behaupten, während sie Abtrünnige gerne in eine Ecke mit Leib-Seele-Dualisten oder Fundamentalisten rücken, dann sollte sich das machen lassen. Wie viele „Biomarker", also biologische Diagnosemerkmale, finden sich etwa in dem Diagnosehandbuch DSM von 2013? Lassen wir dazu einen erfahrenen Forscher zu Wort kommen:

„Eine Einteilung der psychischen Krankheiten nach ihrem Wesen, d. h. nach den ihnen zu Grunde liegenden anatomischen Veränderungen des Gehirns, ist derzeit nicht möglich."

Das schrieb kein Geringerer als Wilhelm Griesinger (1817–1868), Mitgründer der Züricher Universitätspsychiatrie auf dem Burghölzli, der später an der Charité Professor wurde und dort viel bewirkt hat. Hat, denn er starb im Alter von nur 51 Jahren an Diphtherie, ausgerechnet der Erkrankung, über die er seine Doktorarbeit geschrieben hatte. Merke, junge Doktorandin, junger Doktorand: Wähle dein Forschungsthema mit Bedacht!

Griesinger schrieb den Satz schon 1845 in seiner „Pathologie und Therapie der psychischen Krankheiten für Aerzte und Studirende" (Griesinger 1845). Darum nennt man ihn heute bisweilen auch den „Vater der Neuropsychiatrie". Sein Befund ist jedenfalls nach über 170 Jahren

Biologischer Psychiatrie immer noch zutreffend. Das Feld scheint eine Sackgasse zu sein, auf der Suche nach einer Nadel im Heuhaufen, die es wahrscheinlich nicht einmal gibt.

Aber man sollte niemals nie sagen. Und im DSM-5 finden sich ja, je nach zählweise, rund 150 bis 600 verschiedene psychische Störungen. Da muss es irgendwann doch einmal klappen. Wenigstens bei einer. Um es etwas Spannender zu machen, will ich (einmalig) EUR 500,- für Ärzte ohne Grenzen spenden, wenn jemand auch nur *eine* Störung aus dem DSM-5 findet, die die drei Bedingungen erfüllt, die also in diesem Sinne eine Gehirnstörung ist.[3]

Und wenn das nicht gelingt, sollte man dann nicht so ehrlich sein und einräumen, dass das Gerede von den psychischen Störungen als Gehirnstörungen nicht mehr ist als ein PR-Trick?

Literatur

Engel, G. (1977). The need for a new medical model: a challenge for biomedicine. *Science, 196*(4286), 129–136. https://doi.org/10.1126/science.847460.

Gordon, J. A. (2016). On being a circuit psychiatrist. *Nature neuroscience, 19*(11), 1385.

Griesinger, W. (1845). *Die Pathologie und Therapie der psychischen Krankheiten, für Aerzte und Studirende*. Stuttgart: Verlag von Adolph Krabbe.

Insel, T. R. (2010). Faulty circuits. *Scientific American, 302*(4), 44–52.

Lewis-Fernández, R., Rotheram-Borus, M. J., Betts, V. T., Greenman, L., Essock, S. M., Escobar, J. I., & Iversen, P. (2016). Rethinking funding priorities in mental health research. *British Journal of Psychiatry, 208*(6), 507–509. https://doi.org/10.1192/bjp.bp.115.179895.

---

[3]Beim Zusammenstellen dieses Buches, also rund eineinhalb Jahre später, hat es nicht einmal einen Vorschlag dafür gegeben, welche Störung die Bedingungen erfüllen könnte.

23

Warum man Burn-out nicht als Modeerscheinung abtun sollte

Für manche ist es eine Modeerscheinung. Manche halten es für eine leichte Form von Depressionen. Wieder andere sehen darin Belege dafür, dass uns die moderne Arbeitswelt krank macht. Die Rede ist vom Burn-out. Was verbirgt sich dahinter? Eine Kritik an der Aufklärungsinitiative der Daimler und Benz Stiftung.

„Dieser Zug ist verspätet wegen eines Unfalls mit Personenschaden." Für Bahnreisende gehört diese Mitteilung leider zum Alltag. Hinter der sauberen Formulierung verbirgt sich meistens ein Schienensuizid: Ein Mensch hielt sein Leben für sinnlos, für gescheitert, es geht nie wieder bergauf, ruiniert und dazu kommen vielleicht noch erdrückende Schuldgefühle.

Wahrscheinlich war dieser Mensch ein Mann, denn Männer bringen sich in Deutschland rund dreimal so häufig selbst um. Dafür wählen sie in der Regel harte, man möchte fast sagen „männliche" Methoden: sich erschießen, sofern eine Waffe verfügbar ist, sich erhängen, von der Brücke oder dem Hochhaus stürzen – oder eben vor einen Zug.

Es gibt einen kausalen Zusammenhang zwischen den Methoden und der Suizidrate. Frauen *versuchen* nämlich öfter als Männer, ihr Leben zu beenden. Sie wählen dafür aber eher „unmännliche" Methoden wie eine Überdosis Tabletten oder das Aufschneiden der Pulsschlagadern. Die Wahrscheinlichkeit, diese Versuche zu überleben, ist viel höher.

Mehr Bewusstsein für psychische Störungen

Seit vielen Jahren nun gab es immer wieder Initiativen dafür, Bewusstsein für psychische Störungen zu erzeugen: Es trifft mehr, als man denkt. Und Hilfe ist möglich. Bisweilen wurden Prominente dafür eingespannt, das „Stigma" solcher Probleme abzubauen. Oder sie waren schlicht selbst betroffen und ihr Zustand ließ sich nicht mehr länger vor der Öffentlichkeit verbergen.

Die Medienberichterstattung ist aber nicht immer geglückt. Bisweilen ist sie gar ein Griff ins Klo und scheint sie humanitäre Errungenschaften der Zivilgesellschaft ungeschehen machen zu wollen. Ein Beispiel hierfür ist der Artikel „Die Krankheitskranken"[1] von Jan Schweizer, immerhin Redakteur im Ressort Wissen der ZEIT. Darin erfahren wir gleich am Anfang: „Hypochonder belasten unser Gesundheitssystem."

In diffamierender wie stigmatisierender Weise geht es dann weiter: „Gesund, aber sorgenvoll zum Arzt zu gehen grassiert wie ein Virus." Da ist dem ZEIT-Redakteur wohl entgangen, dass psychisches Wohlbefinden laut der berühmten WHO-Definition von Gesundheit in den Bereich der Medizin gehört. Das ist ja auch erst seit 1946 beschlossene Sache.

Angstmacher in den Medien

Dabei ist diese Kritik von Seiten der Medien überhaupt nicht ehrlich. Immerhin verunsichern sie ihr Publikum permanent mit Gesundheitsmeldungen: Schon kleinste Mengen Alkohol seien gefährlich; zu wenig Sport ungesund, zu viel aber auch; bitte sitzen Sie nicht länger als 30 min am Stück, denn das könnte ihr Leben verkürzen.

Dass es in vielen solcher Fälle um kleine statistische Unterschiede geht, die im konkreten Einzelfall wenig aussagen, wird der Öffentlichkeit dabei nur selten vermittelt. Vielleicht haben es die Journalisten auch selbst nicht verstanden. Hauptsache „Hypochonder-Bashing", man zieht über Menschen her, die sowieso schon genug Probleme haben. Dabei gibt es Bevölkerungsgruppen, die zu selten oder zu spät zum Arzt gehen, schlicht weil sie Krankheitssymptome nicht ernst nehmen. Und die sterben dann früher. Auch das trifft übrigens vor allem Männer.

---

[1] https://www.zeit.de/2014/20/hypochondrie-somatisierungsstoerung

Nun hat die Daimler und Benz Stiftung einige Seiten der Januarausgabe 2019 von *Gehirn&Geist* gekauft,[2] einer Zeitschrift für Psychologie und Hirnforschung. In vier Artikeln geht es um die „Seele im Netz: Die psychologischen Folgen der Digitalisierung", wobei nur einer der vier von einem Psychiater/Psychotherapeuten geschrieben wurde.

Den Auftakt der Aufklärungsinitiative bildet der Artikel „Der Tanz ums Ich macht nicht glücklich" von Jens Bergmann. Der Autor ist stellvertretender Chefredakteur von „Brand eins" und veröffentlichte 2015 auch das thematisch verwandte Buch: „Der Tanz ums Ich: Risiken und Nebenwirkungen der Psychologie." Bergmann vergleicht darin die historische Neurasthenie (Nervenschwäche; nervliche Erschöpfung) mit dem heutigen Burn-out-Syndrom.

Scharlatane auf dem Psycho-Markt

An seiner Kritik ist sicher berechtigt, dass sich auch auf dem Markt der psychischen Gesundheit – wie auf jedem Markt – einige Scharlatane herumtreiben, die mit unseriösen Versprechen auf Rattenfang gehen und damit Geld verdienen. Er schüttet aber das Kind mit dem Bade aus, wo er Burn-out schlicht als Modeerscheinung abtut, und erweist vielen Patientinnen und Patienten einen Bärendienst. Dabei stimmt Vieles seiner Beschreibung nur halb oder ist sogar völlig falsch.

Eine beliebte Strategie solcher Artikel besteht darin, irgendein altes Zitat herzunehmen, in dem sich jemand über steigende Belastungen oder Beschleunigung in der Welt beschwert. Bergmann fand hier die an sich interessante Beschreibung Wilhelm Erbs von 1893, ein ehemaliger Direktor der Uniklinik Heidelberg:

„Alles geht in Hast und Aufregung vor sich … Das Leben in den großen Städten ist immer raffinierter und unruhiger geworden. Die Ansprüche an die Leistungsfähigkeit des Einzelnen im Kampf ums Dasein sind erheblich gestiegen und nur mit Aufbietung aller seiner geistigen Kräfte kann er sie befriedigen."

Ich habe auch irgendwo noch einen Aufsatz Hermann Hesses herumliegen, in dem der Schriftsteller über die hohe Geschwindigkeit des Bahnfahrens klagt. Das wirkt aus heutiger Zeit vielleicht ulkig. Aber was sollen solche Zitate beweisen? Dass heutige Klagen nicht ernstzunehmen sind,

---

[2] https://www.spektrum.de/inhaltsverzeichnis/rausch-gehirn-und-geist-01-2019/1516327

weil Menschen immer schon klagten? Dann ist die Aussage Erbs aber eher ungeschickt, denn zu seiner Zeit war die zweite industrielle Revolution in vollem Gange.

Beschleunigung der Beschleunigung

Dabei ist es doch nicht nur so, dass die Beschleunigung wegen der Anpassung des Menschen an erst Maschinen- und heute Computerprozesse ein charakteristisches Merkmal der letzten 200 bis 250 Jahre der Menschheitsgeschichte ist. Vielmehr scheint die Rate der Beschleunigung selbst – heute getragen durch Digitalisierung und Globalisierung – zuzunehmen.

Wenn man diesen kurzen Zeitabschnitt mit den Jahrtausenden vergleicht, die uns biologisch für das Leben als Jäger und Sammler optimiert haben, dann ist es erst einmal eine plausible Hypothese, dass die Beschleunigung körperlich und psychisch etwas mit uns macht. Tatsächlich klagen immer mehr Menschen über Stress[3] und wächst auch der Krankenstand der Berufstätigen immer weiter, was wiederum mit Stress in Zusammenhang gebracht wird.

Nun sind Jens Bergmann Psychologen ein Dorn im Auge, dann diese „erfinden" gerne mal Krankheiten, um sich anschließend daran zu bereichern. Voraussetzung dafür sei: „…[W]ährend auf körperliche Leiden meist bestimmte objektive festzustellende Indizien hinweisen …, ist dies bei psychischen Leiden nicht der Fall. Bislang sind alle Versuche gescheitert, eindeutige biologische Ursachen für sie zu finden…"

Zur Biologie psychischer Störungen

Nun stimme ich der Schlussfolgerung mit Blick auf die biologischen Ursachen bekanntermaßen zu, wie ich gerade erst im vorherigen Kapitel darlegte. Bergmann sitzt hier aber dem Irrtum auf, nur was biologisch sei, sei objektiv messbar oder irgendwie real. Darin äußern sich gleich mehrere Denkfehler:

Erstens sind auch die Diagnosen somatischer Erkrankungen von Normen abhängig, eben dem, was Fachleute als Krankheit kategorisieren. „Krankheit" ist schlicht keine rein natürliche Kategorie. Zweitens können auch

---

[3]Siehe dazu Kap. 31: Deutsche wollen weniger Stress – doch wie?

Fachleute biologische Befunde unterschiedlich interpretieren, etwa beim Begutachten von Röntgenbildern.

Drittens können Symptome psychischer Störungen durchaus „objektiv" – lieber sage ich: „ntersubjektiv" – festgestellt werden, man denke an Schlafstörungen, Gewichtsverlust oder motorische Trägheit, um einmal drei der neun Kriterien einer depressiven Störung zu nennen. Im diffuseren Bereich wie Suizidgedanken oder schweren Schuldgefühlen wird es zwar schwieriger, dennoch gibt es hier zuverlässige Messverfahren.

Beispiel Neurasthenie (Nervenschwäche)

Als Kronzeuge für Bergmanns Angriff auf die Psychologie – „Psychologische Zivilisationskritik war und ist eine Erfolgsgeschichte, die zahlreiche Modeleiden hervorbringt." – tritt nun die Neurasthenie auf: „Erfunden hat diese Krankheit der New Yorker Neurologe George Miller Beard. Er macht aus ihr die erste Modekrankheit, einen globalen Psycho-Hit." Verzeihung, es war also noch nicht einmal ein Psychologe, sondern ein Neurologe? Auch sein Beispiel aus neuerer Zeit hinkt auf dieselbe Weise: Der Vater der Achtsamkeitsbewegung Jon Kabat-Zinn ist Medizinprofessor.

Aber bleiben wir beim Beispiel Neurasthenie, das historisch durchaus lehrreich ist. Bergmann wundert sich nun darüber, dass die Diagnose, die von den USA aus auch in Europa populär wurde, zur Zeit des Ersten Weltkriegs wieder verschwindet, ähnlich wie übrigens die Hysterie der Psychoanalytiker.

Zunächst einmal stimmt das so gar nicht: Sie lebte und lebt nämlich seit den 1920er Jahren in vielen anderen Teilen der Welt weiter, etwa in China, Indien und Japan. In China wurde sie 1985 ganz offiziell als „shenjing shuairuo" – was so viel heißt wie Nervenschwäche – in die erste Fassung des Chinesischen Klassifikationssystems psychischer Störungen aufgenommen. Auch im amerikanischen DSM-IV-TR wurde Neurasthenie erst 2000 in den Bereich der kulturgebundenen Syndrome verschoben.

Zivil- und Kriegsgesellschaft

Davon abgesehen überrascht es auch nicht, dass Menschen in Kriegszeiten eher ans pure Überleben als ans psychische Wohlbefinden denken. Daran richtet sich die medizinische Versorgung aus. Das sehen wir auch heute wieder in kriegsgeplagten Ländern wie Afghanistan, wo es so gut wie keine psychologische Versorgung gibt und die Menschen irgendwie selbst mit ihren Traumata zurechtkommen müssen. Dass es ohne Psychologen und Psychiater weniger solcher Diagnosen gibt, ist schlicht logisch. Ist das jetzt aber wirklich besser für die Betroffenen?

Übrigens haben sich Psychologen in den Weltkriegen eher auf die Einstufung und Erhaltung der „Wehrfähigkeit" von Rekruten und Soldaten konzentriert und Psychiater eher traumatisierte „Kriegszitterer" mit Elektroschocks, also psychiatrischer Folter, wieder an die Front geschockt, als sich mit den Problemen der kaum noch bestehenden bürgerlichen Mittelschicht zu beschäftigen. Es mutet reichlich zynisch an, daraus ein Argument gegen die Belastungserscheinungen in der Zivilgesellschaft zu stricken.

Beispiel Burn-out

Bergmann kommt schließlich von der Neurasthenie zum Burn-out: „Heute gilt das Syndrom als *die* Managerkrankheit – und wie früher die Neurasthenie als Plage der modernen Arbeitswelt. Die Parallelen sind frappierend: Beides sind Leiden gehobener Schichten mit einem gewissen Exklusivitätsanspruch."

Der Journalist verweist hier zwar korrekt auf die Arbeiten des klinischen Psychologen Herbert J. Freudenberger, der übrigens als jüdisches Kind in die USA floh, nachdem Nazis Mitglieder seiner Familie misshandelt hatten. Bergmann verpasst hier aber die eigentliche Pointe, für die man den historischen Kontext verstehen muss:

Freudenberger veröffentlichte 1974 die bis heute vielfach zitierte, meines Wissens erste psychologische Arbeit zum Thema Burn-out (Freudenberger 1974). Warum tat er das? Er hatte jahrelang wie viele andere Freiwillige in Kliniken zur Behandlung von Armen und Drogenabhängigen gearbeitet, dem sogenannten *Free Clinic Movement*. Diese Patienten waren damals so stigmatisiert und gesellschaftlich ausgegrenzt, dass sie in herkömmlichen medizinisch-psychologischen Institutionen wenig Hilfe bekamen oder sie sich schlicht nicht leisten konnten.

Nun arbeiteten viele der Freiwilligen in den Kliniken unter schweren Bedingungen oft bis zur Erschöpfung, um etwas für ihre hilfsbedürftigen Mitmenschen zu bedeuten, für die sie die einzige beziehungsweise letzte Hilfe waren. Da überrascht es wohl kaum, dass so viele der Helferinnen und Helfer in einen Erschöpfungszustand kamen, dass man dem Problem schließlich einen Namen gab: eben Burn-out. Hört sich das nach einer „Manager-Krankheit" an?

Es mag ja so sein, wie Bergmann kritisiert, dass nun gewiefte Geschäftsleute wie der emeritierte Psychologieprofessor Matthias Burisch, der eine Privatklinik zur Behandlung von Burn-out unterhalten soll, oder der bereits erwähnte Jon Kabat-Zinn auf diesen Zug aufspringen. Aber die Crux ist doch, dass dadurch die *Probleme* der Menschen, um die es geht, nicht weniger real werden.

Auf dem falschen Gleis

Dass der Journalist auf dem falschen Gleis ist, äußert sich vor allem in seiner Schlussfolgerung: „Mit Abstand betrachtet scheinen solche Modekrankheiten hauptsächlich aus viel Lärm um nichts zu bestehen, was besonders bei der Neurasthenie augenfällig wird: Was soll man von einer epidemisch auftretenden Krankheit halten, die sich einfach so in Luft auflöst?"

Wie ist jetzt bitteschön Personal aus den Heil- und Lehrberufen, in denen Burn-out traditionell am häufigsten auftritt, damit geholfen, seine Probleme als heiße Luft – „viel Lärm um nichts" – vom Tisch zu fegen? Dass so ausgerechnet diejenigen behandelt werden, die in großer Selbstaufopferung für Andere sorgen, halte ich schlicht für unmenschlich und empathielos.

Bergmanns Kardinalfehler besteht aber darin, dass er die *Probleme* der Menschen und die psychologischen Symptome, die damit einhergehen, nicht getrennt von den Bemühungen sehen kann, diese Probleme und Symptome in *diagnostische Kategorien* einzuordnen. Das Eine hat mit der psychologischen – oder man könnte auch sagen: phänomenalen – Lebenswelt der Menschen zu tun, das Andere mit der Abstraktion, die Fachleute und in ihrer Folge Medienleute daraus machen.

Jede Zeit hat ihre Sprache

Oder um es anders aufzuzäumen: Mein niederländisches Wörterbuch kennt zum Beispiel ein „KZ-Syndrom", definiert als „körperliches und psychisches Leiden von Menschen, die (im Zweiten Weltkrieg) in einem (deutschen) Konzentrationslager saßen." Die Kriegszitterer (auch „Schüttelneurotiker" oder „Granatschock", englisch *shell shock*) auf Seiten der Soldaten wurden schon erwähnt. Im Zusammenhang mit den Kriegen der 1990er Jahre sprach man dann vom Golfkriegs- oder Balkan-Syndrom. Heute hat sich die Kategorie der posttraumatischen Belastungsstörung (PTBS) etabliert.

Auch wenn sich die Art und Weise, wie wir über die Probleme der Menschen reden, im Laufe der Zeit ändert, sind diese Probleme darum doch nicht eingebildet. Auch die Verwendung und Funktion von Wörtern der Alltagssprache verändert sich im Laufe der Zeit. Daraus folgt aber nicht, dass die Dinge oder Vorgänge, auf die diese Wörter sich bezogen, Illusionen waren.

Bergmanns Kritik an so manchem Psycho-Guru, der, wie wir gesehen haben, nicht unbedingt „Psycho" ist, mag berechtigt sein. Aber überall, wo es ums Geld geht, gibt es leider auch Betrüger und Trittbrettfahrer. Darum aber die Psychologie als ganze diskreditieren zu wollen und die Probleme der Menschen als Hirngespinste abzutun, ist ein Bärendienst an den Betroffenen und schüttet das Kind mit dem Bade aus.

Psychologie und Individualisierung

Ein letztes Eigentor schießt der Journalist am Ende seines Artikels, wo er noch die gesellschaftspolitische Dimension seiner Kritik anspricht:

„Am problematischsten ist die mit dieser Art Zivilisationskritik verbundene Aufforderung zum Tanz um das Ich: Sowohl Probleme als auch Lösungen werden ausschließlich im Individuum gesucht. Wer unter einem Burnout leidet, bekommt eine Therapie, wer sich nicht auf seine Arbeit konzentrieren kann, ein Achtsamkeitstraining. Dass sich auf diese Weise gesellschaftliche Probleme lösen lassen, muss bezweifelt werden."

Diese Schlussfolgerung hat zwar einen wahren Kern und auch ich verwies immer und immer wieder auf die Gefahr, über psychiatrische bzw. psychologische Diagnosen gesellschaftliche Probleme im Individuum zu verorten. Nun sind aber gerade die Stress-Störungen wie Burn-out oder PTSB eine Ausnahme, da man die *Ursache* hier ja tatsächlich in der Umwelt der Betroffenen verortet.

Dass die häufig durch die Unternehmen angebotenen Kurse dann doch wieder aufs Individuum zielen, also auf den einzelnen Arbeitnehmer, steht auf einem anderen Blatt. Kaum geholfen dürfte den Betroffenen aber damit sein, dass man ihnen weismachen will, ihre Probleme seien bloß eingebildet, von Psychologen erfundene „Zivilisationskritik".

Giftiges Männlichkeitsideal

Zwischen den Zeilen des Artikels von Jens Bergmann oder auch des eingangs erwähnten Artikels über Hypochondrie von Jan Schweizer äußert sich für mich aber auch ein giftiges Männlichkeitsideal, das sich so ausdrücken lässt: „Jammere nicht!" Da psychisches Leiden weniger greifbar ist und gerade viele Männer nicht lernen, über ihre Gefühle oder psychischen Probleme zu reden – weil sie beim ersten Versuch gleich ausgelacht oder auf andere Weise nicht ernst genommen werden -, muss es sich nach dieser Logik bei Belastungserscheinungen um Einbildungen handeln.

Eine andere Formulierung ist das berühmte Zitat: „Was mich nicht umbringt, macht mich stärker." Ursprünglich stammt es aus Friedrich Nietzsches „Götterdämmerung", also von dem Philosophen, der mit 55 Jahren – wahrscheinlich an den Spätfolgen der Syphilis – erbost im Irrenhaus starb. Auch die Hitlerjugend bediente sich dieses Spruchs in ihren Zentren.

Wenn wir das nächste Mal wieder wegen eines „Unfalls mit Personenschaden" auf einen Zug warten, also sich wahrscheinlich ein Mann in Verzweiflung das Leben genommen hat, dann denken wir vielleicht daran: Das es oft besser ist, über Gefühle oder psychische Probleme zu reden, als dies schlicht als „Psycho-Geschwafel" zu diffamieren.

Literatur

Freudenberger, H. J. (1974). Staff burn-out. *Journal of Social Issues, 30*(1), 159–165. https://doi.org/10.1111/j.1540-4560.1974.tb00706.x

24

Das Einmaleins psychischer Störungen

Viel dreht sich um unsere psychische Gesundheit. Immer mehr Menschen bekommen die Diagnosen, immer mehr Psychopharmaka werden verschrieben und auch für Psychotherapien werden die Wartelisten länger. Doch was behandeln wir eigentlich? Und nehmen die Störungen tatsächlich zu oder fassen wir immer mehr Gefühls-, Denk- und Verhaltensprobleme als psychische Störungen auf? In diesem abschließenden Artikel werden die grundlegenden Fragen diskutiert und – soweit das möglich ist – beantwortet.

Manche Zeiten verlangen viel von uns ab: Auf einmal haben wir unsere gewohnten Muster (zumindest vorübergehend) verloren. Aktivitäten, denen wir nachgingen, Menschen die wir regelmäßig trafen und vieles andere mehr – plötzlich werden Schutzmaßnahmen verhängt und geht das Gewohnte nicht mehr. Viele von uns erfahren dann Einsamkeit, Langeweile, Unsicherheit, Angst oder Stress. Das sind keine guten Voraussetzungen für die psychische Gesundheit. Und dazu kommt noch die Gefahr einer Wirtschaftskrise, die wir uns noch nicht einmal ausmalen können.

Nachdem ich mich in den letzten Jahren intensiver mit dem Thema psychische Gesundheit beschäftigt und vor Kurzem noch einmal einen Vortrag vor einem allgemeinen Publikum darüber gehalten habe, will ich hier die wichtigsten Fragen zusammenfassend erklären: Es geht konkret darum, was psychische Störungen sind, was wir über ihre Ursachen wissen, wie sich theoretische Annahmen in der Praxis auswirken, was uns die Geschichte lehrt und was wir derzeit in der Gesellschaft sehen. Ich möchte mit einem positiven Ausblick abschließen.

Was sind psychische Störungen?

Hierauf gibt es keine eindeutige Antwort. Fakt ist, Menschen haben manchmal Schwierigkeiten mit ihren Gedanken, Gefühlen oder Verhaltensweisen; oder erfahren Schwierigkeiten, weil sie aufgrund ihres Verhaltens von Anderen abgelehnt werden. Kombinationen bestimmter Gedanken, Gefühle, Verhaltensweisen oder auch körperlicher Merkmale – in Fachsprache dann: *Symptome* – werden zu bestimmten Zeiten von einflussreichen Fachleuten als psychische Störung definiert. Entscheidend ist hierfür meistens, wie stark jemand leidet und/oder im Alltag eingeschränkt ist.

Nehmen wir als Beispiel die weitverbreiteten – wie verbreitet, das werden wir später noch sehen – Depressionen: Als „Majore Depression" (englisch *major depressive disorder*) gilt eine Kombination aus unter anderem Niedergeschlagenheit, fehlendem Antrieb, Schuldgefühlen, Suizidgedanken, Schlafstörungen und unerklärten Gewichtsveränderungen. Wenn einige dieser Merkmale hinreichend schwer und hinreichend lange vorliegen, dann ist die Diagnose laut den üblichen Handbüchern gerechtfertigt.[1]

Viele Betroffene und auch ihr Umfeld leiden unter diesem Zustand. Bei manchen ist er so schwer, dass sie nicht mehr arbeitsfähig sind oder gar frühberentet werden. Die Weltgesundheitsorganisation wird dann auch nicht müde, Depressionen als „führende Ursache von Erwerbsunfähigkeit weltweit und einen der größten Gründe für die globalen Krankheitslasten" zu bezeichnen.[2] Im Laufe der Zeit würden die Probleme und Lasten wegen Depressionen zunehmen. Häufige Behandlungsformen sind Psychotherapie, Psychopharmaka oder eine Kombination aus beiden. Ich werde darauf zurückkommen.

Es bleibt Menschenwerk

Wichtig ist: Es gibt keinen objektiven, biomedizinischen Test, mit dem sich Depressionen feststellen ließen; für keine der mehreren hundert heute unterschiedenen psychischen Störungen übrigens. Dennoch geht der herrschende Ansatz der Biologischen Psychiatrie davon aus, dass es sich bei solchen

---

[1] Die Diagnosekriterien laut DSM-5 wurden im Kap. 21 ausführlicher diskutiert: Mehr über Ursachen von Depressionen.

[2] https://www.who.int/news-room/fact-sheets/detail/depression

Störungen um *Gehirnstörungen* handelt und bevorzugt eine medikamentöse Therapie oder elektrische Stimulation des Gehirns.

In der Praxis wäre es sehr nützlich, solche Tests zu haben, um die Diagnose zu sichern, die beste Therapie zu wählen und ihren Fortschritt nachzuvollziehen. Auch Entscheidungen über Berufs- und Arbeitsfähigkeit, bei denen es um viel Geld geht, könnten dann zuverlässiger getroffen werden. Nach wie vor ist das aber alles Menschenwerk – und das hat sich in den letzten 200 Jahren Psychiatrie- und Psychologiegeschichte nicht geändert: Geschulte Fachleute hören sich an, was die Patienten und vielleicht noch ihre Angehörigen erzählen, beobachten ihr Verhalten und studieren die Krankenakte.

Dabei können unterschiedliche klinische Experten aufgrund derselben Daten schon einmal zu unterschiedlichen Ergebnissen gelangen, ob etwas eine Depression, eine Angststörung oder vielleicht doch eine Schizophrenie ist. Ohnehin erfüllen viele der Patienten gleichzeitig die Kriterien mehrerer Störungen. Das nennt man dann „Komorbidität". Schwarzweißdenken ist im Bereich der psychischen Gesundheit unangebracht. Die wesentlichen Unterschiede spielen sich meist im Graubereich ab.

Die eigentlich lapidare Feststellung, dass psychische Störungen das sind, *was Experten dafür halten,* wird einem manchmal im Mund umgedreht. Dann heißt es, man würde das Leid der Betroffenen nicht ernst nehmen. Dabei betont mein Standpunkt schlicht, dass die Kategorien psychischer Störungen *von Menschen gemacht sind.* Das sind Gesetze beispielsweise auch. Das degradiert sie aber nicht zu bloßen Einbildungen, wie jeder, der sich nicht daran hält und dabei ertappt wird, am eigenen Leib erfahren wird.

Im geschichtlichen Wandel

Anders ließe sich auch gar nicht verstehen, wie sich die Kategorien psychischer Störungen im Laufe der Zeit verändern; und zwar manchmal radikal verändern! Zu Sigmund Freuds (1856–1939) Zeiten sprach man bekanntlich oft von Neurosen und sah deren Ursachen vor allem in Eltern-Kind-Konflikten. Als der österreichisch-amerikanische Psychiater Leo Kanner (1894–1981) in den 1940ern frühkindlichen Autismus beschrieb, vermutete er, die Störung könne auf fehlende mütterliche Zuneigung zurückgeführt werden. Die Idee von der „Kühlschrankmutter" war geboren. Was führende Forscher damals für plausibel hielten, darüber machen sich viele ihrer heutigen Kollegen lustig. Doch wer sagt uns, dass die

Wissenschaftler von morgen nicht eines Tages ebenso über unsere Ansichten lachen werden?

Ganze Bücher wurden über die Geschichte der Psychiatrie und bestimmte Störungen geschrieben. Meine Beschreibung hier soll aber nicht ausufern. Daher seien hier nur noch wenige Beispiele genannt, etwa die Neurasthenie (wörtlich: Nervenschwäche). Diese Kategorie wurde von dem amerikanischen Neurologen George Miller Beard (1839–1883) bekannt gemacht und erst in den USA populär, später dann auch in Europa. Diese Störung sollte Erschöpfungszustände erklären, die beim Aufkommen der modernen Arbeitswelt häufiger auftraten.

Mit Ausbruch des Ersten Weltkriegs verlor die Neurasthenie an Bekanntheit, ähnlich übrigens der Hysterie, die damals viele Frauen diagnostiziert bekamen. Man kann sich vorstellen, dass die Menschen in Kriegszeiten erst einmal ans unmittelbare Überleben denken und dahinter das Seelenwohl zurückstecken muss. Nun wanderte die Neurasthenie in den 1920er Jahren sozusagen nach China und bekam dort den Namen „shenjing shuairuo", was ungefähr dasselbe bedeutet wie „Nervenschwäche". In den 1980ern wurde das Störungsbild dort offiziell anerkannt, während man sich im Westen kaum noch dafür interessierte.

Vielleicht lag das daran, dass man hier inzwischen vom „Burn-out" sprach? Dieses hatte der in Frankfurt am Main geborene und vor den Nazis nach Amerika geflüchtete Psychologe Herbert J. Freudenberger (1926–1999) immerhin 1974 zuerst beschrieben (Freudenberger 1974). Seine Beobachtungen stützten sich übrigens auf klinische Mitarbeiter von Suchtstationen, die damals aufgrund der sozialen Ausgrenzung suchtkranker Menschen noch nicht in der Medizin etabliert waren. Unter den Härten dieser Arbeit brannten viele aus.[3]

Die Frage, ob Burn-out schlicht eine neue Bezeichnung für die Neurasthenie ist, lässt sich schon allein deshalb nicht beantworten, weil sich die Fachleute bisher noch auf keine Definition für das neue Störungsbild einigen konnten. Interessanterweise zweifeln viele Psychiater daran, dass es sich um eine eigenständige Störung handelt, sondern sehen es eher als einen sozial verträglicheren Begriff für leichte Depressionen. Hausärzte diagnostizieren es aber trotzdem, auch wenn Burn-out in keinem der beiden großen diagnostischen Werke anerkannt ist.

---

[3]Das Beispiel wurde im vorherigen Kapitel ausführlicher diskutiert: Warum man Burn-out nicht als Modeerscheinung abtun sollte.

Von der Melancholie, die in bestimmten Kreisen durchaus einmal als „schick" galt, zur Depression; von der minimalen Gehirnstörung (MBD) zur heutigen Aufmerksamkeitsdefizit-/Hyperaktivitätsstörung (ADHS); von der Asperger-Störung zum Autismus-Spektrum; von multiplen Persönlichkeiten zur dissoziativen Identitätsstörung – überall und an noch viel mehr Beispielen könnte man ähnliche Überlegungen anstellen. Überall würde man Ähnlichkeiten und doch auch bedeutende Unterschiede finden. Manchmal erscheinen ganz neue Störungen, wie kürzlich die Computerspielsucht.

Manchmal streicht man sie ganz aus den Diagnosehandbüchern, wie wir es bei der Homosexualität gesehen haben. Schon eine Generation später können viele sich gar nicht mehr vorstellen, dass Ärzte und Psychotherapeuten einmal Patienten (und insbesondere Männer) in stabile, heterosexuelle Partnerschaften „therapieren" wollten. Vielleicht wird die „Genderdysphorie", ein freundlicherer Name für die Geschlechtsidentitätsstörung, bei der das erfahrene Geschlecht nicht mit dem körperlichen Geschlecht übereinstimmt, als Nächste aus den Katalogen entfernt. Die Weltgesundheitsorganisation hat hierfür schon wichtige Schritte unternommen.[4]

Der umgekehrte Versuch, Denken im Schneckentempo (englisch *sluggish cognitive tempo*), inzwischen sprechen manche lieber von einer „Konzentrationsdefizitstörung", als dritte Unterform von ADHS anerkennen zu lassen, schlugen bisher fehl. Eine der ältesten psychiatrischen Kategorien, nämlich die der Schizophrenie, würde wohl bald aus den Diagnosehandbüchern gestrichen beziehungsweise durch eine „Psychoserisikostörung" ersetzt, ginge es nach ein paar führenden Forschern auf diesem Gebiet.

Verschiedene Sichtweisen

Wie man nicht nur angesichts der von mir anfangs vorgestellten theoretischen Überlegungen, sondern auch vor so viel historischer Evidenz noch bestreiten kann, dass psychische Störungen wesentlich von Fachleuten als solche definiert werden, ist mir schleierhaft. In jeder Zeit gab es Menschen mit Problemen des Denkens, Fühlens und Verhaltens, also auf dem Gebiet von Psychologie und Psychiatrie. In der modernen Welt

---

[4] Siehe hierzu auch die ausführlichere Diskussion im Kap. 19: Genderdysphorie: Psychische Störung oder nicht?

beschreibt man diese eben in einer Fachsprache als Symptome und fasst sie in verschiedenen Kategorien zu psychischen Störungen zusammen.

Für den bedeutenden deutschen Psychiater Emil Kraepelin (1856–1926) waren übrigens zwei große Kategorien statt der mehreren hundert heutigen Störungen ausreichend: vorzeitige Demenz (lateinisch *dementia praecox*) und manisch-depressives Irresein. Erstere erweiterte der Schweizer Psychiater Paul Eugen Bleuler (1857–1939) zum noch heute verwendeten Schizophreniebegriff; Letzteres könnte man heute als die Oberkategorie der Gefühlsstörungen (in Fachsprache: affektive Störungen) ansehen.

Mein Groninger Kollege Peter de Jonge, Professor sowohl für psychiatrische Epidemiologie als auch für Entwicklungspsychologie, hält aufgrund seiner großangelegten Bevölkerungsstudien drei Kategorien für ausreichend: internalisierende, externalisierende und psychotische Störungen.[5] Diese bezeichnen, ob man auf Stress vor allem durch inneren Zurückzug, durch Verursachung von Ärger im Äußeren oder mit Halluzinationen und Wahnvorstellungen reagiert.

Soziale Normen

Niemand bestreitet hier, dass Menschen psychische Probleme haben oder dass diese sehr ernsthaft sein können, bis hin zum Suizid. Hier wird schlicht das immer noch verbreitete Denken entzaubert, bei psychischen Störungen handle es sich um konkrete Dinge wie etwa eine Grippe oder einen Knochenbruch. Grippe-Erkrankungen und Knochenbrüche sind nicht nur viel konkreter, sondern sie lassen sich auch auf viel direktere Weise sehen: Denken Sie an einen Labortest, der Antikörper oder Genschnipsel eines Grippevirus nachweist oder Röntgenaufnahmen, mit denen sich der Bruch im Innern betrachten lässt. Das Diagnostizieren psychischer Störungen ist demgegenüber viel stärker ein *interpretativer Akt* von Menschen.

Der Arzt oder Psychologe muss dabei nicht nur entscheiden, zu welchem Störungsbild die Probleme am besten passen. Eine grundlegende Frage ist auch, ob das Leiden des Betroffenen oder dessen Einschränkung im Alltag überhaupt „klinisch signifikant" ist. Auch das ist eine zutiefst menschliche Frage. Ein gutes Beispiel zur Verdeutlichung solcher Abwägungen ist die alle Jahre wieder aufkommende Kritik an der Definition der depressiven Störung: Wird damit nicht schlicht normale Trauer, wenn Menschen

---

[5] Siehe dazu das Interview in Schleim (2020).

etwa Angehörige verlieren und danach „in ein tiefes Loch fallen", in den medizinischen Bereich aufgenommen?

Bevor die Amerikanische Psychiatrische Vereinigung 2013 die fünfte Auflage ihres Diagnosehandbuchs DSM veröffentlichte, kochte diese Diskussion wieder hoch. Dabei stellte sich mit Allen J. Frances ein führender Psychiatrieprofessor, der selbst noch die Überarbeitung für das vierte DSM von 1994 geleitet hatte, auf die Seite der Kritiker. Natürliche Trauer werde nun abgeschafft, durch die Diagnose „Depression" ersetzt und dann gerne medikamentös behandelt, woran die Pharmaindustrie sehr gut verdiene. Außerdem kritisierte Frances auch stark, dass die Kriterien zur Diagnose der ADHS in der Praxis ganz anders angewendet würden, als sich die Entwickler des Diagnosehandbuchs das vorgestellt hätten. Auch dies gehe mit einem starken Anstieg verschriebener Psychopharmaka einher, nun vor allem an Kinder und Jugendliche.

Ich will hier nur darauf eingehen, wie die Psychiatrische Vereinigung das Problem für die depressive Störung aufgelöst hat: Im Erläuterungstext zu den Kriterien wird nun an mehreren Stellen erklärt, was Depressionen von Reaktionen auf einen erheblichen Verlust – das könnten neben Trauer auch ein finanzieller Ruin, die Folgen einer Naturkatastrophe oder einer schweren medizinischen Erkrankung sein – unterscheiden würde: Es handle sich um eine Grauzone mit vielen Überschneidungen; letztlich erfordere die Entscheidung „unausweichlich die Ausübung der klinischen Urteilskraft [seitens des Arztes oder Psychologen] auf Grundlage der individuellen Geschichte eines Individuums und der kulturellen Normen für den Ausdruck von Leiden im Kontext von Verlusten."

Damit ist doch alles gesagt: Es „menschelt" beim Diagnostizieren einer psychischen Störung an allen Ecken und Enden. Wer behauptet, Depressionen seien so etwas wie eine Grippe oder gar eine Gehirnstörung, der steht vor einem großen Problem: Sobald der Experte eine Störung diagnostiziert, soll ein Krankheitserreger oder eine Störung von Schaltkreisen im Gehirn vorliegen? Und das alles, wohlgemerkt, *ohne im Körper irgendwelche systematischen Abweichungen festzustellen.*

Oder noch absurder: Wenn die Trauer nicht den „kulturellen Normen" entspricht, dann ist sie eine Gehirnstörung, andernfalls nicht? Trotzdem sind auch körperliche Untersuchungen bei Menschen mit langanhaltender depressiver Symptomatik wichtig, denn diese kann beispielsweise als Folge einer Schilddrüsenfehlfunktion auftreten. Auch bei Menschen mit einer neurologischen Erkrankung wie Parkinson oder Demenz können solche Symptome häufiger vorkommen.

Interpretationsarbeit

Damit zweifelt niemand an der Realität der Trauer oder ihrer lähmenden, vielleicht sogar (selbst-) zerstörerischen Effekte. Wer auf solche Gedanken kommt, bei dem äußert sich vor allem ein merkwürdiges Verständnis unseres Seelenlebens. Im Guten wie im Schlechten drücken sich in unserer Sprache und unserem Verhalten unsere Gedanken und Gefühle aus: Ob wir einem Anderen aufgrund von Zuneigung, Freundschaft oder Liebe helfen oder aufgrund von Abneigung, Eifersucht oder Hass schaden, es handelt sich jeweils um reale Vorgänge. Dabei ist selbstverständlich immer der Körper, das Nervensystem, das Gehirn, sind viele Hormone und Botenstoffe involviert.

Weder können noch müssen wir aber jemanden einem Labor- oder Gehirntest unterziehen, um festzustellen: „Aha, es war Eifersucht, nicht Hass." Vielleicht wird es in einer fernen Zukunft einmal möglich sein, eine erhöhte Wahrscheinlichkeit für das Eine oder das Andere neurobiologisch zu untermauern. Dabei sollte man aber bedenken, dass Biologische Psychiater seit rund 200 Jahren nach neuronalen Signaturen der psychischen Störungen suchen, heute jedoch keine einzige der Störungen neurobiologisch diagnostizieren können. Es geht nach wie vor um Interpretationsarbeit, wie ich das erklärt habe.

Das ist vor Gericht übrigens ähnlich: Da müssen beispielsweise Staatsanwälte und Richter aufgrund der Aussagen von Personen, der feststellbaren Fakten anhand von unter anderem Beweismitteln und Kontextwissen über die Umgebung rekonstruieren, was genau aus welchem Grund passiert ist und wem was anzurechnen ist. Auch dies erfordert Interpretationsarbeit mit viel Vorwissen über Mensch und Gesellschaft. Dieses Feststellen eines menschlich-psychologisch-gesellschaftlichen Sinnzusammenhangs ähnelt der Arbeit eines Psychologen oder Psychiaters beim Diagnostizieren einer Störung.

Risikofaktoren statt Ursachen

Ein letzter und ebenso schlagender Grund, warum psychische Störungen von anderer Art sind als etwa eine Grippe oder ein Beinbruch, findet sich auch auf der Seite der Ursachen. Wir erinnern uns, dass die amerikanischen Psychiater die Freudsche Ursachenlehre aus ihrem DSM von 1980 verbannten und nur noch Symptombeschreibungen für die verschiedenen Störungsbilder aufnahmen. Das hat sich bis heute, vierzig Jahre später, nicht geändert. Wir kennen nicht die Ursachen, sondern bloß *Risikofaktoren* psychischer Störungen.

Lange Zeit glaubte man, bestimmte Gene, Botenstoffe oder Zellverbindungen im Gehirn würden psychische Störungen verursachen. Inzwischen hat man mehr als tausend „Risikogene" gefunden, die mit dem einen oder anderen, oft auch vielen Störungsbildern gleichzeitig in Zusammenhang stehen. Es geht dabei aber meistens nur um minimal erhöhte Risiken. Dabei dürfte jeder von uns viele solcher Risikogene in seinem Genom haben. Wie sich deren Effekte äußern, hängt entscheidend von den Erfahrungen eines Menschen und seiner Umgebung ab.

Die größten Effekte, die man nach jahrzehntelanger wissenschaftlicher Forschung auf die psychische Gesundheit fand, sind jedenfalls die schweren Lebensereignisse. Das sind Geschehnisse wie ein schwerer Unfall, der Verlust der Arbeit, das Auseinanderbrechen einer Partnerschaft, Todesfälle Nahestehender, Opfer eines Verbrechens zu werden, eine schwere Erkrankung zu haben und vieles Andere mehr. Dabei ist es so, dass unsere Gene einen *leichten* Einfluss darauf haben, wie schwer uns solche Ereignisse treffen. Viel entscheidender ist aber unser sozialer Rückhalt: Haben wir Freunde, Partner, Familienmitglieder, die uns beistehen? Gibt es professionelle Hilfe? Fängt uns ein soziales Netz auf oder drohen wir alles zu verlieren?

Während ich diesen Artikel fertigstellte, erschien auf den Seiten der Tagesschau ein Bericht[6] über die psychischen Auswirkungen der Corona-Krise in den USA. Zunächst einmal hieß es, Afro-Amerikaner, Latinos, Menschen auf dem Land und solche mit niedrigem sozio-ökonomischen Status seien stärker betroffen. Der Risikofaktor „Arbeitslosigkeit" wird ausdrücklich genannt. Durch die Quarantänemaßnahmen würden auch häusliche Gewalt und sexueller Missbrauch zunehmen. Menschen, die sonst keine Veranlagung für psychische Störungen hätten, würden nun Hilfe brauchen. Essstörungen, Drogenmissbrauch und Depressionen nähmen zu.

Das ist genau das, was mein psychosozialer Ansatz vorhersagt: Bei schweren Lebensereignissen und gesellschaftlichen Krisen nehmen auch die psychischen Probleme zu. Natürlich sind Menschen mit bestimmten körperlichen Merkmalen *etwas* anfälliger als andere. Das vervollständigt das Bild zum sogenannten biopsychosozialen Modell. Wer aber sagt, psychische Störungen seien Gehirnstörungen oder Generkrankungen, der ist jetzt (wieder einmal) in Erklärungsnot. Tatsächlich prägen unsere Erfahrungen unser Gehirn und sogar unsere Genaktivität.

---

[6]https://www.tagesschau.de/ausland/usa-corona-psyche-101.html

Zurück in die Gesellschaft

Hierfür ist relevant, dass man bis in die 1970er/1980er Jahre Menschen mit schweren psychischen Störungen so weit weg wie möglich von den Städten entfernt unterbringen wollte. Dann setzte – auch in Reaktion auf die scharfe Kritik der Anti-Psychiatrie-Bewegung – eine sozialpsychiatrische Welle ein, die dazu führte, dass es mehr Kliniken in den gewohnten Umgebungen der Patienten gab. Dort werden sie vielleicht sogar nur tagsüber betreut und verbringen den Rest der Zeit zuhause. Die Tatsache, dass Patienten mit einer schweren Diagnose wie Schizophrenie in manchen Entwicklungsländern eine bessere Prognose haben als im hochentwickelten Westen, dürfte damit zu erklären sein, dass die Menschen dort eher in ihrem sozialen Netz, in ihrer gewohnten Umgebung bleiben können[7] – oder mangels Alternativen: bleiben müssen.

Es ist doch nicht verwunderlich, dass eine schwere Diagnose wie Schizophrenie zusätzlich zu den Symptomen, die ein Mensch dann hat, etwa Stimmenhören oder Wahnvorstellungen, für viele ein zusätzlicher Schock ist. Wenn die Betroffenen dann auch noch fürchten müssen, für unbestimmte Zeit in einer Klinik aufgenommen zu werden und da vielleicht alle sozialen Kontakte zu verlieren, ist das besonders dramatisch. Unter anderem aus diesem Grund setzt sich beispielsweise der international renommierte Schizophrenieforscher Jim van Os von den Universitätskliniken Utrecht für die Abschaffung dieser Kategorie ein. Er nennt es eine „vernichtende Diagnose", die vielen Patienten gänzlich die Hoffnung nehme.[8]

Wenn man umgekehrt weiß, dass sogar Phänomene wie das Stimmenhören gar nicht so selten sind, dass sie manchmal aber auch wieder von selbst verschwinden und sogar schwerere Halluzinationen und Wahnvorstellungen oft mit Medikamenten behandelt werden können, dann sieht das schon ganz anders aus. Eine neue Kategorie wie die „Psychoserisikostörung" würde zudem unterstreichen, dass wir alle eine gewisse Anfälligkeit für solche Probleme haben: Es ist vielmehr ein Spektrum als ein Alles oder Nichts.

So kann auch die Ausgrenzung der Betroffenen abnehmen: Das von mir vertretene Bild ist kein Schwarzweiß, in dem auf der einen Seite „wir Gesunde" und auf der anderen „die Kranken" stehen. Stattdessen ist es

---

[7]Die Bochumer Professoren für Psychologie und Psychotherapie Jürgen Margraf und Silvia Schneider diskutierten diese und viele weitere Anomalien des biologisch-pharmakologischen Modells in Ihrem sehr empfehlenswerten und frei verfügbaren Artikel aus dem Jahr 2016 (Margraf und Schneider 2016).
[8]Siehe hierzu das Interview in Schleim (2020).

eine Mischung aus Grau- und meinetwegen vielen Farbtönen, die sich im Laufe eines Lebens abwechseln, im Wesentlichen abhängig von den eigenen Erfahrungen, Schicksalsschlägen, langanhaltendem Stress und ein kleines Bisschen von den Genen.

Psychotherapie kann dabei helfen, Gedanken- und Verhaltensmuster, mit denen manche ihre Probleme vielleicht noch verschlimmern, erst zu verstehen und dann zu verändern. Sozialarbeit kann zu Anpassungen der Umgebung beitragen oder dabei helfen, eine bessere Umgebung zu finden. Wo nötig, können Medikamente bestimmte Symptome unterdrücken und Menschen psychisch stabilisieren.

Werden psychische Störungen häufiger?

So bleibt zum Schluss noch die große Frage, ob psychische Störungen immer häufiger vorkommen. Zweifellos festgestellt kann werden, dass es mehr Bewusstsein für das Thema gibt und immer mehr Diagnosen getätigt werden. Nun ist unter Epidemiologen aber umstritten, ob das wirklich an einer Zunahme der Störungen liegt oder schlicht vorhandene Störungen immer häufiger diagnostiziert werden. Die Antwort hierauf birgt gesellschaftspolitischen Zündstoff, wo wir doch wissen, dass schwere Lebensereignisse die größten Risikofaktoren sind und auch das soziale Netz eine wichtige Rolle spielt.

In einer groß angelegten Studie kamen führende europäische Epidemiologen unter der Leitung des Dresdner Psychologieprofessors Hans-Ulrich Wittchen 2011 zum Ergebnis, dass Jahr für Jahr rund 40 % der Bevölkerung an mindestens einer psychischen Störung leiden (Wittchen et al. 2011).[9] Trotz der hohen Zahl vertreten diese Forscher aber die Ansicht, dass es *keinen* Anstieg gibt. Am häufigsten sind laut diesen Daten mit 14,0 % übrigens die Angststörungen vertreten, gefolgt von 7,8 % Gefühlsstörungen (nur Depressionen: 6,9 %), 7,0 % Schlaflosigkeit und 5,0 % ADHS.

In einer Folgeuntersuchung nur für Deutschland, die drei Jahre später erschien, berichtet Wittchen mit seinem langjährigen Mitarbeiter Frank Jacobi, inzwischen Professor an der Psychologischen Hochschule Berlin, mit

---

[9]Die genaue Zahl ist 38,2 %. Da die Forscher aber nur 27 Störungsbilder abgefragt hatten, schrieb Wittchen mir in persönlicher Kommunikation, dass die Gesamtzahl für alle Störungen wahrscheinlich um 5–8 % höher liege. Das wären dann 43–45 %, also fast schon die Hälfte aller Menschen!

27,8 % eine wesentlich geringere Häufigkeit (Jacobi et al. 2014). Diesen Unterschied erklären sie mit dem lapidaren Hinweis, für die zweite Studie seien weniger Störungsbilder berücksichtig worden, darum habe man auch weniger Hinweise auf psychische Störungen gefunden. Die Angabe für die Depressionen passt mit 6,8 % (übrigens 9,5 % bei den Frauen und 4,0 % bei den Männern) allerdings sehr gut zur vorherigen Schätzung.

Das lehrt uns, dass wir bei solchen Studien genau hinschauen müssen, was eigentlich untersucht wurde und mit welchen Methoden das geschah. Die genannten Zahlen halte ich aber für unglaubwürdig hoch, wenn wir sie jedenfalls so auffassen, dass all diese Menschen einer Behandlung bedürfen. Das würde nicht nur die Kapazitäten unseres Gesundheitssystems radikal sprengen, sondern wäre in vielen Fällen auch unnötig. Dafür muss man wissen, dass Forscher mit diesen Methoden schlicht das Vorliegen bestimmter Symptome abfragen. Wie stark die Menschen leiden oder in ihrem Alltag eingeschränkt sind, wie es in einem diagnostischen Gespräch festgestellt werden müsste, ist damit nicht beantwortet.

Bei vielen der rund 40 % Menschen, die laut den Ergebnissen von Wittchen, Jacobi und anderen eine psychische Störung haben, verschwinden die Probleme wieder von selbst oder sind sie so gering, dass die Menschen kaum darunter leiden und gut damit in ihrem Leben zurechtkommen. Dann liegt jedoch keine Störung im Sinne der üblichen Handbücher vor, wie sie klinische Psychologen und Psychiater verwenden.

Viele Erklärungsmöglichkeiten

Nun haben wir noch keine Antwort auf die Frage, ob psychische Störungen heute häufiger vorkommen als früher. Werden sie vielleicht bloß besser erkannt und darum öfter diagnostiziert? Stellen Ärzte und Psychologen immer leichtere Fälle fest? Sind die Menschen aufgrund der größeren Aufmerksamkeit für psychische Störungen für das Thema sensibilisierter und suchen sie daher eher Hilfe? Werden immer mehr Probleme in den medizinisch-psychologischen Bereich aufgenommen?

Eine interessante Frage werfen auch alarmierende Berichte der Weltgesundheitsorganisation auf, die seit vielen Jahren auf die steigenden Lasten durch psychische Störungen hinweist. Hier nur drei Beispiele für den Alarmismus:

„Depressive Störungen sind bereits die viertgrößte Ursache der globalen Krankheitslast. Es wird davon ausgegangen, dass sie 2020 auf dem zweiten

Platz landen werden, gleich nach der koronaren Herzkrankheit, doch vor allen anderen Erkrankungen."[10]

„Psychische Sörungen sind eine der Hauptursachen der gesamten Krankheitslast."[11]

„Die Last von Depressionen und anderen Zuständen psychischer Gesundheit ist global am steigen."[12]

Es kann wohl kaum sein, dass Menschen bloß mehr unter psychischen Problemen leiden, weil Ärzte und Psychologen bei ihnen Störungen diagnostizieren. Das würde das gesamte Gesundheitssystem ad absurdum führen. Nun haben all die genannten Fragen beziehungsweise Erklärungsansätze eine gewisse Plausibilität. Bisher kann jedoch niemand eine endgültige Antwort geben.

Ein Anstieg ist feststellbar

Eine neue Studie des Berner Psychiatrieforschers Dirk Richter unter Beteiligung von Kollegen aus Großbritannien und Norwegen hat sehr viele epidemiologische Studien mit Daten von über einer Million Personen und für den Zeitraum von 1978 bis 2015 aus der ganzen Welt näher analysiert (Richter et al. 2019). Damit kommen die Forscher zum folgenden Ergebnis:

Erst einmal würden sich die verfügbaren Studien hinsichtlich ihrer Qualität und Methodik stark unterscheiden. Auch würden manche Störungsbilder sehr häufig untersucht (z. B. Depressionen), andere jedoch gar nicht (z. B. Schizophrenie). Alles in allem lasse sich aber ein leichter Anstieg – global gesehen und über alle psychische Störungen hinweg – statistisch nachweisen. Genaue Prozentwerte kann man aufgrund der Unterschiede der Einzelstudien, die sich aus verschiedenen Ländern und Zeiträumen zusammensetzen, nicht ohne Weiteres angeben.

Auf einzelne Störungsbilder bezogen, konnten Richter und Kollegen bei Depressionen einen leichten, bei Drogenabhängigkeit einen mittelgroßen Anstieg feststellen. Die Alkoholabhängigkeit sei jedoch gleich geblieben. Angststörungen und Medikamentenabhängigkeit hätten ebenfalls leicht,

---

[10]Meine Übersetzung aus dem *World Health Report* der Weltgesundheitsorganisation von 2001, zu finden unter: https://www.who.int/whr/2001/media_centre/press_release/en/.

[11]Meine Übersetzung aus Investing in Mental Health der Gesundheitsorganisation von 2013, zu finden unter: https://www.who.int/mental_health/publications/financing/investing_in_mh_2013/en/.

[12]Meine Übersetzung aus dem *Fact Sheet Depression* der Weltgesundheitsorganisation von 2020, zu finden unter: https://www.who.int/news-room/fact-sheets/detail/depression.

bipolare Störungen – also sich abwechselnde manische und depressive Episoden – mittelgroß zugenommen. Zu diesen letzten drei Störungsbildern lag aber jeweils nur eine Studie vor.

So kann man zum Fazit kommen, dass diejenigen, die zu diesem Thema einfache Wahrheiten verkünden, nicht glaubwürdig sind. Das Thema ist sehr komplex und auch die wissenschaftlich verfügbaren Daten zusammengenommen ergeben ein differenziertes Bild. Aber nicht nur aufgrund der tatsächlichen Diagnosen, sondern auch mit epidemiologischen Studien lässt sich also ein gewisser Anstieg der psychischen Störungen nachweisen.

Verschreibung von Psychopharmaka

Während sich Wissenschaftler über die Interpretation der Daten stritten, haben Ärzte und Psychologen jedenfalls immer mehr psychologisch-psychiatrische Diagnosen gestellt – und das hat sehr oft Medikamentenverschreibungen nach sich gezogen. Um ein Gespür für die Dimension dieser Prozesse zu vermitteln, habe ich in der folgenden Abbildung (Abb. 24.1) die

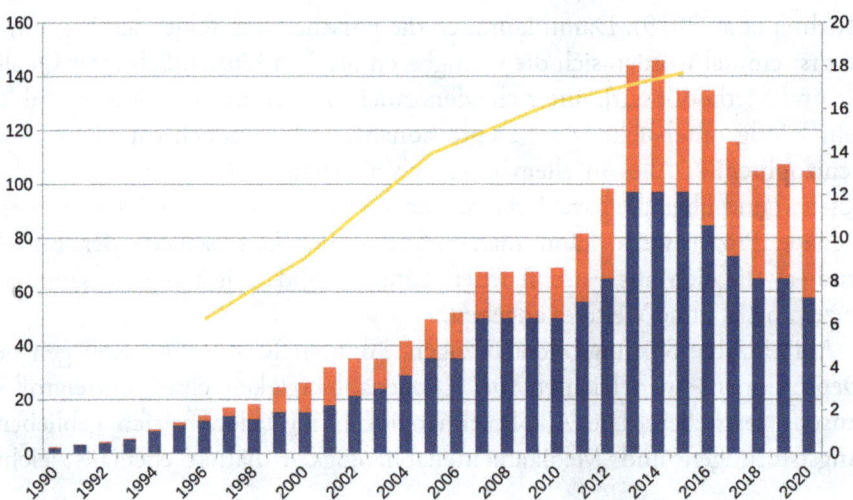

Abb. 24.1 Die linke Skala zeigt die jährliche Produktion für Methylphenidat (blau), den Wirkstoff im Ritalin, und für Amphetamin („Speed", rot) für die USA in Tonnen. Im Vergleich zu 1990 verfünfzigfachten sich diese Zahlen in etwa. Die gelbe Linie zeigt die Amerikaner mit diagnostizierten Depressionen und Antidepressiva-Verschreibungen in Millionen, gemäß der rechten Skala. In dem hier dargestellten Zeitraum von 20 Jahren verdreifachte sich deren Zahl. (Quellen: US Drug Enforcement Agency, US Federal Register; Luo und Kollegen 2020)

Daten für Stimulanzien zusammengefasst, die meistens für die Behandlung von ADHS verschrieben werden, also vor allem an Kinder und Jugendliche, sowie die Zahlen für Antidepressiva:

Die Daten für die USA mögen extrem sein, doch in vielen anderen Ländern, einschließlich Deutschlands, sind die Trends sehr ähnlich: Vor den 1990ern wurden noch kaum Stimulanzien verschrieben; der Konsum von Antidepressiva ist inzwischen zum Massenphänomen geworden. Und anstatt dass es den Menschen insgesamt besser ginge, klagt beispielsweise die Weltgesundheitsorganisation, wie wir gesehen haben, seit Jahrzehnten über steigende Bürden für die psychische Gesundheit. Auch aus dem Bildungswesen hören wir trotz der medizinischen Behandlung von immer mehr Kindern und Jugendlichen viel Negatives. Nicht zuletzt sind die Frühberentungen wegen psychischer Störungen auch stark gestiegen, wie wir gesehen haben.[13]

Als Rechtfertigung für die vielen Verschreibungen und Diagnosen gilt, dass man Gehirnstörungen – die komischerweise bisher keiner im Gehirn finden konnte – behandeln würde. Hilfsweise werden Erblichkeitsschätzungen aus der Genetik hinzugezogen. Genetisch kann man den Anstieg aber nicht erklären, denn solche Veränderungen im großen Maßstab würden viele Generationen erfordern. Damit bleibt nur die Frage, was sich an der Lebenswelt der Menschen verändert hat, dass mehr psychische Störungen vorkommen und diagnostiziert werden.

Aufmerksamkeit für die Lebenswelt

Ich habe hier schon erklärt, dass die wesentlichen Risikomerkmale im Bereich der psychischen Gesundheit sozialer Natur sind. Damit ist übrigens nicht gesagt, dass Medikamente keine gute Behandlungsmethode sein können. Auf den Körper des Menschen lässt sich eben auf sehr viele Weisen einwirken, wie wir schon seit Ewigkeiten wissen: Seien es Substanzen, die wir mal Medikamente, mal Drogen nennen, körperliche Bewegung, ob Spaziergänge, Tanz oder Sport, Aktivitäten mit anderen Menschen, Kompensationsstrategien wie Lesen, Fernsehen, Computerspielen oder Shopping, Urlaube, Meditation und vieles Weitere mehr.

Der Grund, warum mir das Thema „psychische Gesundheit" so am Herzen liegt, ist vor allem, dass unser modernes diagnostisches Denken in

---

[13] Im Kap. 21: Mehr über Ursachen von Depressionen.

der Regel nur aufs *Individuum* abzielt und dann auch nur dort behandelt – sei es mit individueller Psychotherapie oder Medikamenten. Das reduziert die ganze Dimension menschlichen Lebens und wird unserer sozialen Natur nicht gerecht.

Ich schreibe dies auch aus der schmerzlichen Erfahrung von jemandem, der das Auseinanderbrechen einer Familie miterlebte, wo die eine Hälfte *alleine* beim Psychotherapeuten oder Psychiater saß und sich die andere Hälfte nie für so einen „Psycho-Quatsch" interessiert hätte. Um das *gemeinsame* Zusammenleben als Familie ging es jedoch nie. Noch heute, dreißig Jahre später, bedaure ich die vielen verpassten Chancen. Manche Dinge im Leben kann man nicht beliebig wechseln, wie seine Kleidung. Die Familie gehört dazu.

Heute ist es längst normal geworden, impulsiven oder aufmerksamkeitsschwachen Kindern die Diagnose ADHS zu geben; eine Diagnose, die es vor 1980 noch gar nicht gab! Laut verschiedenen Meinungen seien mal 5 %, mal 10 % oder noch mehr der Kinder davon betroffen. Der Gesundheitswissenschaftler Rae Thomas von der australischen *Bond University* im Staat Queensland kam mit seinen Kollegen nach Auswertung der verfügbaren Studien auf einen Mittelwert von 7,2 % (Thomas et al. 2015). Allerdings ist die Tendenz bei den neueren Studien steigend.

Wie oben erwähnt, plädieren manche Experten für die Aufnahme einer anfänglich „Denken im Schneckentempo", inzwischen eher „Konzentrationsdefizit" genannten neuen Störung, an der angeblich zusätzliche 2 % der Kinder leiden würden. Auffällig ist bei ADHS sowie bei anderen in der Kindheit und Jugend diagnostizierten Störungen des Sozialverhaltens, dass mehr als dreimal so viele Jungen wie Mädchen die Diagnosen bekommen. Wird die Gesellschaft vielleicht zunehmend intoleranter gegenüber bestimmten männlichen Verhaltensweisen und schickt die „Störenfriede" darum zum Psychologen oder Psychiater?

Deutschland beschreitet bisher einen Mittelweg beim Verschreiben von Psychostimulanzien an die Minderjährigen. Darunter fallen übrigens Mittel wie Amphetamin/Speed, die Polizei und Staatsanwaltschaft auf den Plan rufen würden, wenn dieselben Menschen sie als Jugendliche oder junge Erwachsene auf eigenen Wunsch konsumieren würden, um beim Feiern mehr Spaß zu haben, ein „High" zu erleben oder abzunehmen. Es entbehrt nicht einer gewissen Doppelmoral, den ärztlich verordneten Gebrauch dieser Substanzen auf einmal gutzuheißen, wenn die Kinder dadurch nur besser aufpassen und weniger stören.

Gesellschaftliche Anpassung

Jedenfalls ist die Verschreibungsrate dieser Stimulanzien in den USA oder den Niederlanden deutlich höher. In Dänemark oder Großbritannien ist sie aber deutlich niedriger. Wir wollen einerseits tolerant und inklusiv sein, passen andererseits aber immer mehr Kinder, Jugendliche und jetzt auch junge Erwachsene – lange war umstritten, ob es eine Erwachsenen-ADHS gibt, seit rund zehn Jahren gilt der Fall als entschieden – medikamentös an gesellschaftliche Erwartungen an. Dazu kommen alle, die sich mit Alkohol, Medikamenten oder anderen Drogen selbst behandeln.

Die größte Sorge bereitet mir, dass wir mit dieser Anpassung auf Ebene des Individuums gesellschaftliche Alternativen aus den Augen verlieren. Diese verschwinden auch vom Radar, sobald man von den angeblichen Krankheitserregern der psychischen Störungen spricht, die wundersamerweise trotz bald 200 Jahren Suche nicht gefunden wurden. Ist erst einmal eine Gehirnstörung diagnostiziert, dann ist klar, wer und wo behandelt werden muss. Wo bleibt da aber die menschliche Würde und Autonomie?

Zwar scheint die medizinische Erzählung die Betroffenen erst einmal zu ent-schuldigen. Schließlich könne niemand etwas für seine kranken Gene oder sein krankes Gehirn. *Das Problem* ist man dann aber doch. Und die diagnostischen Etikette bieten Angriffsfläche für Hänseleien und Ausgrenzung, manchmal auch der Eltern, die man dann für die psychische Störung ihrer Kinder verantwortlich macht.

Ärzte berichten mitunter das Gegenteil, dass sich die Beziehungen zu den Freunden, Lehrern und Eltern dank der medikamentösen Behandlung wieder verbessern. Das bestreite ich nicht. Bei Homo- und Intersexualität haben Ärzte und klinische Psychologen auch lange Zeit ihre Hilfe angeboten, im letzten Fall tun sie dies bis heute, um die Abweichler mit verschiedensten Therapien an die soziale Norm anzupassen. Da sagen wir heute ganz klar, dass die Gesellschaft Menschen mit gleichgeschlechtlichen sexuellen Vorlieben oder mit zwischengeschlechtlichem Körper tolerieren muss.

Ich plädiere nicht für eine Abschaffung der Diagnosen, der Psychotherapie oder der Medikamente. Ich plädiere allerdings für eine stärkere Berücksichtigung des Umweltaspekts in Medizin und Psychologie. Gesundheit ist, laut der berühmten Definition der Weltgesundheitsorganisation von 1946, das vollständige körperliche, psychische und soziale Wohlbefinden. Das schließt den sozialen Bereich also ausdrücklich mit ein. Untersucht und behandelt werden aber in erster Linie der individuelle Körper und die individuelle Psyche. Wie will man aber erklären, dass in den USA oder den Niederlanden so viel mehr Kinder und Jugendliche, in Dänemark oder Großbritannien aber so viel weniger die Psychostimulanzien konsumieren?

Im Bereich der psychischen Gesundheit – und nicht nur dort – sollte mehr Umweltmedizin und Sozialarbeit zu einer Selbstverständlichkeit werden. Man könnte gleich damit beginnen, ein paar Arbeitsumfelder, bürokratische Zumutungen und institutionelle Fehlentwicklungen als „sozial gestört" zu diagnostizieren. Wenn man in den Kliniken anfinge, könnten Ärzte und das Pflegepersonal endlich unter gesünderen Bedingungen arbeiten und Patienten in einer besseren Umgebung gesunden.

Den jüngeren Menschen möchte ich aber noch einen Gedanken mit auf den Weg geben: Ihr macht euch wahrscheinlich Sorgen um die Zukunft. Wird es genug neue Arbeitsplätze geben? Was bedeuten die hohen Schulden der Staatshaushalte für euer Leben? Und wie lange wird die Natur den Raubbau und die Umweltverschmutzung überhaupt noch aushalten?

Irrt euch aber nicht darüber, wie wichtig ihr seid: Ihr seid die Zukunft der Menschheit; ohne euch wird irgendwann gar nichts mehr gehen. Darum habt ihr auch ein Recht darauf, die Gesellschaft an eure Vorstellungen anzupassen, und braucht euch nicht nur umgekehrt an die Erwartungen und Kategorien der Älteren anzupassen.

Literatur

Freudenberger, H. J. (1974). Staff burn-out. *Journal of Social Issues, 30*(1), 159–165. https://doi.org/10.1111/j.1540-4560.1974.tb00706.x.

Jacobi, F., Höfler, M., Strehle, J., Mack, S., Gerschler, A., Scholl, L., & Gaebel, W. (2014). Psychische störungen in der allgemeinbevölkerung. *Der Nervenarzt, 85*(1), 77–87.

Luo, Y., Kataoka, Y., Ostinelli, E. G., Cipriani, A., & Furukawa, T. A. (2020). National Prescription Patterns of Antidepressants in the Treatment of Adults With Major Depression in the US Between 1996 and 2015: A Population Representative Survey Based Analysis. *Frontiers in Psychiatry, 11,* 35.

Margraf, J., & Schneider, S. (2016). From neuroleptics to neuroscience and from Pavlov to psychotherapy: More than just the „emperor's new treatments" for mental illnesses? *EMBO molecular medicine, 8*(10), 1115–1117.

Richter, D., Wall, A., Bruen, A., & Whittington, R. (2019). Is the global prevalence rate of adult mental illness increasing? Systematic review and meta-analysis. *Acta Psychiatrica Scandinavica, 140*(5), 393–407.

Schleim, S. (2020). *Psyche & psychische Gesundheit (Telepolis): Philosophen, Psychologen und Psychiater im Gespräch.* Hannover: Heise.

Thomas, R., Sanders, S., Doust, J., Beller, E., & Glasziou, P. (2015). Prevalence of attention-deficit/hyperactivity disorder: a systematic review and meta-analysis. *Pediatrics, 135*(4), e994–e1001.

Wittchen, H.-U., Jacobi, F., Rehm, J., Gustavsson, A., Svensson, M., Jönsson, B., & Faravelli, C. (2011). The size and burden of mental disorders and other disorders of the brain in Europe 2010. *European neuropsychopharmacology, 21*(9), 655–679.

Teil V

Lebensphilosophie

Der Teil über die Lebensphilosophie ist ein Versuch, neuere Gedanken aus der Philosophie und Wissenschaft wieder mit der Lebenspraxis von uns Menschen zu verbinden, Philosophie und Wissenschaft sozusagen vom Elfenbeinturm zurück auf die Straße zu holen. Identität, Freiheit, Perfektionismus und Stress sind die zentralen Kategorien. Es geht diesmal aber nicht so sehr um die Definitionen und was Forscherinnen und Forscher hierüber herausgefunden haben, sondern was Erkenntnisse für unseren Alltag bedeuten.

Die Analyse über das Konzentrationslager Dachau ist ein konfrontierendes aber hoffentlich auch sehr anschauliches Beispiel dafür, wie die Umwelt unser Denken und Handeln beeinflussen kann. Freiheit wird so ein soziales Phänomen und nicht nur ein Thema für philosophische Vorlesungen. Hoffen wir, dass sich diese Extremfälle der Menschheitsgeschichte nie mehr wiederholen werden. Weniger extreme Ideen zum Umgang mit sozialen Erwartungen und Leistungsstress sollen nicht die allseits beliebten Lebensratgeber ersetzen, den Interessierten aber doch ein paar konkrete Hinweise darauf geben, wie wir mit den Herausforderungen unseres Lebens umgehen können.

25

Wer bin ich?

Wer bin ich? Wer hat sich diese Frage noch nicht gestellt? Selbsterkenntnis ist ein Projekt der Menschheitsgeschichte. Die Wissenschaft hingegen zielt auf die Welterkenntnis. Oder können uns Biologie, Psychologie und Hirnforschung vielleicht doch die Frage beantworten, wer wir sind? Eine Selbstreflexion.

Die Advents- und Weihnachtszeit wird bekanntlich die „besinnliche" Zeit des Jahres genannt. Das Jahr neigt sich dem Ende zu und ein neues steht bevor. Wohin geht das alte eigentlich, woher kommt das neue? Viele Menschen nutzen das Jahresende, um Bilanz zu ziehen, um neue Vorsätze zu fassen – aber hoffentlich nicht denjenigen, einen „Bilanzselbstmord" zu begehen.

Letztes Jahr bin ich zur Weihnachtszeit in ein Kloster in Südfrankreich gefahren, in dem buddhistische Mönche leben.[1] Ein vorgegebenes Programm sah für uns Besucher, insgesamt bis zu mehrere hundert an der Zahl, jeden Tag einige Stunden Geh-, Sitzmeditation und Achtsamkeit vor. Für die „short-terms", die nur ein paar Wochen blieben, hielten sich die Verpflichtungen in Grenzen. Die Gemeinschaft hat mich überzeugt, die geistigen und körperlichen Übungen waren befreiend und selten fühlte ich mich so glücklich. Dieses Jahr? Ich wäre gerne gefahren, doch bin ich gerade erst umgezogen. Außerdem möchte ich ein Buch fertig schreiben. Plum Village ist nicht der Ort, wohin man seinen Laptop oder Arbeit mitnimmt.

Die Frage, wer ich bin, habe ich mir tatsächlich beim Umzug häufig gestellt. Von Juni bis September (2009) war ich arbeitslos. Seit Oktober

---

[1] Plum Village, das „Pflaumendorf", siehe online: https://www.plumvillage.org.

arbeite ich an der Universität Groningen. Zum Glück hat mir mein Institut den Umzug bezahlt. Dennoch war es anstrengend genug. Wenn man zwölf Jahre lang seine eigene Wohnung hat, dann sammelt sich – einige Umzugs- und damit Aufräumaktionen zum Trotz – doch recht viel an. Ich musste „nur" die Kisten packen, das waren gut vierzig oder fünfzig. Es war nicht absehbar, rechtzeitig eine Wohnung zu finden. In Groningen herrschen in etwa Münchner Verhältnisse. Selbst mit der Hilfe mehrerer Makler war das kein Kinderspiel. So musste ich zwei Monate lang in Hotels wohnen.

Minimal Life

In einen Koffer, eine Sporttasche und einen Rucksack musste also alles passen, was ich bis auf Weiteres zum Leben brauchte; und meine Bambuspflanze, die ich nicht dem Umzugsunternehmen überlassen konnte. Konkret waren das drei Hosen, drei Pullover, Wäsche, ein Anzug für alle Fälle – und natürlich mein Laptop. Jetzt bin ich seit zwei Wochen in meiner neuen Wohnung, die Kisten habe ich wieder, doch ausgepackt habe ich die meisten noch nicht. Auch ohne das ganze Zeug habe ich ganz gut gelebt. Störend fand ich in den Hotels nur, jeden Morgen in einem Raum mit vielen Fremden frühstücken zu müssen; und dass es keinen guten Tee gab; und wie mir das deutsche Brot gefehlt hat!

Wer bin ich? Die Frage ging mir beim Auspacken oft durch den Kopf. Eigentlich habe ich mich aber nur bei meinem chinesischen Teeservice wirklich gefreut, es wieder zu haben. Offensichtlich bin ich also jemand, der gerne Tee trinkt. Wie mir gerade auffällt, im Moment übrigens aus meiner SciLogs-Tasse, die ich beim letzten Bloggertreffen in Deidesheim bekommen habe. Darauf ist das Brainlogs-Logo, der Name meines Blogs sowie mein eigener. Die Bücher und das alles, ich könnte sie mir doch auch neu kaufen, wenn ich sie nochmals lesen wollte. Vielleicht habe ich deshalb die drei Bücherregale immer noch nicht aufgebaut.

Mein Besitz kann mir also nur wenig darüber verraten, wer ich bin. Vielleicht fallen mir viele der Dinge sogar lästig – man muss sie sortieren, abstauben, reparieren oder gar zur Reparatur bringen – und hätte ich sie lieber gar nicht? Die Bücher sind ein gutes Beispiel, denn ohne sie hätte ich die Regale auch nicht kaufen müssen; und es gibt ohnehin viel zu viele davon, um sie alle lesen zu können. Was könnte mir also noch eine Antwort auf die Frage geben, wer ich bin?

Abhängigkeit von Anderen

Ich schaue manchmal aufs Mobi – in Holland sagt man passenderweise „mobieltje" und nicht unser furchtbares „Handy" – und gucke, ob mir jemand eine SMS geschrieben hat, mich jemand angerufen hat. Genauso, wie ich die E-Mail checke; oder den Facebook-Account; oder … Ich bin also jemand, der soziale Kontakte nötig hat. Gerade in den letzten Jahren ist mir klarer geworden, wie sehr ich von meinem sozialen Umfeld abhänge, wie sehr es verletzt, wenn jemand, auf den man angewiesen ist, sein Wort nicht hält, das Vertrauen enttäuscht. Jetzt bin ich 350 km von Bonn entfernt. Die gewohnten Freunde, die gewohnten Veranstaltungen, der Kottenforst, sie sind noch dort – aber ich nicht.

Natürlich gibt es hier auch Menschen, sehr nette sogar. Seitdem ich selbst auf dem Fahrrad sitze, habe ich nicht mehr so oft das Gefühl, beinahe umgefahren zu werden, sobald ich vor die Tür gehe. Jetzt kann ich es selbst auf diese armen Geschöpfe, Fußgänger genannt, absehen. Ich bin also jemand, der gerne einmal einen Witz macht. Wenn ich jetzt noch vorher wüsste, welche die Guten sind und welche die Schlechten …

Nein, ich sprach gerade von den Menschen. Wie in den Niederlanden typisch, sind die Wohnungen im Erdgeschoss wirklich auf der Erde, spazieren und fahren die anderen also direkt vor dem eigenen Fenster vorbei und können hereingucken. Ich habe die Rollos zugemacht, sonst könnte man wahrscheinlich sogar lesen, was auf meinem Bildschirm steht. Jetzt sehe ich ihre Schatten an mir vorbeiziehen, ihre Silhouetten, auf meine Rollos geworfen. Ich fühle mich ein bisschen wie die Menschen in Platons Höhlengleichnis, die nur die Schatten von allem sehen. Doch bin ich hier als Einziger in der Höhle, alle anderen sind draußen. Wo ich schon in der griechischen Antike bin: Von Aristoteles stammt die Aussage, der Mensch sei ein *zoon politikon*. Ja, ich bin ein Gemeinschaftstier, das war mir noch nie so deutlich wie jetzt.

Vielleicht war es gemein, im Aufhänger von Biologie, Psychologie und Hirnforschung zu schreiben. Wenn jemand wirklich bis hierhin gelesen hat, dann wartet er oder sie sicher noch auf die Pointe. Ich habe kürzlich einen psychologischen Essay angelesen, der den Titel „Know Thyself" trug. Die Kernaussage war, dass die Psychologie diese wichtige Frage eigentlich weitgehend ignoriert hat. Ich denke, die Disziplinen können durchaus einen Beitrag zur Selbsterkenntnis liefern, wenn es beispielsweise darum geht, verdeckte Motive aufzudecken. Es ist sicher keine neue Erkenntnis der

Hirnforschung und war auch nicht erst die Entdeckung Freuds, dass wir manchmal aus anderen Motiven handeln, als uns bewusst (und womöglich lieb) ist.

Unbewusste Motive

Ich denke zum Beispiel an die Experimente der Kölner Sozialpsychologin Birte Englich, die in einer Studie berichtete, dass sich Juristen bei der Bestimmung des Strafmaßes in einem zwar konstruierten aber doch realistischen Fall von einem Würfelergebnis beeinflussen ließen, das sie zuvor selbst ausgewürfelt hatten (Englich et al. 2006). Sicher ein sensationeller Fund und die Psychologie ebenso wie die Hirnforschung, die experimentelle Ökonomik usw. leben von diesen Sensationen in den Medien. Es ist ja auch faszinierend. Mein Unmut regt sich nur darüber, dass die Wissenschaft oft keine Antwort darauf gibt, ja noch nicht einmal untersucht, was wir mit diesem Wissen nun tun können. Niemand kann doch wollen, dass ein Strafmaß von einem Würfel abhängt!

Was kann ich also tun, um diesen sogenannten *Ankereffekt* zu überwinden, dass wir uns sogar von Zufallszahlen wie denen eines Würfels beeinflussen lassen, um gewissermaßen die Bedingungen dieses Experiments zu sprengen? Geht es hier um Aufklärung? Die Experimente verheimlichen den Versuchspersonen meistens, worum es eigentlich geht – denn wüsste man davon, würde man sicher mit dem Würfel anders umgehen, um bei dem Beispiel zu bleiben.

Dann könnte die Antwort auf die Frage, was Wissenschaft zur Selbsterkenntnis beitragen kann, vielleicht so lauten: Sie kann uns aufzeigen, wo wir für (Selbst-) Täuschungen anfällig sind und uns idealerweise durch kritische Reflexion dabei helfen, verborgene Motive und Einflüsse bewusst zu machen. Darum kann es interessanterweise auch bei Meditation gehen, um dieses Bewusstmachen – und dabei wird man manchmal auch feststellen müssen, was für ein Arsch man sein kann.

Wer bin ich? Ich lasse es darauf jetzt besser bewenden.

Literatur

Englich, B., Mussweiler, T., & Strack, F. (2006). Playing dice with criminal sentences: The influence of irrelevant anchors on experts' judicial decision making. *Personality and Social Psychology Bulletin, 32*(2), 188–200.

26

Willensfreiheit und die WC-Kabine

Praktische Philosophie einmal anders: Welche Rolle spielen Theorien und wissenschaftliche Befunde für unseren Alltag, wenn sie unserer Fähigkeit, aus Gründen zu handeln, widersprechen? Oder was eine WC-Kabine mit der Willensfreiheitsdiskussion zu tun haben kann.

Jedes Mal, wenn ich bei mir im Institut in der WC-Kabine sitze, muss ich an die Sozialpsychologie denken, genauer, an die empirischen Belege zur Beeinflussung des menschlichen Verhaltens durch scheinbar irrelevante Faktoren. Beispielsweise haben Experimente ergeben, dass moralische Urteile davon beeinflusst werden, ob man sie neben einem stinkenden Mülleimer oder an einem schmutzigen Schreibtisch fällt (Schnall et al. 2008). Ein Klassiker aus den 1970er Jahren zeigte, dass selbst die Hilfsbereitschaft von Theologiestudierenden davon abhängt, ob man sie im Experiment unter Druck setzt (Darley und Batson 1973). Auch wenn man sie vorher die biblische Geschichte vom heiligen Samariter lesen ließ, blieb der Effekt bestehen.

Während ich also auf dem Klo sitze und unvermeidlich auf die Kabinentür mir gegenüber schaue, gehen mir diese Gedanken durch den Kopf: Was werden wohl diese wenig kreativen Hassbotschaften oder erotischen Bemerkungen, die andere hier hinterlassen haben, mit mir machen? Werde ich womöglich den Dekan böse angucken, wenn er mir gleich zufällig über den Weg läuft? Werde ich am Forschungsdirektor vorbeigehen, ohne ihn zu grüßen? Werde ich gar die nächstbeste Studentin, die ahnungslos aus dem Damen-WC kommt, anfallen? Oder wird sie, unbewusst inspiriert von ähnlichen Botschaften bei den Frauen, über mich herfallen? Werde ich inspiriert durch den Unsinn, den einer unserer deutschen Studenten über deutsche Soldaten geschrieben hat, zu nationalistischen Vorurteilen neigen?

Gründe unseres Handelns

Schon lange vor der aktuellen, von Hirnforschern lancierten Debatte um die Willensfreiheit, haben entsprechende Befunde unsere Fähigkeit, wohlüberlegt und aus Gründen zu handeln, zumindest teilweise infrage gestellt; und auch die Annahme, dass Gehirnverschaltungen unser Verhalten festlegen (Wolf Singer), ist bestenfalls die halbe Wahrheit. In Klassikern wie dem Milgram- oder Stanford-Prison-Experiment, waren es die Autorität des Experimentators beziehungsweise die zufällige Zuordnung in die Gruppe der Wärter oder Gefangenen, die das Verhalten der Versuchspersonen beeinflussten. Jeder kognitiv arbeitende Hirnforscher versucht in seinem Experiment gerade, das Gehirn und Verhalten seiner Versuchsperson oder seines Versuchstiers festzulegen, um am Ende statistisch robuste Messergebnisse zu erzielen, die sich sinnvoll interpretieren lassen.

In dieser Woche habe ich einen Abend über die Willensfreiheitsdebatte in Amsterdam besucht, an dem unter anderen der belgische Philosoph Jan Verplaetse sein neues Buch über Willensfreiheit vorstellte; oder genauer gesagt: über ihre Unmöglichkeit (Verplaetse 2011). Ein freier Wille ist für ihn etwas, das neue Ursachen setzen kann, ohne selbst verursacht zu sein; ein „unbewegter Beweger". Da die Hirnforschung hierfür keinen Raum lasse, denn schließlich seien alle Gehirnprozesse determiniert, gebe es folglich keine Freiheit; und damit auch keine Schuld oder Verantwortlichkeit. Die Konsequenzen seiner philosophischen Untersuchung diskutiert er entsprechend unter der Vorstellung, eine Gesellschaft ohne Schuldvorwürfe zu bilden, niederländisch: *verwijtloos leven*.

Nicht so schnell! Reflexion tut Not

Es scheint für die Freiheit des Menschen also schlecht zu stehen, sowohl metaphysisch als auch psychologisch. Doch ist der unbewegte Beweger, nach dem Verplaetse sucht, wirklich das, was wir für freie Entscheidungen nötig haben? Und bedeuten die psychologischen Befunde wirklich den Todesstoß für die Vorstellung von Menschen als (zumindest manchmal) nach Gründen handelnden Akteuren? Anders formuliert: Gibt es das Willensfreiheitsproblem überhaupt, und wenn ja, in welchem Maße?

Zunächst ist die Frage berechtigt, was mit einem metaphysischen, unverursachten Verursacher gewonnen wäre. Woher kämen dessen Entscheidungen? Vom Zufall? Schließlich darf es dann keine anderen Ursachen geben. Kommt es nicht vielmehr auf das Maß an, in dem ich im Einklang mit meinen Wünschen und Überzeugungen, selbstbestimmt und selbstkontrolliert handeln kann? Sind meine freien Willensentschlüsse nicht gerade diejenigen, die ich nach reiflicher Überlegung und Abwägung, nach bestem Wissen und Gewissen bewusst treffe? Und sind dies alles nicht psychische Vorgänge, die mal mehr und mal weniger ausgeprägt vorliegen, die bei unterschiedlichen Menschen in unterschiedlichen Situationen unterschiedlich stark vorhanden sind, die sich unterstützen oder auch stören lassen? Als psychische Prozesse können wir diese auch als im Gehirn realisiert, in den Körper und sozialen Kontext eingebettet denken und bedürfen wir keines metaphysischen Spagats.

Was ist dann aber mit der Klotür beziehungsweise mit der Sozialpsychologie? Was macht uns so sicher, dass wir wirklich aus den Gründen handeln, die wir annehmen? Worüber besteht aber schon absolute Sicherheit? Wenn es unsere psychischen Fähigkeiten unterminiert, wenn wir durch scheinbar irrelevante Einflüsse gestört werden, ist es dann nicht ein Beleg *für* unsere psychischen Fähigkeiten, wenn wir uns im Einklang mit unseren Vorsätzen, Berichten und Plänen verhalten? Und warum sollte es die Fähigkeit der bewussten Reflexion überhaupt geben, wenn sie nicht zumindest manchmal unser Verhalten beeinflussen könnte?

Gesellschaftliche Praxis

Für unsere gesellschaftliche, moralische und rechtliche Praxis brauchen wir den metaphysischen Verursacher nicht. Wir machen jemandem moralische Vorwürfe, wenn er oder sie wider besseres Wissen und absichtlich oder grob fahrlässig etwas Falsches getan hat; und wir halten jemanden für schuldfähig in dem Maße, in dem er oder sie einsichts- und steuerungsfähig ist. Daran ändert auch die Hirnforschung nichts, dass wir diese Fähigkeiten zumindest manchmal in einem gewissen Maß besitzen; vielleicht wird sie aber eines Tages genauere Instrumente zur Verfügung stellen, um in Einzelfällen mit größerer Zuverlässigkeit ihr Vorhandensein zu bestimmen, als dies im Alltag oder mit den Methoden von Psychologie und Psychiatrie möglich ist.

Mit der Toilettentür sollten wir es genauso halten wie mit den sozialpsychologischen Funden: uns in wichtigen Entscheidungen der möglichen

Einflüsse bewusst werden und den Kontext entsprechend anpassen. Wenn Zeitdruck unsere Hilfsbereitschaft einschränkt, dann sollten wir uns die nötige Zeit nehmen; wenn stinkende Mülleimer und schmutzige Schreibtische unsere Urteile trüben, dann sollten wir aufräumen; wenn Autorität uns zu Unmenschen macht, dann sollten wir sie kritisch hinterfragen. Alles Fähigkeiten, die nicht unmöglich sind!

Natürlich sind wir nicht perfekt und sind unsere Fähigkeiten zur Reflexion beschränkt; das heißt aber nicht, dass wir nicht wenigstens *manchmal* etwas unternehmen können, um sie zu unterstützen. Freiheit und Moral sind keine Geschenke, sondern ein Auftrag; und indem wir uns ihnen stellen, können wir das reduzierte Menschenbild des Gehirndeterministen gleich performativ (also in unserem Verhalten) widerlegen. Wer sich nicht nur als Maschine versteht, die mal mehr oder weniger gut funktioniert und an der man im Fehlerfall am entsprechenden Rädchen schraubt, der wird sich auch anders verhalten, freier und idealerweise moralischer.

Es gibt kein Willensfreiheitsproblem in dem Maße, in dem Menschen reflektieren, überlegen und selbstkontrolliert im Einklang mit ihren Wünschen und Überzeugungen entscheiden und handeln können. Wie frei wir sind, ist ein *Kontinuum,* das von Fall zu Fall unterschiedlich ist. Freiheit ist keine Magie, sie ist eine menschliche Fähigkeit und als solche auch wissenschaftlich messbar.

Literatur

Darley, J. M., & Batson, C. D. (1973). From Jerusalem to Jericho: A study of situational and dispositional variables in helping behavior. *Journal of personality and social psychology, 27*(1), 100.

Schnall, S., Haidt, J., Clore, G. L., & Jordan, A. H. (2008). Disgust as embodied moral judgment. *Personality and Social Psychology Bulletin, 34*(8), 1096–1109. https://doi.org/10.1177/0146167208317771.

Verplaetse, J. (2011). Zonder vrije wil: een filosofisch essay over verantwoordelijkheid: Uitgeverij Nieuwezijds.

27

Psychologie der Freiheit

In der Diskussion um die Willensfreiheit wollte man uns weismachen, dass neuronale Verschaltungen uns festlegen. Dabei wurde völlig übersehen, dass Freiheit durch unseren sozialen Raum bedingt ist. Denn unser sozialer Raum legt unsere Verschaltungen (zum Teil) fest; umgekehrt können wir unseren sozialen Raum gestalten. Einmal anders über Freiheit nachgedacht.

Wir leben in einer freien Gesellschaft. Das ist auch gut so. Es herrscht Meinungsfreiheit, man darf also seine Meinung sagen, sofern man nicht etwa über andere Unwahrheiten verbreitet. Es herrscht Freizügigkeit, man darf also frei herumreisen, muss unter Umständen bloß am Grenzübergang die nötigen Papiere dabeihaben.

Solche Freiheiten waren nicht immer selbstverständlich und sie sind es leider auch heute noch nicht für alle Menschen auf der Welt. Unsere Freiheit soll ihre Grenze nur an der Freiheit der anderen finden. Deshalb darf ich andere nicht einfach einsperren oder auch nicht nach Belieben beleidigen. Freiheit schätzen viele von uns, weil sie es für am besten halten, wenn jeder und jede für sich selbst entscheidet – Ausnahmen lassen wir beispielsweise bei Kindern zu oder bei Menschen, die sehr schwer krank sind; so krank, dass sie nicht mehr richtig denken können.

Freiheit unter Bedingungen

Wir denken aber sehr selten darüber nach, was eigentlich die *Bedingungen und Voraussetzungen* dieser Freiheit sind. Anstatt darüber nachzudenken, unter welchen Umständen wir die größtmögliche Freiheit haben, erklärten namhafte Hirnforscher in den letzten Jahren Freiheit für ein Ding der Unmöglichkeit. Das Gehirn lege alles fest, unsere Entscheidungen würden unbewusst getroffen, behaupteten sie.

Selbst wenn wir des Menschen Gehirn als sein Seelenorgan auffassen, dann greift diese Analyse aber zu kurz, denn Psyche und Gehirn stehen nicht über der Welt, sondern sind von der Umwelt gemacht, so wie sie umgekehrt auch Umwelt machen. Natürlich kann unsere bewusste Reflexion über Motive, Absichten und Ziele unser Verhalten beeinflussen. Bewusstsein haben wir nicht für nichts, als eine Art sinn- und funktionsloses Geschenk von Natur und Kultur.

Diesen Aspekt des Gemachtseins haben die namhaften Hirnforscher einfach unter den Tisch fallen lassen, so wie Politiker einen zentralen Aspekt der Politik außer Acht lassen, wenn Sie eine Entscheidung als alternativlos darstellen und damit sagen, dass sich alle daran anpassen müssen. Politik ist *Verständigung* über Alternativen.

Freiheit oder Anpassungsdruck?

Hier bei MENSCHEN-BILDER ging es schon oft um Anpassungsvorgänge, zum Beispiel mit Blick auf das Gehirndoping.[1] Liberal denkende Ethiker haben den möglichen individuellen wie gesellschaftlichen *Nutzen* und die Freiheit des Einzelnen, für sich selbst die Entscheidung zu treffen, hervorgehoben. Auf dem Papier liest sich das natürlich gut: Nutzen und Freiheit.

Allerdings gab es in der Debatte auch immer Kritiker, die auf das Risiko des *sozialen Zwangs* verwiesen: Wenn nur genügend Menschen ihre geistige Belastbarkeit oder Leistungsfähigkeit mit Medikamenten verbessern, dann wird der Anpassungsdruck irgendwann zu groß. Um dem Leistungsdruck nicht auf den Leim zu gehen, gab es hier auch schon Texte zur Reflexion über das gute Leben.

Was im psychischen Bereich noch von Wissenschaftlern und Ethikern debattiert wird, das ist für den Körper längst zum Alltag geworden: In der ZEIT hieß es vor Kurzem, die Anzahl der schönheitschirurgischen Eingriffe habe sich in Deutschland in den letzten fünf Jahren verdoppelt.[2] Im vergangenen Jahr

---

[1] Siehe hierzu insbesondere Kap. 15: Gehirndoping: Immer mehr leisten?
[2] https://www.zeit.de/2012/45/DOS-Schoenheitswahn

sei in Deutschland eine halbe Million Schönheitsoperationen durchgeführt worden, mehr als doppelt so viel als vor nur fünf Jahren. Auch die Kosmetik- und Fitnessbranche würde boomen.

„Was ist daran verkehrt?", könnte jemand sagen. „Es gibt eben viele chirurgische Möglichkeiten und die Menschen sind in ihrer Wahl frei. Schließlich zwingt sie doch niemand dazu, sich operieren zu lassen." Das stimmt natürlich in einem gewissen Sinn. Niemand bedroht uns mit einer Pistole, kein Gesetz droht uns eine Strafe an, wenn wir *nicht* zum Schönheitschirurgen gehen, niemand zerrt uns in die Praxis und bindet uns auf dem OP-Tisch fest – eine Welt, in der das anders ist, schilderte die Schriftstellerin Juli Zeh in ihrem Roman *Corpus Delicti*. Ist damit aber alles gesagt, was man zum Thema Freiheit und Schönheitsoperationen sagen kann?

Psychologie der Freiheit

Ich denke nicht. In ethischen Diskussionen, in denen die Freiheit des Individuums hochgehalten wird, vergisst man gerne etwas: die Psychologie unserer Entscheidungsfindung. Ebenso wie es in der Praxis kaum einen perfekten *homo oeconomicus* gibt, keinen rein rational handelnden Marktakteur, gibt es auch kaum einen absolut freien Entscheider. Unsere Bedürfnisse, unsere Absichten, unsere Wünsche und Ziele sind nicht nur Folgen unseres willentlichen und bewussten Denkens, sondern auch unserer Erfahrungen in einem sozialen und kulturellen Kontext.

Wenn wir aufwachsen, wenn wir erzogen werden, wenn wir zur Schule gehen und wenn wir Freundschaften schließen oder mit anderen Menschen in Kontakt treten, dann lernen wir etwas darüber, welches Verhalten angemessen, erwünscht und unerwünscht ist. Wir machen diese Erfahrungen nicht nur dadurch, dass uns jemand diese Regeln erklärt, sondern auch durch soziale Belohnung – etwa Komplimente – und Strafe – Kritik, Tadel. Diese Prozesse schlagen sich in unserem Körper nieder.

Vor einigen Jahrzehnten noch musste sich eine verheiratete Frau eine berufliche Tätigkeit von ihrem Ehemann genehmigen lassen. Es galt nicht als selbstverständlich, dass sich Frauen genauso frei wie Männer für oder gegen einen Beruf entscheiden durften. Das nutzte wahrscheinlich Männern, die dadurch Frauen von sich abhängig machen konnten. Ebenso galt Kriegsdienst für das Vaterland vor einigen Jahrzehnten nicht nur als Männerpflicht, sondern sogar als eine besondere Ehre. Das nutzte wahrscheinlich Machthabern, die militärische Ziele verfolgten.

Ein Freund aus Israel, der in etwa mein Alter hat und schon Kriegseinsätze im Libanon miterlebt hat, erzählte mir einmal von seinem Heimatland. Dort würden auch heute noch Männer, die den dreijährigen Kriegsdienst verweigern, soziale Benachteiligung erfahren (Frauen müssen dort übrigens zwei Jahre Dienst leisten). Zum Beispiel können sie Probleme dabei bekommen, eine Arbeitsstelle zu finden, weil Arbeitgeber standardmäßig nach dem Kriegsdienst fragen und Verweigerer ablehnen. Umgekehrt lasse man den Kriegsdienstleistenden mit straffen Zeitplänen keine Zeit zur Reflexion oder zum Nachdenken.

Es ist also nicht damit getan, wenn man sagt, die Menschen könnten sich frei für das Eine oder das Andere entscheiden, wenn soziale Erwartungen an sie gestellt werden und unangenehme Konsequenzen drohen. Wir sind nicht nur in gewissem Maße sozial geprägt, sondern auch *sozial abhängig*. Manche vielleicht etwas mehr, andere etwas weniger. Nach dieser theoretisch-kulturellen Einführung in die Freiheitsproblematik geht es im zweiten Teil ausführlicher um das Beispiel Schönheit.

28
Von der Schönheit zum Schönheitswahn

Oder über den Verlust der Freiheit, so zu sein, wie man am liebsten wäre. Hier wird das Freiheitsproblem mit Blick auf konkrete Beispiele aus dem Alltag weiterdiskutiert, vor allem zu Mode, Aussehen und Schönheit. Diese Bereiche menschlichen Lebens und Handels erfahren in der wissenschaftlichen Literatur nur wenig Aufmerksamkeit.

Wenn sich heutzutage so viele Menschen den potenziell gefährlichen, schmerzhaften, teuren und unvorhersehbaren Schönheitsoperationen aussetzen, dann ist das vielleicht kein Beweis unserer Freiheit, als den ihn manche liberale Denker darstellen, sondern für die Wirksamkeit bestimmter sozialer Erwartungen. Mit diesem Trend gehen seit Jahren Fernsehshows und Berichte einher, die vor allem Frauen die Botschaft übermitteln, dass äußere Schönheit einer der wichtigsten oder vielleicht sogar der wichtigste Wert im Leben ist. *Mache alles, was dir die Casting-Agenten sagen, dann hast du die größte Chance auf den Erfolg.*

Kürzlich habe ich mich mit einem alten Freund wiedergetroffen, den ich einige Monate lang nicht gesehen hatte. Er hält üblicherweise nicht viel von meinem Modegeschmack und das ist okay. Diesmal sagte er mit einem Blick auf mein Hemd zu mir: „Man kann deinen Bauch sehen." Vor einer Weile machte ich auf einem Tanzfestival eine ähnliche Erfahrung, als mir eine Bekannte auf den Bauch klopfte und dabei sagte: „Ja, das Problem kenne ich." Ich bin 189 cm groß und wiege 82 kg. Das ist völlig normal.

Mitmenschen können Freiheit einschränken

Ich schreibe von diesen Erfahrungen als Beispiele dafür, wie Reaktionen unserer Mitmenschen unsere Freiheit einschränken können – wenn sie uns nämlich die Botschaft übermitteln, dass wir so, wie wir sind, nicht den Erwartungen oder dem Gewünschten entsprechen. Wenn wir diese Erfahrungen häufig genug machen, dann werden sie die meisten von uns unglücklich machen und einige dazu bewegen, *ihr Verhalten anzupassen*.

Als ich zur Schule ging, kam es noch mehr auf die richtige Markenkleidung an, um akzeptiert oder wenigstens nicht ausgegrenzt zu werden. Inzwischen hat sich die Mode verändert – Hosen, Pullis und Hemden sind enger geworden. Früher sprach man noch von Karottenbeinen und waren Leggins etwas für den Yoga-Kurs, nicht aber für die Straße. Damit die Beine in den „Skinny Jeans" oder „Jeggins" nicht wie Karotten aussehen, brauchen sie eben die entsprechenden Formen. Viele Marken bieten ihre Top-Produkte nur noch in einer „lim fit"-Version an. Auch für Männer heißt das: taillierte Schnitte und weniger Raum, um einen nicht normgerechten Bauch darunter zu verstecken.

Vom Fitness- und Wellness-Kult

Für mich gehörten Sport und Bewegung immer zum Leben dazu – aber ich genieße auch gerne einmal ein gutes Stück Schokolade, ein Glas Bier oder Wein. Nach meinem arbeitsbedingten Umzug nach München schaute ich mich hier nach einem neuen Fitnessstudio um. In den Niederlanden nennt man das noch euphemistisch *sportschool* (Sportschule). Dass dieses Studio in München aber mit dem Slogan „Celebrate yourself!" – feiere dich selbst – Werbung machte, das verhieß wenig Gutes. Dem Namen nach legt die Firmenphilosophie aber nicht nur auf Training für den Körper wert, sondern auch auf Wohltaten für die Seele.

Tatsächlich erinnerte mich das Fitnessstudio eher an eine Fabrikhalle, die man mit warmen Farben angestrichen und dann mit Geräten vollgestellt hat. Und was für Geräte das waren! Die neueste Generation von *TechnoGym,* die nicht nur jede Bewegung aufzeichnet und auf dem eigenen USB-Stick abspeichert, sondern auch die ideale Bewegung vorschreibt: Wie weit und wie schnell, das wurde alles auf einem Display vorgegeben und Abweichungen davon sofort mit einem roten Signal bestraft. Dazu passte, dass der Trainer mehr über die TV-Ausstattung und leichte Bedienbarkeit der Geräte – „So einfach wie ein SmartPhone!" – schwärmte, als mich über die Trainingseffekte aufzuklären.

Maschine bedient Menschen, nicht umgekehrt

Beim Verwenden der Geräte hatte ich dann auch eher den Eindruck, dass das Gerät mit mir arbeitet und nicht ich mit ihm. Überhaupt herrschte dort eher eine hektische Wartezimmerstimmung als eine entspannte Sphäre. Vor allem mit viel Technik wird hier der Körper geformt, während sich der Geist langweilt – oder eben beim Fernsehen zerstreut. Was an Freude an der Bewegung fehlt, das soll vielleicht durch die Zurschaustellung des durchtrainierten Körpers kompensiert werden. Daran herrschte jedenfalls kein Mangel.

Wenn der Körper nicht den Erwartungen entspricht, wenn wir von Freunden oder Kollegen negative Blicke oder Bemerkungen ernten, dann scheint der Gang zum nächsten Sportstudio, die nächste Diät oder gar der Gang zum Chirurgen als Ausweg. Ich möchte jedoch dafür plädieren, dass es einen anderen Ausweg gibt, nämlich *eine akzeptierende Geisteshaltung*. Wenn wir unser Gegenüber nicht an irgendeiner Norm messen, sondern in seiner Eigenheit respektieren, dann geben wir ihm oder ihr das Gefühl, akzeptiert zu werden; und wenn nur genug Menschen dies tun, dann werden wir einen geringeren Anpassungsdruck erfahren und auch in unserer Eigenheit akzeptiert werden.

Anpassung und Alternativen

Es gibt Situationen, in denen bleibt uns keine Alternative zur Anpassung. Ich sitze beim Schreiben dieser Zeilen beispielsweise im Flugzeug. Wenn es auf dem Flug Turbulenzen gibt, dann kann ich daran nichts ändern – weder kann ich den äußeren Luftdruck beeinflussen, noch das Flugzeug steuern. Ich muss darauf vertrauen, dass der Pilot oder die Pilotin seine Arbeit gut macht. Da Menschenleben und Flugzeuge teuer sind, kann ich aber davon ausgehen, dass die Fluggesellschaft ihre Angestellten gut ausgebildet hat und daher Leute am Steuerknüppel sitzen, die wissen, was sie tun.

Es gibt aber auch Situationen, in denen wir einen Handlungsspielraum haben; und dieser macht gerade unsere Freiheit aus. Wenn ich von anderen nicht so akzeptiert werde, wie ich bin, dann gibt es viele Möglichkeiten: Man kann sich dem stellen und seinem Gegenüber sagen, was man davon hält – so wie ich meinem alten Freund gesagt habe, dass mit meinem Bauch nichts verkehrt ist; man kann die Ablehnung in sich hereinfressen und sich unglücklich fühlen; man kann versuchen, sich anzupassen, indem man im Fall des Körpers eine Diät macht, mehr Sport treibt, andere Kleidung wählt oder eine Schönheitsoperation vornimmt; man kann sich mit anderen über seine Erfahrungen austauschen und so vielleicht Unterstützung bekommen; man kann sich in eine andere Umgebung begeben, in der man nicht abgelehnt wird, und so weiter.

Haare – die Seele eines Mannes?

Ein anderes Beispiel, an dem ich diesen Möglichkeitsspielraum erfahren habe, war mein *Haarausfall*. Dieser begann gegen Ende meines Studiums in Mainz und setzte sich auch bei meiner Forschungsarbeit in Bonn, wo ich meine Doktorarbeit schrieb, fort. Nach einer Weile wurde das Haar sichtbar dünner und manche Leute sprachen mich darauf an, dass man auf meine Kopfhaut gucken könne.

Von da an beschäftigte ich mich viel mit dem Thema Haare, achtete auf die Blicke anderer, fragte ich mich manchmal, aus welcher Richtung das Licht fällt und wie deutlich man deshalb mein dünnes Haar sieht. Jeder Gang auf die Toilette und damit vor den Spiegel führte zu ein paar Blicken aufs Haar. Ich schaute mir jetzt auch bei anderen Männern die Haare genauer an und beobachtete, wie diejenigen mit dünnem oder gar keinem Haar damit umgingen. Einmal ging ich auf einer Tanzparty sogar einmal in den dunkleren Bereich, weil ich dachte, dass meine Kopfhaut dort weniger durchschaut.

Als ich einmal einen Arzt darauf ansprach, weil ich dachte, dass dies womöglich ein Krankheitssymptom sein könnte, reagierte dieser nur mit einem Achselzucken und wies mich auf ein Medikament gegen Haarausfall hin. In jener Zeit informierte ich mich außerdem über die Möglichkeit einer Haartransplantation. Am besten kann ich das Gefühl mit der Situation vergleichen, dass man beim Zahnarzt eine neue Füllung bekommen hat und mit der Zunge die ganze Zeit an dieser Stelle herumspielt, weil sie sich anders anfühlt.

Im Gegensatz dazu waren es bei den Haaren die Augen und Finger, die immer auf die auffällige Stelle zurückkamen, und verschwand das komische Gefühl nicht schon nach einer Nacht, sondern erst nach ein paar Monaten. Im Übrigen hörte der Haarausfall sogar auf, nachdem ich nach Groningen umgezogen bin. Wahrscheinlich hat also der Stress während meines Studienabschlusses und meiner Doktorarbeitsphase dafür eine Rolle gespielt. Ich habe inzwischen gelernt, dass es viele Alternativen gibt, dass auch Männer mit weniger oder gar keinen Haaren attraktiv aussehen können und mich die paar Menschen, deren Meinung mir wichtig ist, auch so akzeptieren.

Soziale Normen sind Verhandlungssache

Unsere sozialen Normen sind also *Verhandlungssache* und kein unveränderliches *Naturgesetz*. Durch Reflexion und das Nachdenken über Alternativen können wir ein entspannteres Verhältnis zu uns selbst und der Gesellschaft entwickeln; und mit entspannteren Menschen ist der Umgang viel angenehmer, denn weder denken sie die ganze Zeit darüber nach, was nun von ihnen erwartet wird, noch urteilen sie permanent über uns.

Daher sind auch nicht die Teilnehmerinnen von Castingshows wie *Germany's Next Topmodel*, die schon bei jedem Salatblatt die Kalorien zählen, meine Heldinnen. Nein, meine Heldinnen sind diejenigen, die sich in ihrem Körper wohlfühlen, die auch einmal etwas Speck zeigen können, ohne sich zu schämen, anstatt sich nur an die Norm anzupassen. Ihr seid meine *Miss Germanys*.

29

Der Preis fürs „perfekte Leben"

Der Erfolgsdruck im Leben ist hoch und beginnt schon in der Kindheit. Immer mehr Menschen streben nach dem „perfekten Leben". Wenn die Erwartungen nicht erreicht werden, bietet sich heute für Frauen das Narrativ vom „Kampf der Geschlechter" an: Wir lebten noch stets in einem Patriarchat, das Frauen und andere Minderheiten unterdrücke. Dabei sind Männer oft demselben Druck ausgesetzt, der sich aus gesellschaftlichen Strukturen ergibt. Nach einer ausführlichen Diagnose folgt ein emanzipatorischer Lösungsvorschlag, um nicht den falschen Preis fürs „perfekte Leben" bezahlen zu müssen.

Karrierefrau, Mutter, Liebhaberin, Freundin – und dabei auch noch gut aussehen! Frauen schreiben über die Anforderungen und vor allem Überforderungen ihres Lebens. Weltweite Aufmerksamkeit erfuhr vor ein paar Jahren die Klage von Anne-Marie Slaughter, die schon Dekanin an der Universität Princeton war und unter Hillary Clinton einen Direktorinnenposten im US-Außenministerium innehatte. Unter der Überschrift „Warum Frauen immer noch nicht alles haben können"[1] erklärte sie die Gründe für ihren Ausstieg aus der politischen Karriere. Dass sie mehr Zeit mit ihren pubertierenden Söhnen verbringen wollte, nahmen ihr vor allem ihre feministischen Freundinnen übel. Verriet sie damit nicht die Ideale der Frauenbewegung? Wenig später ergänzte sie ihren aufsehenerregenden Essay mit dem Buch „Was noch zu tun ist: Damit Frauen und Männer gleichberechtigt leben, arbeiten und Kinder erziehen können" (Slaughter 2016).

---

[1] https://www.theatlantic.com/magazine/archive/2012/07/why-women-still-cant-have-it-all/309020/

Zugegeben, zwischen verschiedenen Führungspositionen wählen zu können und dabei noch mit einem Professor verheiratet zu sein, der sich primär um die Kinder kümmert, wäre für die meisten Frauen ein Luxusproblem. Ein härteres Los traf die US-Autorin Kristi Coulter. Sie beschrieb vor Kurzem ihren Weg in die Alkoholsucht und dann wieder heraus.[2] Für ihren Leidensweg machte sie nichts Anderes verantwortlich als die Anforderungen „des Patriarchats". Ihre Klagen ernteten jedoch viel Widerspruch: Gerade ein Patriarchat zwinge doch die Frauen nicht zum Arbeiten. Außerdem seien Männer rund eineinhalb Mal so häufig alkoholkrank. In einer Replik empfahl dann auch die Kolumnistin Karol Markowicz der gestressten Frau, die Gründe für ihr Scheitern nicht bei den Männern zu suchen.[3]

Auch Männern wird es zu viel

Doch nicht nur Frauen fühlen sich überfordert. Der Politologe Daniel Erk bezeichnete jüngst seinen Versuch, neben der Karriere auch noch ein gutaussehender Mann und moderner Vater zu sein, als „Leben auf der Streckbank".[4] Seine Problemdiagnose liest sich wie ein Spiegelbild der bereits erwähnten Klagen von Karrierefrauen. Dabei beschwert er sich über mangelnde Unterstützung derjenigen, die ihm doch dankbar dafür sein sollten, dass er jetzt putzt, backt, mit dem Kind spielt, für es singt und ihm vorliest: Ausgerechnet von jungen Feministinnen fühlt er sich im Stich gelassen, sogar verraten. Je mehr Macht diese in der Gesellschaft bekämen, desto mehr würden sie den sexistischen Spieß umdrehen, alle Männer über einen Kamm scheren und sie unter der Gürtellinie beleidigen.

Es scheint auf den ersten Blick tatsächlich paradox, dass wir jetzt trotz zunehmender Gleichberechtigung immer härtere Debatten über Ungleichheit zwischen den Geschlechtern erleben. Weniger paradox erscheint es unter Berücksichtigung einiger gesellschaftlicher und historischer Gedanken.

Einerseits nimmt der Konkurrenzkampf unter den Menschen immer weiter zu: Die Globalisierung führt uns vor Augen, dass unsere Arbeitsstellen schon morgen von jemandem in China oder Indien – zusammen

---

[2] https://www.zeit.de/campus/2016-08/alkohol-frauen-wein-alkoholismus-feminismus-patriarchat
[3] https://nypost.com/2016/08/26/no-ladies-its-not-the-patriarchy-making-us-drink/
[4] https://www.zeit.de/zeit-magazin/leben/2016-09/emanzipation-mann-frau-feminismus-der-neue-mann

rund ein Drittel der Weltbevölkerung – übernommen werden könnten. Dabei wird das verbleibende Stück Kuchen, um das wir uns streiten, aufgrund der zunehmenden Vermögensungleichheit immer kleiner. Am Horizont zeichnen sich schon intelligente Maschinen ab, die auch höher qualifizierte Aufgaben übernehmen können.

Karrierefeminismus statt Emanzipation

Andererseits klingt der Mainstream-Feminismus schon lange nicht mehr nach einer Emanzipationsbewegung, also zur Befreiung von Unterdrückung, sondern nach einem Karriereprogramm für Frauen. Frauen *dürfen* und *können* nicht nur in stärkerem Maße an der Arbeitswelt teilnehmen, sondern sie *sollen* und *müssen* es auch – allein schon aufgrund der schrumpfenden Arbeitsbevölkerung, jetzt da die Baby-Boomer allmählich in Ruhestand gehen.

Aus ähnlichen Gründen war auch der ostdeutsche Arbeiter- und Bauernstaat, dem die arbeitsfähige Bevölkerung davonlief, der westdeutschen Bundesrepublik in einigen Punkten in Sachen Emanzipation voraus: insbesondere dort, wo es um die Steigerung der Arbeitskraft ging, also beim Einführen der Antibabypille – in der DDR sogar positiv als „Wunschkindpille" beworben – oder beim Erlauben von Abtreibungen. Das jetzt von manchen Arbeitgebern bezahlte Einfrieren von Eizellen für das Verschieben von Schwangerschaften entspringt einer ähnlichen Idee.

Historische und heutige „Mannweiber"

Bei ihren historischen Studien stieß die Jahrhundertfeministin Simone de Beauvoir auf mittelalterliche Schlossherrinnen, die das Lehen verwalteten, während ihre Männer auf Feldzügen waren: „Diese Schloßherrinnen, die man virago, Mannweib nennt, werden bewundert, weil sie sich genau wie die Männer verhalten: sie sind gewinnsüchtig, hinterhältig, grausam und unterdrücken ihre Vasallen."[5] So ein Mannweib, nämlich die nordische Kriegerin Lagertha, nahm sich die Unterwäsche-Designerin Marlies Dekkers kürzlich als Vorbild für eine feministische Modekollektion. Dabei muss man wissen, dass Lagertha der Sage nach ihren zweiten Mann erstach, um ohne

---

[5] De Beauvoir (1992), S. 130.

ihn herrschen zu können. Die Designerin verspricht heute: „Trage Lagertha, und du bist bereit für den Kampf."

Die britische Soziologin und Feministin Angela McRobbie beschreibt das Beispiel der „phallic girls", also der phallischen Mädchen (McRobbie 2009). Diese jungen Frauen würden ihre Emanzipation vorspiegeln, indem sie sich ebenso (daneben) benehmen, wie manche Jungs: sie trinken viel, beleidigen andere, rauchen, prügeln sich, haben flüchtigen Sex, zeigen ihre Brüste in der Öffentlichkeit, werden von der Polizei festgenommen, konsumieren Pornographie oder gehen in Sexclubs. Für McRobbie sind die phallischen Mädchen aber gerade nicht emanzipiert, weil sie einen Standard von Männlichkeit unreflektiert übernähmen, statt ihn zu kritisieren.

Mit Blick auf solche Beispiele ist es nicht verwunderlich, wenn heutige Mainstream-Feministinnen einem backenden, putzenden und singenden Hausmann wie Daniel Erk nicht zur Hilfe eilen, sondern sich eher über die „Penisträger" lustig machen. Diese Frauen haben eben – wie so viele Karrieremänner vor ihnen – die Wertmaßstäbe des Wettbewerbs um Geld und Macht zu ihren eigenen gemacht.

Wer nicht für uns ist, ist gegen uns

Eine Veranschaulichung hierfür liefert die feministische Bestsellerautorin Laurie Penny: Sie argumentiert, dass Männer als Gruppe gewaltsam sind und Frauen unterdrücken.[6] Daher seien Beleidigungen oder Benachteiligungen von Männern auch kein Sexismus, sondern eine Art gerechtfertigte Notwehr. Männer müssten sich für eine bessere Welt dem Feminismus anschließen und gegen Männer als Gruppe kämpfen.

Für Frauen hat das heute dominierende feministische Narrativ (das ist eine sinnstiftende Erzählung) dabei nur Vorteile: etwa Zugang zu exklusiver Karriereförderung, zu Karrierenetzwerken oder anderen Ressourcen, oft genug aus öffentlichen Mitteln. Wenn man dann doch scheitert, so wie die oben erwähnte Autorin Kristi Coulter, dann kann man „dem Patriarchat" die Schuld geben. In der Psychologie nennt man das auch „Externalisierung" von Verantwortung.

Anderen Frauen und Männern bleibt in so einem Fall eher das Narrativ der Psychiatrie, welches den Fehler zwar im Individuum verortet (also

---

[6]Zum Beispiel in ihrem Vortrag „Lost Boys" 2015, siehe: https://www.youtube.com/watch?v=T2ewLXCGtJk.

internalisiert), gleichzeitig aber als medizinisches Problem entschuldigt. Du bist zwar krank – aber du kannst nichts dafür. Gängige Alternativen sind sonst noch die spirituelle Selbstfindung, Abstieg in Drogen und andere Räusche oder schlimmstenfalls gar der Suizid.

Wenn jetzt die Autorin Coulter und der Hausmann Erk jeweils dem anderen Geschlecht die Schuld für die Überforderung geben, dann haben sie beide Recht – und irren sich doch beide zugleich. Sie haben insofern Recht, als viele Frauen und Männer die Ansprüche der heutigen Lebens- und Arbeitswelt verinnerlichen. Dabei geht es vor allem um die Pflicht zur permanenten Optimierung, zur ständigen Erreichbarkeit, zur Aufopferung für andere, zur Verwirklichung einer Hyperwettbewerbsgesellschaft, in der alles, was kurzfristig keinen ökonomischen Nutzen hat, ohne Wert ist.

Emanzipation statt Anpassung

Beide irren sich aber insofern, als sie den Maßstab der Leistungsgesellschaft unkritisch zum Eigenen machen. Emanzipation in einem ernsthaften Sinne würde heute gerade nicht bedeuten, einander beim Erreichen von Karrierezielen auszubooten, sondern sich von den gesellschaftlichen Erwartungen über Wettbewerb und Erfolg zu befreien. Wenn selbst hochgebildete Machtpersönlichkeiten wie Slaughter von Feministinnen geschasst werden, weil sie gerne ihre Kinder aufwachsen sehen wollen, dann ist klar, dass es hier nicht um die Autonomie des Subjekts geht.

Damit fallen wir aber hinter eine wichtige Errungenschaft der abendländischen Aufklärung zurück, die gerade diese Autonomie in den Mittelpunkt der Gesellschaft stellte: Der politische Liberalismus gründet ja auf der Idee, dass jede und jeder für sich selbst entscheiden darf und *soll*, weil er oder sie am besten für sich selbst entscheiden *kann*. Dazu gehört dann aber auch der nötige Respekt vor diesen Entscheidungen.

Ein Indiz dafür, dass es in der westlichen Welt nicht so gut um diese Autonomie bestellt ist, liefert die Sterbebegleiterin Bronnie Ware. In ihrem internationalen Bestseller über die Reue der Sterbenden schreibt sie über Gespräche mit ihren Patienten (Ware 2013). Deren Bedauern lässt sich wie folgt zusammenfassen:

„Ich wünschte, ich hätte mehr Mut gehabt, ein Leben in Ehrlichkeit mit mir selbst zu leben, nicht das Leben, das andere von mir erwarteten. Ich wünschte, ich hätte nicht so hart gearbeitet. Ich wünschte, ich hätte den Mut gehabt, meine Gefühle auszudrücken. Ich wünschte, ich hätte Kontakt mit meinen

Freunden gehalten. Ich wünschte, ich hätte mir selbst erlaubt, glücklicher zu sein."

Daraus spricht ein tiefes Verlangen nach *Authentizität:* man selbst sein zu dürfen und so auch akzeptiert zu werden. Auch noch so viel Massenware mit beispielsweise dem Marketing-i im Namen (iPhone, iPad, iTunes und so weiter) kann dieses Bedürfnis nach „echtem Ich" nicht ersetzen. Dazu kommen eher konventionelle Werte, wie Freizeit und Freunde. Es scheint, als habe die Generation Y, die sich dem Vernehmen nach nicht mehr so um die Karriere kümmert, von der Reue ihrer Großeltern gelernt. Die hier besprochenen Zeugnisse der Überforderung stellen jedoch infrage, wie viele junge Menschen am Arbeitsmarkt diese Werte auch wirklich leben können.

Autonomie und Selbstverwirklichung

In eine ähnliche Richtung weisen verbreitete Motivationstheorien der westlichen Psychologie: So kommen in der sogenannten Pyramide von Maslow Bedürfnisse nach sozialen Beziehungen noch vor dem Ansehen. Bei Letzterem geht es aber nicht nur um Erfolg, sondern auch um Unabhängigkeit und Freiheit. Die höchste Stufe, die Selbstverwirklichung, kann wohl nur erreichen, wer einigermaßen authentisch lebt. Kurz vor seinem Tod 1970 ergänzte der Psychologe sein Modell übrigens noch um die religiöse Komponente der Transzendenz.

Aktueller ist etwa die Selbstbestimmungstheorie von Ryan und Deci (z. B. Ryan und Deci 2017). Grundbedürfnisse sind für sie Kompetenz (im Sinne von: wichtige Ziele erreichen), Autonomie und soziale Eingebundenheit. Die Motivation eines Verhaltens verorten sie auf einem Spektrum von fremdbestimmt bis autonom. Studien gemäß ihrem Modell deuten darauf hin, dass ein Übermaß an fremdbestimmter Motivation schlecht für die psychische Gesundheit ist; autonom motiviertes Verhalten dagegen steht im Zusammenhang mit Kreativität, Wohlbefinden und Vitalität.

Eine dementsprechende Bilanz fiele für die meisten unserer Arbeitsstellen wohl ernüchternd aus: Wie viele unserer (Arbeits-)Stunden verbringen wir vor allem zum Geldverdienen, um sozialen Verpflichtungen (wie Miete, andere Verbindlichkeiten, Unterhalt) nachzukommen und Übel (wie Armut, andere Ausgrenzung, Obdachlosigkeit) abzuwenden? Das heißt, die Motivation solchen Verhaltens wäre vor allem fremdbestimmt, extrinsisch, von außen vorgegeben.

Auffällig ist auch, wie weit die akademische Diskussion zur Verbesserung des Menschen, auch „Neuroenhancement" oder „Gehirndoping" genannt, von der so verstandenen Lebenswirklichkeit und Motivationspsychologie entfernt ist. Anders als es uns Vertreter dieser Strömung weismachen wollen, scheint Perfektion oder die permanente Verbesserung gerade kein Grundbedürfnis der Menschen zu sein, sondern diesen vielmehr im Wege zu stehen.[7]

Schillernde Pflicht zur Selbstverbesserung

Dennoch erscheint so vielen Menschen die Pflicht zur Selbstverbesserung als selbstverständlich. Von Studierenden hörte ich schon mehrmals, der Sinn ihres Lebens sei es, die „bestmögliche Version ihrer selbst" zu erschaffen. Die Notwendigkeit lebenslangen Lernens wird uns ja schon in der Schule eingetrichtert. Lernen ist natürlich ein wichtiger Aspekt zur Selbstverwirklichung – dann müssen die Ziele aber auch selbst gewählt sein und nicht nur durch den Arbeitgeber oder den Markt vorgegeben.

Perfektion scheint heute vielleicht deshalb so vielen als normal, weil wir überall von idealisierten Bildern umgeben sind: Die gephotoshopten, geschminkten, durch Mode zurechtgezurrten und im Fitnessclub geformten Körper machen uns aber nur vor, sie seien von echten Menschen. Auch Lebensläufe werden heute optimiert und aufgehübscht. Facebook-Profile oder Instagram-Streams geben nur einen ausgewählten, winzigen Teil der Realität wider und spiegeln uns so eine Scheinwelt vor.

Jeder muss aufs Gymnasium – und wenn die Aufmerksamkeit nicht reicht, dann werden, je nach Sichtweise, Medikamente oder Drogen wie Ritalin oder Amphetamin. Diese „Generation Ritalin", wie man sie auch nennen könnte, strömt längst an die Hochschulen und auf den Arbeitsmarkt. Die Note „befriedigend" ist dabei für viele äußerst unbefriedigend.

Mit dem Verbesserungsstreben geht aber auch eine Unzufriedenheit mit dem einher, was ist, dem Status quo. Es ist darum kein Zufall, dass die Transhumanisten so körper- wie weltfeindlich sind. Sie denken die Enhancement-Diskussion nur einen Schritt weiter und versprechen eine Eschatologie, eine Utopie des Überwindens aller Grenzen: Ihre perfekte Welt ist die eines Cyborgs mit Superkräften, schließlich die einer körperlosen digitalen Signatur im Superdupercomputer dank Gehirnupload.

---

[7]Siehe Kap. 15: Gehirndoping: Immer mehr leisten?

Gelassenheit und Zufriedenheit

Ein Gegenmodell dazu wären, abendländisch gesagt, eingeübte Besonnenheit und Gelassenheit, altgriechisch Sophrosyne. Eine ähnliche, womöglich gar schon ältere Idee, ist die auf Sanskrit *„santosha"* genannte Zufriedenheit. Diese verbreitet sich wegen der Beliebtheit von Ayurveda und Yoga zunehmend in der westlichen Welt. Die westliche wie östliche Sichtweise läuft darauf hinaus, das zu akzeptieren, was ist, anstatt ohne Ende auf ein immer höheres Ziel hinzustreben. Wen „befriedigend" nicht mehr befriedigt, der ist vielleicht mit gar nichts mehr zu befrieden.

Ein wichtiger Schritt zur Selbstverwirklichung könnte eine Verringerung der Arbeitszeit sein: maximal vier Tage pro Woche arbeiten. Der Philosoph, Mathematiker und Nobelpreisträger Bertrand Russell setzte sich sogar nur für einen Vier-Stunden-Arbeitstag ein. Ermöglicht werden könne dies durch die laufende Effizienzsteigerung – wenn man denn die erwirtschafteten Gewinne nicht fortlaufend privatisierte, sondern gemeinnützig verwendete.

Lassen wir ruhig Computer, Maschinen und Roboter die Arbeit für uns erledigen. Dann müssen sie aber *für* uns arbeiten und nicht *statt* uns. Die freie Zeit könnten wir für Hobbys, Familie, Kunst, Kultur, Politik, kurzum zur Selbstverwirklichung verwenden. Das wäre eine Welt wie in den Robotergeschichten Isaac Asimovs oder Raumschiff Enterprise.

Die meisten Arbeitsstellen in unserer an vielem so übersättigten Gesellschaft dienen doch sowieso vor allem einem „grundlosen Bedingungseinkommen", wie es der alternative Ökonom Alexander Dill ironisch nannte.[8] Der Londoner Anthropologieprofessor und Occupy-Vordenker David Graeber nennt sie schlicht „Bullshit Jobs".[9] Dass wir oder unsere Arbeitsstellen unersetzbar seien, sei eine Illusion, mit der wir am Arbeiten gehalten würden oder uns selbst am Arbeiten hielten.

Weniger ist mehr: weniger Müssen, mehr Zufriedenheit; weniger es anderen recht machen, mehr sich selbst respektieren; weniger kalkulierende Vernunft, mehr Gefühl; weniger Kolleginnen und Kollegen, mehr Freundinnen und Freunde; weniger Härte gegen sich selbst, mehr Akzeptanz dessen, wie man ist; weniger Cyberspace, mehr „Naturespace".

Was ist ansonsten der Preis fürs „perfekte Leben"?

Das eigene Leben.

---

[8] https://www.heise.de/tp/artikel/37/37953/1.html
[9] https://strikemag.org/bullshit-jobs/

Literatur

de Beauvoir, S. (1992). Das andere Geschlecht: Sitte und Sexus der Frau: Rowohlt Reinbek.

McRobbie, A. (2009). The aftermath of feminism: Gender, culture and social change: Sage.

Ryan, R. M., & Deci, E. L. (2017). Self-determination theory: Basic psychological needs in motivation, development, and wellness: Guilford Publications.

Slaughter, A.-M. (2016). Was noch zu tun ist: Damit Frauen und Männer gleichberechtigt leben, arbeiten und Kinder erziehen können: Kiepenheuer & Witsch.

Ware, B. (2013). 5 Dinge, die Sterbende am meisten bereuen: Einsichten, die Ihr Leben verändern werden: Arkana.

30

Zur Psychologie des KZ Dachau

Wie ließen sich mit so wenigen Mitteln so viele Menschen beherrschen? Eine Untersuchung darüber, wie die Umgebung unsere Freiheit einschränken kann. Der folgende Text ist eine überarbeitete Fassung eines Vortrags, den ich im September 2016 auf der Ferienuni Kritische Psychologie an der Alice-Salomon-Hochschule in Berlin hielt. Die Ferienuni ist eine Initiative von Studierenden der Psychologie und Sozialwissenschaften, die sich für eine Woche ihren eigenen Lehrplan zusammenstellen. Dabei kommen Themen auf die Tagesordnung, die im regulären Hochschulbetrieb außen vor bleiben. Drakonische Strafen, horizontale und vertikale Hierarchisierung sind meine Erklärung dafür, warum sich so viele Menschen kontrollieren ließen.

Mich interessierte die Frage, wie die Konzentrationslager der Nazis *psychologisch* so organisiert waren, dass es kaum zu Fluchtversuchen oder gar Aufständen der Gefangenen kam. Dabei verschlechterten sich die Bedingungen im Laufe des Zweiten Weltkriegs, der sich für Nazideutschland schlecht entwickelte, dramatisch. Der Krieg an mehreren Fronten band immer mehr Ressourcen, während das Elend der Gefangenen im Inneren ins Unermessliche stieg. Deshalb sollte man eigentlich eine Zunahme der Widerstandshandlungen erwarten.

Das KZ Dachau verdient besonderes Interesse, weil die Nazis dort schon sehr früh Oppositionelle einsperrten und es als einziges der frühen Lager bis zum Kriegsende bestand. Es war der Ort, an dem die perverse Psychologie von Überwachen und Bestrafen ausgefeilt und dann in die zahlreichen

Abb. 30.1 Ein Beispiel für die zynischen Wortwitze der Nazis: Am Eingang des Konzentrationslagers Dachau befindet sich diese Tür. Der Slogan „Arbeit macht frei" prangerte auch am Vernichtungslager Auschwitz. Nach Schätzungen des Buchenwaldüberlebenden Eugen Kogon führten für rund 93 % oder 6,7 Mio. Menschen „Schutzhaft" und Zwangsarbeit in den Lagern aber nicht in die Freiheit, sondern in den Tod. Das Tor wurde 2014 gestohlen und durch ein Replikat ersetzt. Foto: Stephan Schleim

anderen Lager „exportiert" wurde. Es kann auch heute noch dank der Gedenkstätte besucht werden.[1]

Der Vortrag, den ich am Morgen des 15. September 2016 in einem prall gefüllten Saal hielt, hat sich mir auch deshalb im Gedächtnis eingeprägt, da am Nachmittag eine kleine Gruppe von NPD-Mitgliedern am Platz gegenüber der Hochschule eine Kundgebung abhielt. Berlin befand sich im Kommunalwahlkampf. Nach dem Vortrag darüber, was der Menschenhass in Deutschland schon einmal angerichtet hatte, standen also schon wieder neue Menschenhasser vor der Tür. Die kleine Gruppe wurde aber sehr schnell von hunderten Besuchern der Ferienuni eingekreist und schließlich von der Polizei in Sicherheit gebracht. Die NPD erhielt drei Tage später bei der Wahl zum Abgeordnetenhaus von Berlin 0,6 % der Stimmen.

Es gibt historisch ausführlichere Untersuchungen zu den Konzentrationslagern. Der folgende Text erhebt für sich nicht den Anspruch, einen Beitrag zur Geschichtswissenschaft zu liefern. Stattdessen sollen einige Aspekte der psychologischen und soziologischen Organisation der Nazi-Diktatur und des SS-Staats einem breiten Publikum zugänglich gemacht werden (Abb. 30.1).

---

[1] https://www.kz-gedenkstaette-dachau.de/information.html

30 Zur Psychologie des KZ Dachau

Abb. 30.2 Ein anderes Beispiel für „Nazi-Humor": Am Eingang zur Gaskammer, die im KZ Dachau aus bisher ungeklärten Gründen jedoch nicht zum Einsatz kam, steht „Brausebad". Mit solchen Psychotricks sollte Opfern vorgespiegelt werden, dass sie nicht in unmittelbarer Lebensgefahr sind. Das verringerte die Wahrscheinlichkeit einer ausbrechenden Panik, die Sand im Getriebe der Tötungsmaschinerie gewesen wäre. Die Hoffnung stirbt zuletzt. Foto: Stephan Schleim

Eine Frage, die sich mir wie wahrscheinlich vielen anderen bei der NS-Diktatur und vor allem den Konzentrationslagern aufdrängte, war: Wie können Menschen andere Menschen so grausam behandeln? Zynisch erschien mir auf einmal die These einiger Hirnforscher, der Mensch sei von Natur aus ein empathisches Wesen.

Natürlich gab es in den vergangenen Jahrzehnten viele Erklärungsversuche: Das Milgram- und Stanford-Prison-Experiment in allen Varianten oder auch Hannah Ahrendts Berichte über die „Banalität des Bösen" sind nur einige wenige Beispiele. Diese Versuche erschließen aber nicht den grausamen Alltag der Gefangenschaft in Konzentrationslagern (Abb. 30.2).

Beim Studieren historischer Quellen fiel mir auf, wie wenig Wachpersonal für die Konzentrationslager zur Verfügung stand. Dabei muss man sich vorstellen, dass einerseits die Anzahl der Gefangenen stetig zunahm; in der Gedenkstätte Dachau ist das auch heute noch gut daran zu erkennen, dass in den Baracken immer mehr Menschen untergebracht wurden, daher die Betten immer kleiner und spärlicher wurden (Abb. 30.3).

Andererseits befand sich das Deutsche Reich natürlich im Krieg. Dieser verlief bis hin zur Befreiung 1945 für die Nazis immer schlechter und verschlang dabei immense Ressourcen, nicht zuletzt geeignetes Personal. Die Konzentrationslager mussten also trotz chronischen Mangels funktionieren,

Abb. 30.3 a, b Die bedrückende Enge in den Baracken lässt sich auf einem Foto nur ansatzweise wiedergeben. Im direkten Vergleich lässt sich aber feststellen, dass die Schlafplätze der Gefangenen in der Anfangszeit noch etwas geräumiger waren: Latten trennten die Menschen voneinander ab; auf den Brettern am Kopfende durften einige Habseligkeiten bewahrt werden (a). Später gab es keine Trennung mehr, war der Schlafplatz viel kleiner geworden und das Brett verschwunden (b). Foto: Stephan Schleim

das heißt Oppositionelle einpferchen, kriegsrelevante Zwangsarbeit sicherstellen und nach Außen Angst und Schrecken verbreiten. Gleichzeitig wurden die Gefangenen nicht nur immer mehr, sondern mussten sie unter immer elenderen Bedingungen leben oder dahinvegetieren. Wenn schon die Mittel für die Versorgung der Soldaten und des „normalen" Volks nicht reichten, mit wie wenig mussten dann die Opfer in den Konzentrationslagern erst auskommen?

Meine Frage ist daher, wie es unter diesen Umständen (also trotz Personalmangels, Überfüllung und Elends) sein kann, dass es in den vielen Konzentrationslagern so wenige Widerstandshandlungen gegeben hat?

Das KZ-System, insbesondere das KZ Dachau

Im Folgenden werde ich daher drei Aspekte der Organisation des KZ Dachau beleuchten, die ich auch als dessen „Psychologie" bezeichne, da es um das Verhalten der Menschen, ihr Belohnen und Strafen geht. Warum Dachau? Weil es das Erste war, das im März 1933, nur wenige Wochen nach dem Reichstagsbrand, als dauerhaftes Konzentrationslager errichtet wurde (Abb. 30.4).

Abb. 30.4 Der Appellplatz des Konzentrationslagers wirkte an diesem Sommertag so friedlich. Und doch mussten hier einst tausende, später zehntausende Gefangene strammstehen, auch bei Eiseskälte und in unzureichender Kleidung, wurden sie erniedrigt, beleidigt, gequält, ermordet. Foto: Stephan Schleim

Dieses in unmittelbarer Nähe der „Hauptstadt der Bewegung" (so der Ehrentitel der Nazis für München) gelegene Lager diente schon sehr früh, als die Macht der Nazis noch nicht völlig gesichert war, der Isolation, Terrorisierung und sogar Vernichtung politischer Gegner und zur allgemeinen Einschüchterung der Gesellschaft. Wer drinnen war, wollte schnellstmöglich wieder raus; und wer draußen war, der musste fürchten, bei einem falschen Schritt, einer falschen Äußerung hereinzukommen.

Am Lager wurden auch die SS-Wachtruppen ausgebildet (übrigens in Gebäuden, in denen heute die bayerische Bereitschaftspolizei sitzt). Spätere Konzentrationslager wurden nach seinem Vorbild errichtet. Abgesehen von den Vernichtungslagern zählte das KZ Dachau wie Buchenwald und Sachsenhausen zu den großen Lagern, in denen bei Kriegsbeginn jeweils permanent rund 10.000, bei Kriegsende rund 100.000 Menschen gefangen waren.

Der als Kommunist im KZ Buchenwald inhaftierte und überlebende Eugen Kogon verfasste nach der Befreiung für die *US Psychological Warfare Division* den wohl umfangreichsten Bericht über das KZ-System: „Der SS-Staat. Das System der deutschen Konzentrationslager" (Kogon 1947). Seinen Berechnungen zufolge waren in den „Normallagern" insgesamt 1.590.350 Menschen inhaftiert, im Jahresdurchschnitt 421.050, und sind 1.180.650 Gefangene gestorben (74 %). Dazu kommen rund 5,5 Mio. Tote aus den Vernichtungslagern, wo die Überlebenschancen gegen null tendierten.

Demgegenüber stehen die Schätzungen der Historikerin Karin Orth: Den KZ-Wachmannschaften hätten 41.182 Personen angehört, davon 3508 Frauen (9 %).[2] Dieses Zahlenverhältnis zwischen Gefangenen und Wachleuten erklärt das Aufkommen meiner eingangs erwähnten Frage. Wenn man drei Tagesschichten annimmt und der Einfachheit halber davon ausgeht, dass es nie Ausfälle wegen Urlauben oder Krankheit gegeben hat, kommt man bei einer halben Million Häftlinge gegen Kriegsende auf ein Verhältnis von 1:36. Dabei sind die Millionen Menschen in den Vernichtungslagern noch nicht einmal mitberücksichtigt, da Kogon diese nicht nach Jahren aufgeschlüsselt hat.

Die drei Aspekte, die meines Erachtens verständlich machen können, wie so wenige Menschen über so viele in elenden Umständen herrschen konnten, sind: 1) drakonische Strafen im KZ; 2) horizontale Hierarchisierung der Gefangenen („Stigmatisierung"); 3) vertikale Hierarchisierung durch Privilegien für „Funktionshäftlinge". Diese werden nun erläutert:

---

[2]Orth (2013), S. 54; zitiert nach dem Wikipedia-Eintrag „Inspektion der Konzentrationslager".

Drakonische Strafen

Ein deutliches Mittel zur Kontrolle der Menschen im Konzentrationslager waren drakonische Strafen, bis hin zur Tötung. Das führte 1933 noch zu Schwierigkeiten, da die bayerische Justiz wegen Mordes gegen den Lagerkommandanten Hilmar Wäckerle und andere Mitglieder der SS-Mannschaft ermittelte. Der Münchner Oberstaatsanwalt Karl Wintersberger beantragte sogar Haftbefehle gegen einige Nazis.

Die Anklage wurde aber durch den bayerischen Innenminister Adolf Wagner blockiert, der die Akten durch den Justizminister Hans Frank zugespielt bekommen hatte. Auf Betreiben Wagners und Heinrich Himmlers war das KZ Dachau überhaupt erst errichtet worden. Der unbequeme Staatsanwalt wurde schließlich versetzt und der Lagerkommandant Wäckerle zum 26. Juni 1933 durch Theodor Eicke ersetzt. Dieser prägte später als „Inspekteur der Konzentrationslager" den Aufbau und die Organisation aller Nazi-Lager (Abb. 30.5).

Eicke verdient einen eigenen Absatz: Aufgrund seiner außergewöhnlich unberechenbaren Brutalität war er selbst unter Nationalsozialisten umstritten. Als er sich im März 1933 einer Verhaftung widersetzte, kam er schließlich zur Beobachtung in die Würzburger Universitätspsychiatrie. Der behandelnde Arzt, Werner Heyde, stellte ihm am 22. April eine Unbedenklichkeitserklärung aus – und trat schon am 1. Mai selbst in die NSDAP ein, angeblich auf Eickes Empfehlung. War es Eicke gelungen, seinen Psychiater „umzudrehen"? Später wurde Heyde einer der führenden Köpfe hinter den als „Aktion T4" bekannten Morden von Kranken und Behinderten.

Theodor Eicke wurde also nur wenige Wochen nach seiner Entlassung aus der Psychiatrie Lagerkommandant. Die Historikerin Karin Orth kommentiert diesen Schritt Himmlers wie folgt:

„Himmler bestimmte am 26. Juni 1933 einen Mann zum Kommandanten in Dachau, der zu diesem Zeitpunkt – gemessen an bürgerlichen Karrierevorstellungen und auch aus der Perspektive der SS – als gescheiterte Persönlichkeit galt: einen erwerbslosen, vorbestraften Psychiatriepatienten, der wegen diverser Querelen innerhalb der SS aus deren Listen gestrichen war, Theodor Eicke."[3]

Um den Lagern einen Anstrich von Rechtsstaatlichkeit zu verleihen, führte Eicke im Oktober 1933 die „Postenpflicht" und die „Disziplinar- und

---

[3] Ebenda, S. 100; zitiert nach dem Wikipedia-Eintrag „Theodor Eicke".

Abb. 30.5 Theodor Eicke (1892–1943) war der zweite Kommandant des KZ Dachau, Inspekteur der Konzentrationslager und gilt auch als Mörder des SA-Führers Ernst Röhm. Eicke starb 1943 bei einem Aufklärungsflug in der Ukraine. Foto: Bundesarchiv

Strafordnung für das Gefangenenlager" ein. Diese Regeln wurden später auch in den anderen Konzentrationslagern übernommen. Laut Postenpflicht mussten Wachtposten bei einem Fluchtversuch ohne Vorwarnung sofort schießen. Solche Tötungen wurden straffrei gestellt.

So ein Fluchtversuch ließ sich natürlich leicht inszenieren. In den Erinnerungen niederländischer Kriegsgefangener las ich einmal, als die Kapitulation Deutschlands bevorstand, hätten die Wachleute auf einem Marsch zu ihnen gesagt, sie seien jetzt frei und könnten gehen. Dem trauten die Gefangenen aber nicht. Andernfalls wären sie womöglich „auf der Flucht" erschossen worden.

Hier ein Beispiel aus der Strafordnung des Lagers:
Im Zweifel *gegen* den Angeklagten. Ein faires rechtsstaatliches Verfahren gab es nicht. Verstöße waren auf vielfältige Art möglich, sogar schon durch eine Meldung zum Arzt „ohne Grund" (§ 3 2. der Lagerordnung), die Strafen hart und die Strafenden unerbittlich. Wer als Aufseher Milde walten ließ, konnte selbst degradiert und in Gefangenschaft genommen werden. Diese Vorschriften erzeugten ein Klima der Angst, in dem jeder Schritt der letzte sein konnte.

Anfang

Disziplinar- u. Strafordnung für das Konzentrationslager Dachau vom 1.10.1933
...
§ 4
Mit 8 Tagen strengem Arrest wird bestraft:
...
7. Wer als Stubenältester innerhalb seines Ordnungsbereiches Ungeziefer (Wanzen, Läuse, Filzläuse usw.) aufkommen lässt: wird dieser Zustand bewusst herbeigeführt oder auf andere Stationsäle übertragen, dann kommt Sabotage in Betracht.
...
§ 13
Wer vorsätzlich im Lager, in den Unterkünften, Werkstätten, Arbeitsstätten, in Küchen, Magazinen usw. einen Brand, eine Explosion, einen Wasser- oder einen sonstigen Sachschaden herbeiführt, ... wird wegen Sabotage mit dem Tode bestraft. Geschah die Handlung aus Fahrlässigkeit, dann wird der Schuldige in Einzelhaft verwahrt. In Zweifelsfällen wird jedoch Sabotage angenommen.

Horizontale Hierarchisierung („Stigmatisierung")

Die Gefangenen wurden in eine von sechs Gruppen eingeteilt und mussten sich neben ihrer Häftlingsnummer dementsprechende Symbole auf die linke Brust und das rechte Bein ihrer Kleidung nähen: ein roter Winkel für „Politische", ein grüner für „Berufsverbrecher", ein blauer für „Emigranten" (aus Deutschland Flüchtende), violett für „Bibelforscher" (vor allem Zeugen Jehovas und Mormonen, die den Eid auf Hitler verweigert hatten), rosa für „Homosexuelle" und schwarz für „Asoziale". Dazu kamen Symbole für Juden (ein umgedrehter gelber Winkel, der mit dem anderen einen Davidstern ergab), „Rasseschänder" oder bei Ausländern das Herkunftsland (Abb. 30.6).

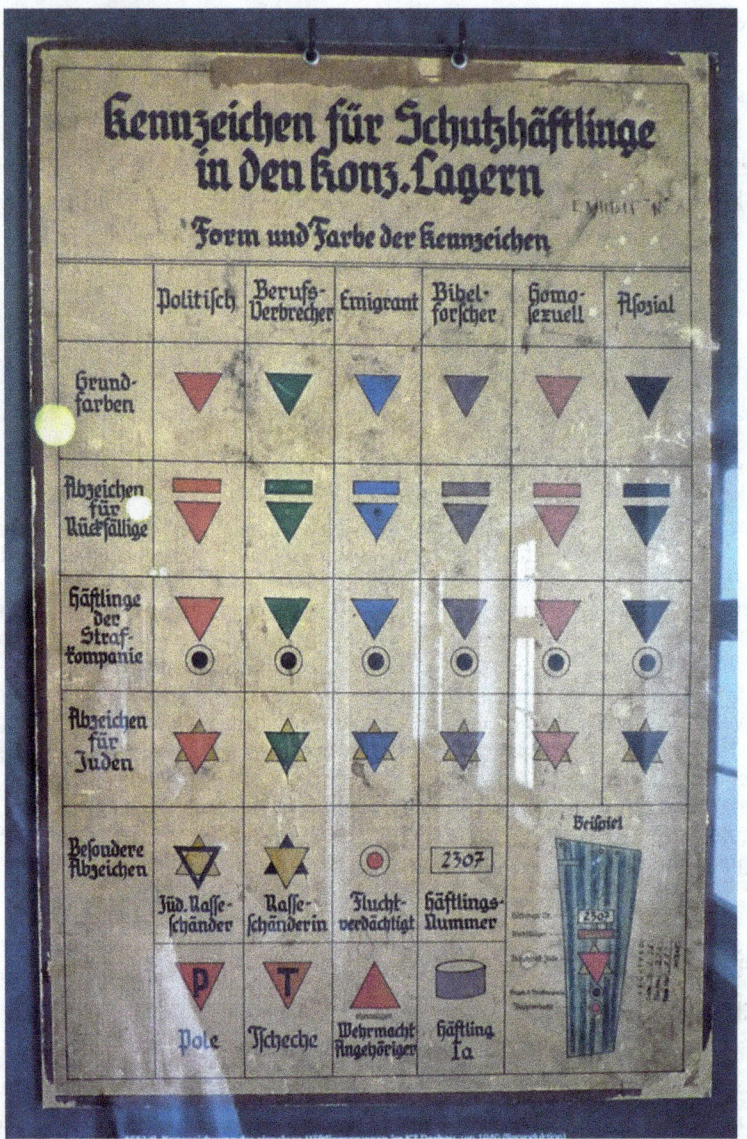

Abb. 30.6 Aufgrund der Abzeichen auf der Häftlingskleidung war sofort erkennbar, zu welcher Gruppe ein Gefangener gehörte. Häftlinge der Strafkompanie (schwarzer Punkt) bekamen besonders schwere Zwangsarbeit auferlegt, an denen viele nach ein paar Tagen zu Grunde gingen. Foto: Stephan Schleim

Kogon beschreibt, wie in jedem Konzentrationslager eine dieser Gruppen einen Teil der Lagerverwaltung übernahm, sozusagen eine Selbstverwaltung der Häftlinge. Meistens seien dies die „Berufsverbrecher" gewesen. Das KZ

Buchenwald, in dem Kogon war, sei eine der wenigen Ausnahmen gewesen: Dort seien die „Politischen" an der Spitze gewesen.

Mit diesen Funktionen gingen bestimmte Privilegien einher, grenzte man die Gruppe jedoch auch von den anderen ab. Kogon und andere berichten, dass vor allem durch „Berufsverbrecher" Misshandlungen geschehen seien, die denen des Wachpersonals in nichts nachgestanden hätten. Womöglich haben die Nazis diese bewusst in die Konzentrationslager gesteckt, um die Moral der Gefangenen weiter zu zerstören.

Noch eine zeitgeschichtliche Anmerkung zu den Winkeln: Auf dem Appellplatz des KZ Dachau befindet sich seit 1968 das sogenannte Winkelrelief. Dort fehlen jedoch drei Farben: rosa, grün und schwarz. Dazu heißt es auf den Seiten der Gedenkstätte:[4]

> „Drei Winkelfarben sind nicht zu finden: der schwarze Winkel der als ‚asozial' bezeichneten Häftlingsgruppe, der grüne Winkel der so genannten kriminellen Häftlinge und der rosa Winkel, den die homosexuellen Häftlinge tragen mussten. Bei der Errichtung des Mahnmals im Jahr 1968 wurden nur diejenigen Häftlingsgruppen aufgenommen, die zu dieser Zeit als ‚anerkannte' Verfolgtengruppen zählten, d. h. jene, die aus politischen, rassistisch motivierten oder religiösen Gründen verfolgt wurden. Das Schicksal der anderen, der so genannten ‚vergessenen Opfer' ist erst seit den 80er Jahren ein Thema der Forschung und der öffentlichen Diskussion (Abb. 30.7)."

Seit 1987 greifen eine Reihe von Gedenkstätten für Homosexuelle die rosafarbenen Dreiecke auf: Damals wurde das Homomonument in Amsterdam enthüllt. Die drei dortigen Winkel stehen für die Vergangenheit, Gegenwart und Zukunft. Seit 1989 erinnert auch ein Dreieck am Berliner Nollendorfplatz an die Verfolgung der Homosexuellen im Nationalsozialismus (Abb. 30.8).

Vertikale Hierarchisierung (Funktionshäftlinge)

Neben der Unterteilung nach Gruppe und Herkunft, wurden Häftlinge schließlich auch in eine Hierarchie der Funktionen eingeteilt, vor allem als Stubenälteste, Blockälteste und Lagerälteste. Diese wurden vom

---

[4] https://www.kz-gedenkstaette-dachau.de/station13.html

Abb. 30.7 Mit dem Winkelrelief, das seit 1968 auf dem Appellplatz der KZ-Gedenkstätte steht, durfte nicht aller Gefangenengruppen gedacht werden. Drei Farben fehlen. Foto: Stephan Schleim

Wachpersonal milder behandelt und konnten einfacheren Arbeiten nachgehen, beispielsweise in der Lagerverwaltung, in der Kantine oder den Krankenstationen.

Mitunter konnten Funktionshäftlinge ihren Mitgefangenen helfen, indem sie sie in bessere Unterkünfte oder für leichtere Arbeiten einteilten; im äußersten Falle konnten sie sogar Leben retten, indem sie Namen von Transportlisten strichen. Solche Vergünstigungen kamen häufig aber nur Mithäftlingen aus der eigenen Gruppe zugute. Dass diese Hierarchisierung bewusst dazu diente, die Gefangenen gegeneinander auszuspielen, legt eine Äußerung Himmlers über die „Kapo" genannten Vorarbeiter nahe:

„In dem Moment, wo er Kapo ist, schläft er nicht mehr bei denen. Er ist verantwortlich, dass die Arbeitsleistung erreicht wird, dass sie sauber sind, dass die Betten gut gebaut sind. [...] Er muss also seine Männer antreiben. In dem Moment, wo wir mit ihm unzufrieden sind, ist der nicht mehr

Abb. 30.8 Das Denkmal am Berliner Nollendorfplatz für die homosexuellen Opfer des Nationalsozialismus (der Aufkleber in der Mitte ist kein offizieller Bestandteil). Das Dreieck verweist auf die Winkel der Häftlingskleidung in den Konzentrationslagern. Die drei Winkel des etwas älteren Denkmals in Amsterdam sind auch tatsächlich rosa. Foto: Stephan Schleim

Kapo, schläft er wieder bei seinen Männern. Dass er dann von denen in der ersten Nacht totgeschlagen wird, das weiß er."[5]

Ein Funktionshäftling genoss also nicht nur Privilegien, sondern trug auch besondere Risiken. Das oben zitierte Beispiel aus der Strafordnung über den Stubenältesten zeigt, dass dieser für Fehler anderer Gefangener aus der eigenen Stube verantwortlich gemacht werden konnte – und im Extremfall dafür mit dem eigenen Leben büßen musste, etwa wenn Sabotage unterstellt wurde.

---

[5]Aus Himmlers Rede vom 21. Juni 1944; zitiert nach dem Wikipedia-Eintrag „Funktionshäftling".

Schluss

Trotz relativ geringer personeller Ressourcen der „Inspektion der Konzentrationslager", der die nationalsozialistischen Konzentrationslager unterstellt waren, funktionierten die Lager selbst unter den extremen Bedingungen des Krieges auf verschiedene Weise: zur Isolation, Einschüchterung oder Ermordung Oppositioneller, zur Zwangsarbeit für die Kriegsindustrie und zur Terrorisierung der Bevölkerung. Die von mir aufgeworfene Frage, wie sich mit so wenigen Menschen so viele in elenden Bedingungen kontrollieren ließen und es dabei nur äußerst selten zu (dokumentierten) Aufständen kam, lässt sich meines Erachtens vorläufig wie folgt beantworten:

1. Drakonische Strafen erzeugten eine Kultur der permanenten Todesangst; insbesondere Aktivitäten zur Meuterei, Sabotage oder zum Aufstand wurden ausnahmslos mit dem Tode bestraft.
2. Die horizontale Hierarchisierung teilte die große Masse der Gefangenen in kleine Gruppen, die nach innen zueinanderhielten, sich nach außen hin aber abgrenzten.
3. Die vertikale Hierarchisierung machte Gefangene schließlich zu Funktionshäftlingen mit Privilegien, die die eigenen Überlebenschancen oder die von Freunden erhöhten, aufgrund zusätzlicher Verantwortlichkeiten aber auch besondere Risiken bargen.

Aus psychologischer Sicht kann man sagen, dass die Nationalsozialisten damit eine perverse Struktur des Belohnens und Strafens errichteten, in der in letzter Konsequenz jeder gegen jeden ums eigene Überleben kämpfte. Diese Struktur nahm den Wachmannschaften nicht nur Arbeit ab, sondern schwächte die Gefangenen auch nach innen. Möglicherweise wurden die verurteilten Kriminellen, die in vielen Lagern die Führungsposition unter den Häftlingen einnahmen, sogar bewusst eingesetzt, um die anderen Gruppen zu zermürben.

Literatur

Kogon, E. (1947). Der SS-Staat. Bermann-Fischer Verlag.
Orth, K. (2013). Die Konzentrationslager-SS: Sozialstrukturelle Analysen und biographische Studien. Wallstein Verlag.

31

Deutsche wollen weniger Stress – doch wie?

Alle Jahre wieder wünschen die Menschen sich weniger Stress. Sogar die Jüngeren, die eine Welt ohne Internet und Smartphone gar nicht mehr kennen, wollen weniger online sein. In diesem Artikel werde ich erst die Herausforderungen mit dem Stress beschreiben und dann einige Antworten aus der östlichen und westlichen Philosophie vorstellen.

Stress, Stress, Stress! Seit Jahren lässt die DAK in einer repräsentativen Umfrage die guten Vorsätze fürs neue Jahr erheben.[1] Und seit 2015 – ältere Daten sind mir nicht bekannt – steht ununterbrochen auf Platz 1: Stress vermeiden oder abbauen. 2015 nannten 60 % diesen Wunsch, 2016 und 2017 jeweils 62 %, 2018 mit 59 % etwas weniger und dann 2019 wieder 62 %.

Darauf folgt der Vorsatz, mehr Zeit mit Freunden und Familie zu verbringen. Und seit einigen Jahren spielt auch der Wunsch eine große Rolle, weniger Zeit online zu sein beziehungsweise das Smartphone weniger zu nutzen. Letzteres ist insbesondere für die jüngere Bevölkerung ein wichtiges Thema – vielleicht, weil diese Mediennutzung die Menschen stresst? Dann überrascht es auch nicht, dass der Krankenstand unter der arbeitenden Bevölkerung höher ist denn je.[2]

Wenn weniger Stress so kontinuierlich und so hoch auf der Wunschliste der Deutschen steht – und damit sind sie sicher nicht allein auf der Welt -,

---

[1] https://www.dak.de/dak/bundes-themen/gute-vorsaetze-2019-2038102.html

[2] Darüber schrieb ich, unter anderem, in meinem Blog: https://scilogs.spektrum.de/menschen-bilder/die-deutschen-sind-kraenker-denn-je/

dann zeigt das aber auch, dass sich das Problem nicht nur mit einem guten Vorsatz lösen lässt. Denn sonst würde es ja im Folgejahr nicht wieder auf Platz 1 stehen. Und im Jahr danach auch. Und so weiter.

Vom Stress zur Stressbewältigung

Was tun also die Menschen? Viele besuchen Stressbewältigungskurse, die bisweilen auch vom Arbeitgeber oder der Krankenkasse finanziert werden. In den Niederlanden gibt es seit 2014 sogar eine offizielle Woche des Arbeitsstresses (niederländisch *week van de werkstress*). Mindfulness und Meditation sind ebenfalls in aller Munde. Dass östliche Weisheit beliebt ist und sich auch ökonomisch ausschlachten lässt, sieht man an den vielen Buddhas in den Schaufenstern, Bars, Cafés oder Hotels. Und natürlich ist da noch der Yoga. Auch der Autor dieses Textes hat schon eine Yogalehrerausbildung in Indien abgeschlossen.

Yoga kann aber viel bedeuten: Von beinahe militärischem Drill und Selbstoptimierung in Power-, Vinyasa- oder Ashtanga-Yoga-Kursen für die Fitnessbegeisterten über den eher gymnastischen Hatha-Yoga oder Yin-Yoga in Slow Motion bis hin zum Tanzen, Singen, Malen oder Meditieren. Für jeden Geschmack ist etwas dabei. Auch geschichtlich sieht man, dass sich Yoga immer wieder an Zeit und Umgebung anpasste, seit er im 19. Jahrhundert im Westen Verbreitung erfuhr. In Indien, seinem facettenreichen Ursprungsland, gibt es sowieso nichts, was es nicht gibt.

Dabei sind sowohl Fitness als auch Entspannung Mittel zur Stressbewältigung. Bewegung, ohne gleich in Extreme zu verfallen, ist sowieso gut für Körper und Geist. Allein schon die Tatsache, einmal unerreichbar für Anrufe, Textnachrichten und E-Mails zu sein, dürfte für viele einen entspannenden Effekt haben. Erst durch bewusste Entspannung, Mindfulness (Achtsamkeit), Meditation oder Atemübungen nehmen wir vielleicht wahr, was in uns vorgeht. Erst dadurch fällt uns auf, zu welchen Spannungen Stress in Körper und Geist führt und wie wir diese wieder loslassen können.

Reine Symptombehandlungen

Solche Bewältigungsmethoden haben aber insofern etwas Tragisches, als sie meistens reine Symptombehandlungen sind. An den *Gründen,* aus denen so viele Menschen gestresst sind, ändert sich damit erst einmal nichts. Mit Ausnahme vielleicht des Stresses, den wir durch unser Denken selbst verursachen, weil wir beispielsweise immer wieder denken, wie gestresst und in Eile oder unzufrieden wir sind und auch diese Gedanken neuen Stress verursachen.

Dadurch, dass das Grundproblem nicht gelöst wird, haben die professionellen Stressbewältigungstrainer in unserer Gesellschaft aber natürlich eine treue Kundschaft. Diesen Interessenkonflikt gibt es auf dem gesamten Gesundheitsmarkt: Wären die Menschen auf einmal alle gesund, dann könnten die meisten Ärzte, Apotheker, Pharmabetriebe, Psychotherapeuten und Krankenhäuser ihre Pforten schließen.

Wo man nur Symptome behandelt, also insbesondere bei den chronischen Erkrankungen, fließen aber kontinuierlich Gelder. Das sind die besten Kunden! Dann überrascht es auch nicht, dass seit Einführung des Marktdenkens im Gesundheitssystem immer mehr solcher Erkrankungen diagnostiziert werden und auch Schwellenwerte mancher Diagnosen abgesenkt werden. In vergleichbarer Weise hat sich eine Gesundheitspsychologie als eigene Disziplin zur Bedienung dieser Nachfrage gebildet. Ein beliebtes Narrativ, eine beliebte Erzählung dieser „Wissenschaft" zum Thema Stress ist, dass nicht so sehr der Stress selbst, sondern vielmehr unser *Denken* über Stress – oder unsere Bewertung – das Problem ist.

Die Gesundheitspsychologin und Bestsellerautorin Kelly McGonnigal ist ein Beispiel für die Verbreitung dieser Erzählung. Ihr TED-Talk „Wie man Stress zu seinem Freund machen kann"[3] wurde bereits millionenfach abgerufen. Einige deutsche Autoren versuchten in den letzten Jahren, ihren Erfolg zu kopieren.

Stress besser vermeiden als schöndenken

Das Tückische an dieser Botschaft ist allerdings, dass das nur für einen Teil des Stresses gilt: Eben den Teil, der entweder von vorübergehender Art ist oder den wir mit unserem Denken selbst erzeugen. Wer aber dauerhaftem Stress etwa am Arbeitsplatz oder durch Lärm zuhause ausgesetzt ist, der fühlt sich kurzfristig vielleicht besser, bleibt aber langfristig gestresst.

Das kann nicht nur psychische Probleme, sondern auch körperliche Erkrankungen, etwa des Herz-Kreislaufsystems verursachen. Dabei ist klar, dass wer viel chronischen Stress hat *und* dann auch noch denkt, wie schlimm das alles sei, am schlechtesten dran ist. Man sollte sich Stress also

---

[3] https://youtu.be/RcGyVTAoXEU

nicht nur schön denken, als „Freund", sondern auch etwas dagegen unternehmen. Das ist in vielen Fällen natürlich leichter gesagt als getan. Wer etwa im Umfeld eines Flughafens wohnt und durch eine Änderung der Flugpläne plötzlich im Fünfminutentakt Turbinenlärm in seiner Wohnung hört, dessen Möglichkeiten sind begrenzt.

Der Gesetzgeber räumt nämlich den wirtschaftlichen Interessen am Flugverkehr und den damit einhergehenden Steuereinnahmen hohe Priorität ein. Im Zweifelsfalle bleibt dann vielleicht nur ein Umzug, womit nicht gesagt wäre, dass Bürgerinitiativen nicht auch erfolgreich sein können. Aber es ist eben schwer. Und verursacht zumindest vorübergehend viel neuen Stress. Es gilt noch immer die alte Weisheit: Ändere, was sich ändern lässt – und akzeptiere den Rest.

Ein nicht repräsentatives aber doch sehr interessantes Beispiel erfuhr ich einmal in einem Kunstprojekt bei der Zusammenarbeit mit ehemaligen Gefangenen: Ein Mann erzählte mir, dass er sich im Gefängnis zum ersten Mal in seinem Leben frei gefühlt habe. Wie konnte das sein? Als ältester Bruder in einer Familie mit mehr als zehn Kindern habe er sich für alle verantwortlich gefühlt. Vor allem hätten ihn viele immer um Geld gefragt, weswegen er dann immer mehr davon mit Betrug und Drogenhandel verdient habe, bis er erwischt wurde und hinter Gitter kam. Überraschend, wie jemand erst durch Polizei, Staatsanwaltschaft und Gericht aus so einem stressigen Kreislauf von überzogenem Verantwortungsgefühl, wahrscheinlich auch dem Wunsch nach Anerkennung und damit einhergehender Kriminalität geholt wird.

Der Stress, an dem wir am meisten tun können, ist der, den wir durch unser Denken selbst verursachen. Dabei überrascht mich, dass wir beispielsweise zwar unsere Autos regelmäßig beim TÜV prüfen lassen müssen oder auch einfachen Produkten wie Zahnstochern oder Kondomen eine Bedienungsanleitung beiliegen kann.

Eine Bedienungsanleitung für uns selbst

Wie Körper und Geist funktionieren, das verrät uns aber niemand so richtig. Bei der Geburt eines Menschen wird kein Handbuch mitgeliefert. Und zum Arzt oder Psychologen gehen wir meist erst dann, wenn es schon ein ernsthaftes Problem gibt. Das ist natürlich die Marktlücke für die Fülle an Selbsthilfeliteratur und -Kursen. Oder eben für den Hype um Meditation, Mindfulness und Yoga. Wo es aber so viel gibt, da kann die Auswahl schwerfallen.

Es gibt auch keine unabhängigen Qualitätskriterien: Jeder kann sich Coach, Lebensphilosoph oder Yogalehrer nennen, anders etwa als bei psychologischen Psychotherapeuten oder Ärzten. Ein Wegweiser könnte dann vielleicht die Tradition sein, nämlich in dem Sinne, dass sich wahrscheinlich bewährt hat, was es schon lange gibt. Und dabei ist nicht nur an einige Jahre oder Jahrzehnte zu denken, sondern womöglich an Jahrhunderte oder Jahrtausende.

Auch wenn sich unsere Gesellschaften in diesem Zeitraum dramatisch verändert haben – die eingangs erwähnten neuen Technologien sind hierfür das beste Beispiel, wobei ich mich schon gar nicht mehr daran erinnern kann, wie wir in den Zeiten vor E-Mails und Handys Verabredungen getätigt haben – so sind unsere Körper wegen der nur langsam voranschreitenden biologischen Evolution doch relativ gleich geblieben. Und vielleicht ist dieses Auseinanderklaffen von Kultur und Natur in unserem Leben schon eine der Ursachen für unsere Stressprobleme.

„Du bist nicht deine Gedanken"

Eine zentrale Botschaft, die uns östliche Meditation und auch der eher philosophisch-besinnliche Yoga mitteilen, könnte man wie folgt auf den Punkt bringen: „Du bist nicht deine Gedanken." Damit ist gemeint, dass sich für uns ununterbrochen Gedanken und Gefühle *manifestieren,* wir uns mit diesen aber nicht *identifizieren* müssen. Dabei geht es jedoch nicht darum, etwas zu unterdrücken, sondern schlicht urteilslos wahrzunehmen. Das meint man mit Mindfulness, zu deutsch auch Achtsamkeit.

Zum Verständnis dieser Idee kann man sich einen Kinobesuch vorstellen. Vielleicht ist es ein Horrorfilm oder ein Thriller oder ein Liebesfilm, der uns bewegt. Wenn die Story packend ist, wenn niemand neben uns quasselt oder zu laut mit dem Popcorn raschelt und uns somit an die Umgebung erinnert, dann fällt unsere Wahrnehmung vielleicht mit dem Film zusammen, dann fühlen wir uns als einer der Charaktere und dann erleben wir Freude, Überraschung, Angst oder Schrecken der Handlung vielleicht sogar am eigenen Leib. Wahrnehmender und Wahrgenommenes fallen dann in eins.

Dabei kann dieses Ineinanderfallen gerade das Besondere am Kinobesuch sein und als lustvoll und intensiv erfahren werden: Einmal aus dem Alltagstrott heraustreten und sich für zwei Stunden in ein anderes Leben, in eine andere Welt begeben und treiben lassen. Das mag beim Kinobesuch noch unproblematisch sein. Wenn Menschen aber vielleicht zehn, fünfzehn oder gar zwanzig Stunden am Stück in ein Computerspiel eintauchen, am nächsten Tag wieder und wieder, und gar nicht mehr in ihr körperlich-gesellschaftliches Leben zurückfinden, dann kann das problematisch werden. Dafür gibt es jetzt auch die neue Kategorie der „Computerspielsucht".

Leben auf Autopilot

Wenn nun im Leben alles mehr oder weniger rund läuft, wenn alles „funktioniert", dann kann das Zusammenfallen von Wahrnehmendem und Wahrgenommenem problemfrei sein. Vielleicht stellt sich noch die Frage, wie bewusst jemand sein eigenes Leben lebt, oder ob derjenige nicht vielmehr im Modus des Autopiloten vorbeizieht. Aber diese Frage muss jeder für sich selbst beantworten. Und warum fühlen sich dann trotzdem so viele gestresst?

Problematischer ist es aber, wenn jemand Denk- und Verhaltensmuster hat, die zu permanentem Stress führen: Nie zufrieden sein können; immer mehr, immer besser sein wollen; die kleinsten Makel als Scheitern werten; sich keine Pausen gönnen; sich selbst ablehnen; sich einreden, etwas nicht gut zu können oder gar ein Versager zu sein; denken, dass einem alles zu viel ist; sich unattraktiv fühlen, hässlich, zu dick, zu dünn.

Die Ursachen dieser Muster liegen meistens in der Vergangenheit, mitunter schon in der frühesten Kindheit. Ihre Folgen realisieren sich aber in unserer Gegenwart. Immer und immer wieder. Durch die Trennung von Wahrnehmendem und Wahrgenommenem, also durch das Durchbrechen der Identifikation mit Gedanken und Gefühlen, kann man sich überhaupt erst einmal der Tatsache bewusst werden, dass man diese Denk- und dazugehörige Verhaltensmuster (sich etwa immer zu viel vorzunehmen) hat. Und dass sie Probleme verursachen.

Durch die anschließende Erfahrung, dass diese Gedanken und Gefühle eben nur das sind: Gedanken und Gefühle, die kommen und gehen und mit denen wir nicht unbedingt etwas anfangen müssen, können sie abklingen und an Macht über uns verlieren. Dieses Wissen über Achtsamkeit haben sich auch die neueren Mindfulness-basierten Ansätze in der Psychotherapie zunutze gemacht und inzwischen seit vielen Jahren angewandt.

Die antike Stoa

Wem diese Gedanken komisch vorkommen oder wer Schwierigkeiten mit östlichen Weisheiten hat, dem sei gesagt, dass sie genauso gut unserem eigenen Kulturkreis entstammen. So finden sich in der antiken Schule der Stoa und dann vor allem beim römisch-griechischen Sklavenphilosophen Epiktet[4] (ca. 50 bis 138 n. Chr.), von dem es heißt, er sei selbst gelassen geblieben, als sein Herr ihm das Bein verstümmelte, eindrucksvolle Passagen: „Nicht die Dinge selbst beunruhigen die Menschen, sondern ihre Meinungen und Urteile über die Dinge." Du bist nicht deine Gedanken. Und Epiktet fährt in seinem „Handbüchlein der Moral" fort (Epiktet, 2019): „So ist zum Beispiel der Tod nichts Furchtbares – sonst hätte er auch dem Sokrates so erscheinen müssen -, sondern nur die Meinung, er sei etwas Furchtbares, das ist das Furchtbare."

Oder zu Beleidigungen schreibt er: „Bedenke: Nicht wer dich beschimpft oder dich schlägt, verletzt dich, sondern nur deine Meinung, daß diese Leute dich verletzen. Wenn dich also jemand reizt, so wisse, daß es deine eigene Vorstellung ist, die dich gereizt hat."

Wenn wir dazu jetzt noch die Überzeugung nehmen, dass man im Falle einer Provokation „seinen Mann stehen" muss, dass es die Ehre zu verteidigen gilt, weil man sonst eine „Memme" (veraltend für Feigling; ursprünglich war es ein Wort für die Mutter bzw. Mutterbrust) ist, dann versteht man vielleicht, warum sowohl die meisten Täter als auch die meisten Opfer von Gewaltverbrechen Männer sind.

Dabei sagen Beleidigungen viel mehr über den Geisteszustand des Beleidigers als des Beleidigten aus. Das sieht man auch sehr deutlich hier im Diskussionsforum. Wer sich aber beleidigen lässt, der räumt dem anderen Macht über die eigenen Gedanken und Gefühle ein. Das formulierte Epiktet sehr deutlich an der folgenden Stelle: „Wenn jemand deinen Körper dem ersten besten, der dir begegnet, ausliefern würde, dann wärest du entrüstet. Daß du aber dein Denken jedem Beliebigen auslieferst, so daß es beunruhigt und verstört wird, wenn er dich beleidigt – dessen schämst du dich nicht?"

Zu den Lebensphilosophen und Weisen oder Ethikern in diesem Sinne zählten unter den Stoikern auch der Anwalt und Konsul Cicero, der Kaiser Mark Aurel, Musonius und Seneca (der Jüngere). Ihre Lehre verspricht bis

---

[4]Viele seiner Texte gibt es in deutscher Übersetzung gratis online unter: https://gutenberg.spiegel.de/autor/-epiktet-148

heute *apatheia, autarkia* und *ataraxia:* Freiheit von Affekten, Selbstgenügsamkeit und Unerschütterlichkeit, im Endergebnis Seelenruhe.

In den vorherigen Absätzen sahen wir, dass psychisches Leiden oft mit dem Denken begann, konkreter mit Überzeugungen und Meinungen, altgriechisch *dogmata*. Dass Dogmen die Seelenruhe stören, wussten aber schon Jahrhunderte vor den Stoikern die Skeptiker, allen voran Pyrrhon von Elis (ca. 360 bis 270 v. Chr.). Daher wollten die Radikalen unter ihnen völlig adogmatisch, also ohne jegliche Meinung leben. Die weniger Radikalen – sogenannten akademischen Skeptiker – dachten, man müsse nur falsche Meinungen aufgeben und könne die Richtigen bewahren. Pyrrhon erreichte jedenfalls ein außergewöhnlich hohes Alter.

Ost und West ist einerlei

Der Kreis zwischen West und Ost schließt sich jetzt, wenn man weiß, dass Pyrrhon Alexander den Großen (365–23 v. Chr.) auf dessen Indienfeldzug (326 v. Chr.) begleitete – und dort Kontakt mit indischen Weisen hatte, den sogenannten Gymnosophisten (Kuzminski, 2007). Diese bekamen ihren Namen daher, dass sie nackt (altgriechisch *gymnos*) waren, weil sie Kleidung für unnötig hielten. Es waren Asketen, die indische Philosophen oder Yogis gewesen sein könnten, vielleicht auch Jains oder frühe Buddhisten.

Ob wir es östlich oder westlich nennen – das spielt letztlich keine Rolle. Und schon Jahrhunderte vor Alexanders Feldzug gab es lebhaften Handel zwischen den Völkern. Die aus jener fernen Zeit erhaltenen Quellen stoßen hier aber an ihre Grenzen. Der springende Punkt ist, dass sowohl der Buddhismus mit seiner Meditation, der philosophisch angehauchte Yoga, insbesondere mit Ideen des Advaita Vedanta, die antiken Skeptiker, die Stoiker oder eben auch die genannten neuen Ansätze in der Psychotherapie auf das Ergebnis hinauslaufen, dass wir uns nicht mit unseren Gedanken und Gefühlen zu identifizieren brauchen.

Was Erwartungen mit uns machen

Andernfalls kann psychisches – und in letzter Konsequenz auch physisches – Leid entstehen. Drei niederländische Yogalehrer haben das anhand eines Alltagsbeispiels in einer Einführung in den Yoga wie folgt erklärt. Es geht schlicht um die Situation, dass man Freunde besuchen will:

„So schöpfen wir Bilder, Erwartungen, und nachdem du die Wohnungstür hinter dir zugezogen hast, bist du nicht wirklich auf dem Weg zu deinen Freunden, sondern bist du unterwegs zu deinen eigenen projizierten Erwartungen. Wenn sich die Tür bei deinen Freunden öffnet, dann betrittst du nicht wirklich ihre Wohnung … sondern deine eigene projizierte Situation: Du betrittst etwas, von dem du ein vollständiges Bild in dir hast, dass es so- und-so sein wird – kurzum, du betrittst eigentlich eine Art Traum. Es ist aber nicht unwahrscheinlich, dass die Situation, so wie du sie antriffst, etwas anders aussieht als das, was deine Erwartungen projiziert haben. Und das Ergebnis könnte sein, dass du dich nicht gänzlich wohl fühlst und dir eine Ausrede ausdenkst, um so schnell wie möglich wieder zu gehen. Oder, noch schlimmer, du setzt deine Freunde unter Druck, vielleicht auf eine sehr subtile Art und Weise, damit sie sich so verhalten, wie du es geträumt hast, dass sie sich zu verhalten haben, wenn du bei ihnen bist!"[5]

Dem möchte ich die Beschreibung der Gedanken- und Gefühlswelt eines Pariser Fußballfans und Hooligans in Philippe Claudels Roman „An meine Tochter" entgegenstellen, der später in der Handlung auch noch jemanden brutal zusammenschlagen wird:

„Sie beschimpfen die elf Spieler der gegnerischen Mannschaft als ‚Kinderficker' und ‚Arschlöcher' und den Schiedsrichter als ‚Neger',‚Kanaken' oder ‚Kameltreiber', falls er ein wenig braun aussieht und ein Foul pfeift, wo sie keines bemerkt haben. […] So geht er in das Café im Erdgeschoss des Krankenhauses [wo er arbeitet] und trinkt dort zehn Bier, ‚um mich aufzuheizen', bevor er das Stadion betritt, wo Alkohol verboten ist. Die Bereitschaftspolizei pfercht ihn und die anderen auf vergitterten Tribünen gruppenweise wie in Hundezwingern zusammen, als wären sie gefährliche Viehherden, die unter verschärfte Bewachung gestellt werden, und [er] stößt Kriegsgeheul aus, macht den Nazigruß, zeigt den Stinkefinger, schreit obszöne Beleidigungen, entfaltet mehrere Meter lange, bemalte Spruchbänder, auf denen in riesigen Buchstaben geschrieben steht: ‚Marseille! Die Pariser Ultras ficken euch!', wenn die Pariser Mannschaft Marseille zu Gast hat, oder: ‚Lens! Die Pariser Ultras ficken euch!', wenn sie Lens zu Gast hat, oder auch: ‚Straßburg! Die Pariser Ultras ficken euch durch!', wenn sie Straßburg zu Gast hat, und ein bisschen Abwechslung muss sein, und so weiter für jede eingeladene Mannschaft, die meistens unter einem Hagel von Schrauben, Muttern, Nägeln, Flaschenscherben und mit Urin und Exkrementen gefüllten Präservativen vom Platz geht. Das tut er ‚aus Liebe zum Sport', denn wie sagt er so oft zu mir: ‚In unserer verrückten Welt ist und bleibt der Sport das einzig Wahre.'"[6]

---

[5]Aus Keers und Kollegen (1977), S. 41; meine Übersetzung.
[6]Aus Philippe Claudels Roman, Position 481 im eBook.

Alles beginnt im Denken

„Du bist nicht deine Gedanken!", möchte ich da erwidern, und würde wahrscheinlich doch nicht verstanden. Es ist aber so, dass kein Krieg, keine Körperverletzung, kein Betrug, kein Streit und auch kein psychischer Stress entstehen würde, wenn da nicht erst ein Gedanke oder ein Gefühl, wahrscheinlich beides wäre.

Da scheint es mir die Mühe wert, sich einmal damit auseinanderzusetzen. Nicht indem man es unterdrückt, denn wie ein Ball, den man unter Wasser drückt, kommt es dann doch hochgeschossen. Sondern indem man es sich schlicht: anschaut.

Literatur

Epiktet. (2019). *Handbüchlein der Moral*. Ditzingen: Reclam.
Keers, W. A., Lewensztain, J., & Malavika, K. (1977). *Yoga als kunst van het ontspannen*. Utrecht: Het Spectrum.
Kuzminski, A. (2007). Pyrrhonism and the Madhyamaka. *Philosophy East and West, 57*(4), 482–511.

32

Ausblick

Dies war der persönlichste Teil des Buchs. Es ging nicht mehr so sehr um die Frage, wie Wissenschaftlerinnen und Wissenschaftler ein Problem (denken wir an Willensfreiheit) oder ein Phänomen (wie die typischen Symptome von Depressionen) definieren, sondern was das für den Alltag bedeutet. Dabei wurde ein alternatives Denken über Freiheit eingeführt: nämlich die Freiheit, so leben zu können, wie man leben will. Hierfür habe ich später auch den Begriff der *Authentizität* verwendet, der für jeden natürlich im Konkreten etwas Anderes bedeuten kann, für uns alle aber vielleicht zur Orientierung dient.

Man wirft uns Akademikern gerne einmal vor, im Elfenbeinturm zu sitzen. Ich hoffe, dass aus diesem Teil ersichtlich wurde, dass dem nicht so sein *muss*. Der Besuch im Konzentrationslager Dachau war ein so extremes wie anschauliches Beispiel dafür, wie Manipulationen unserer Umwelt und unseres Denkens dazu führen können, ein bestimmtes Verhalten zu erzeugen. Dieses Wissen hilft uns hoffentlich dabei, auch für weniger extreme Manipulationsversuche sensibilisiert zu sein. Schon ein Besuch in einem Supermarkt stellt uns etwa vor die Herausforderung, nicht eine Vielzahl von Dingen zu kaufen, die wir eigentlich gar nicht wollen. Denn auch so eine Supermarkt-Umwelt ist speziell dafür entwickelt, ein bestimmtes Verhalten wahrscheinlicher zu machen, nämlich Kaufverhalten. Haben Sie schon gewusst, dass die amerikanische *Walmart Inc.*, ein Einzelhandelskonzern, mit über 500 Mrd. US$ das profitabelste Unternehmen der Welt ist?

Für die Zukunft würde ich mir wünschen, dass *angewandte* Forschung in der Wissenschaft nicht mehr so geringgeschätzt wird. In der Psychologie, der Psychiatrie und den Neurowissenschaften haben sich übliche Versuchsaufbauten so weit vom Alltag der Menschen entfernt, dass der Nutzen dieser Forschung für die Menschheit bezweifelt werden darf. Natürlich ist ein gewisses Maß an Grundlagenforschung essenziell. Wissenschaftler müssen auch einmal unkonventionellen Ideen nachgehen können, um revolutionäre Entdeckungen zu machen. Wir sollten dabei aber nicht ganz aus dem Auge verlieren, dass Wissenschaft letztlich auch dem Wohl der Menschheit dienen sollte. Sonst werden sich langfristig immer mehr Bürgerinnen und Bürger davon abkehren und in anderen Bereichen weitersuchen, um Antworten auf die großen Lebensfragen und Bewältigungsstrategien für die großen Herausforderungen zu finden.

Teil VI

Gedanken über Sexualität und sexuelle Orientierung

Der letzte Teil dieses Buchs ist einerseits noch einmal eine Wiederholung des allgemeinen Themas – Gehirn, Psyche und Gesellschaft –, andererseits auch ein gedankliches Experimentierfeld: Kategorien wie hetero-, bi- oder homosexuell sind für viele von uns heute selbstverständlich. Vor dem 19. Jahrhundert gab es sie aber noch gar nicht. Wie würde eine Welt ohne sie aussehen? Und was kann die heutige Wissenschaft überhaupt über unser Sexualverhalten aussagen?

Ursprünglich beschäftigte ich mich mit diesem Thema, weil ich es für einen guten Versuch dafür hielt, meine Psychologiestudierenden für Wissenschaftstheorie zu interessieren. Das Themengebiet stieß meinem Eindruck nach dann auch auf ein großes Interesse. In spontanen Umfragen überraschte es mich dann aber doch, dass meine Studierenden zwar einerseits ihre Persönlichkeit im Allgemeinen eher für sozial geformt als genetisch determiniert hielten, ihre sexuellen Vorlieben im Speziellen aber überwiegend als genetisch bestimmt sahen.

Das motivierte mich zu einer tieferen Untersuchung darüber, was wir über diese Frage wirklich wissenschaftlich wissen. Und zu meiner eigenen Überraschung ist die Antwort gar nicht so eindeutig, wie man vielleicht denken würde. Meine entsprechenden Artikel darüber haben bei Leserinnen und Lesern Fragen aufgeworfen, auf die ich wiederum in dem Artikel „Was noch zur sexuellen Orientierung gesagt werden muss" reagiere. Damit wird noch einmal unterstrichen, wie mein Blog MENSCHEN-BILDER und auch dieses Buch ein Produkt meiner Interaktion mit Menschen wie Ihnen ist.

33

Vom Nachteil, „homosexuell" zu sein

Woher stammt die Unterteilung in Hetero-, Homo-, Bi- und Transsexuell? Lassen Sie sich von den griechisch-lateinischen Wörtern nicht täuschen. Die Menschheit kam die längste Zeit ohne sie aus. Warum geben wir sie nicht endlich auf, anstatt jetzt zu lehren, alles sei „okay"?

Wir schreiben das Jahr 2014. Seit Beginn der „Aufklärung" sind mehr als dreihundert Jahre vergangen, 45 seit der „sexuellen Revolution". Im grün regierten Baden-Württemberg unterzeichnen knapp 200.000 Bürgerinnen und Bürger eine Petition gegen eine geplante Reform der Sexualerziehung: Ab dem Schuljahr 2016/2017 sollte nach Wünschen der grün-roten Koalition die Gleichwertigkeit verschiedener Beziehungsformen gelehrt werden.

In der Dezember-Ausgabe von *Gehirn&Geist* erschien ein Artikel über Sexualkunde von der Wissenschaftsjournalistin Daniela Zeibig.[1] Wir erfahren von der Sexualpädagogin Anja Henningsen, die sich für eine Sozialerziehung zum „selbstbestimmten Umgang mit Sexualität" einsetzt; und von Eltern, die sich sorgen, wenn ihre Kinder im Unterricht über ihr „erstes Mal" sprechen oder womöglich gar zur Homosexualität umerzogen würden. Zumindest Letzteres ist wohl unbegründet, denn, schreibt Zeibig, „[u]mfassend thematisiert wurde Homosexualität in den meisten Klassen nach Angaben der Schüler nur selten. Meist befasste sich eine Klasse erst mit dem Thema, wenn es zu Mobbing von homosexuellen Mitschülern oder anderen Vorfällen gekommen war."

---

[1] https://www.spektrum.de/magazin/sexualkunde-wie-muss-guter-aufklaerungsunterricht-aussehen/1363332

Homosexualität in der Wissenschaftstheorie

Homosexualität ist für Wissenschaftstheoretiker aus sozialkonstruktivistischer Perspektive ein beliebtes Beispiel. Denn je nach Zeit und Ort sah (und sieht) man sexuelle Handlungen zweier Menschen gleichen Geschlechts mal als schick (denken wir an die Antike), mal als Sünde („Sodomie"), mal als Verbrechen, mal als Erkrankung (eben Homosexualität im ursprünglichen Sinne), mal als Lifestyle an.

Dabei gibt es den Begriff erst seit dem 19. Jahrhundert. Vor allem der deutsch-österreichische Psychiater Richard von Krafft-Ebing (1840–1902) popularisierte ihn mit seinem Werk über sexuelle Störungen, seiner PPsychopathia sexualis" aus dem 19. Jahrhundert (Krafft-Ebing, 1898).

Tatsächlich würde sich Homosexualität als psychiatrische Erkrankung von der ersten (1952) bis zur dritten Auflage (1980) durch das amerikanische Diagnosehandbuch DSM ziehen. Allerdings muss ergänzt werden, dass – vor allem nach den Bemühungen des kürzlich verstorbenen Psychiaters Robert Spitzer (1932–2015) – die sogenannte (und damit entschärfte) egodystonische sexuelle Orientierung/Homosexualität des Jahres 1980 daran gebunden war, dass man unter dem Unterschied zwischen der sexuellen Orientierung und dem Selbstbild litt. Erst mit dem DSM-III-R von 1987 strich man auch diese Kategorie aus dem Handbuch. Es entbehrt nicht einer gewissen Ironie, dass sich auch die sexuelle Emanzipationsbewegung, die sich für Formen neben der Frau-Mann-Beziehung einsetzt, des medizinischen Terminus bediente und bedient. Wenn die Alternativen Verdammung oder Einkerkerung sind, dann ist Therapie vielleicht die bessere Alternative.

Auf der Suche nach einem anderen Wort

Bei einem Besuch des Reichsmuseums für Antiken im niederländischen Leiden fiel mir ein Schaukasten auf, in dem griechische Vasen ausgestellt waren. Auf ihnen befanden sich Abbildungen gleichgeschlechtlicher Handlungen. Beispielsweise verführte ein Mann einen anderen mit dem Geschenk eines Hahns. Interessant ist nun, wie dieses Ausstellungsstück beschrieben wird: Die Verwendung des Begriffs Homosexualität, der uns seinen griechisch-lateinischen Ursprung nur vorgaukelt, wäre freilich anachronistisch.

Die für den Schaukasten Verantwortlichen haben dies jedoch über den Begriff der „Herrenliebe" (niederländisch *herenliefde*) geschickt gelöst. Tatsächlich findet sich meines Wissens in antiken Schriften kein Äquivalent zur Homosexualität. Daraus kann man die Vermutung ableiten, dass sich – zumindest die überlieferten – Dichter und Denker nicht so um eine Identifikation der sexuellen Orientierung scherten, wie wir das heute tun.

Mehrpoliges Modell

In dieser Hinsicht fiel mir nun der eingangs erwähnte Artikel über Sexualaufklärung auf: Es soll gelehrt werden, dass neben heterosexuellen auch homosexuelle Partnerschaften gleichwertig sind. Dies wohlgemerkt mehr als hundert Jahre, nachdem der wohl einflussreichste Psychologe des 20. Jahrhunderts, Sigmund Freud, die Bisexualität als den Normalfall ansah. Warum ist die Gesellschaft aber nicht weitergekommen, als ein mehrpoliges Hetero-Homo-Bi-Modell zu lehren, inklusive der Beruhigung, dass eine Positionierung an jedem Punkt „okay" ist? Warum sieht man Sexualität nicht als *Privatsache* an, bei der es jedem und jeder selbst überlassen ist, seine eigenen Erfahrungen zu machen?

Aus Neugier befragte ich kürzlich die Studierenden meiner Vorlesung „Philosophie der Psychologie" zu den Ursachen von Homosexualität. Zu meiner Überraschung ging die Mehrheit davon aus, diese sexuelle Orientierung sei vor allem genetisch determiniert. Dazu, dass dies nicht dem Stand der Wissenschaft entspricht, könnte ich einen eigenen Beitrag schreiben.[2]

Besorgt hat mich daran vor allem, dass diejenigen, die ein gelerntes Verhaltensmuster als „naturgegeben" ansehen, natürlich in ihrem Erkunden und Erleben eingeschränkt sind. Denn warum sollte man etwas hinterfragen, das nun einmal genetisch so festgelegt ist? (Haben Sie sich schon einmal gefragt, warum Sie braune und nicht blaue Augen haben und was sie gegebenenfalls dagegen tun könnten?)

---

[2] Siehe dazu auch die folgenden Kapitel.

Offen für Erfahrungen statt geschlossen durch Begriffe

Es hat also Nachteile, „homosexuell" zu sein; aber auch „heterosexuell". Wenn wir einen Schritt weiterdenken als Fortpflanzung, wofür man eben (unter anderem) eine Gebärmutter, eine Eizelle und ein Spermium braucht, verschwindet die Notwendigkeit einer Kategorisierung. Es ist ein gesellschaftlich vermittelter Gedanke, dass sich alle anhand der vorgegebenen Kategorien positionieren müssen. Den größten Teil der Menschheitsgeschichte kamen wir ohne sie aus.

Zum Schluss noch ein bewegender historischer Gedanke: Als 1968 in der KZ-Gedenkstätte Dachau das Winkelrelief eingeweiht wurde, fehlten dort drei Farben: grün, rosa und schwarz. Aus Protest ließ der Künstler mehrere Dreiecke leer.[3] Sie standen unter anderem für die Homosexuellen, die man im Konzentrationslager mit dem rosafarbenen Winkel identifizierte. Selbst in der Zeit der sexuellen Revolution war dieser Gedanke wohl noch nicht politisch korrekt. Zahlreiche Gedenkstätten, wie etwa das dreieckige *Homomonument* in Amsterdam, haben diesen Fehler inzwischen korrigiert. Das hat aber lange gedauert.

Literatur

von Krafft-Ebing, R. (1898). *Psychopathia sexualis: mit besonderer Berücksichtigung der conträren Sexualempfindung*. Eine klinisch-forensische Studie: Enke.

---

[3]Das ist detaillierter in Kap. 30 ausgeführt: Zur Psychologie des KZ Dachau.

34

Menschliche Sexualität – was wissen wir wirklich?

Sexuelle Vorlieben werden häufig als genetisch determiniert angesehen. Dabei sprechen wissenschaftliche Befunde für einen starken gesellschaftlichen Einfluss. Sind Sie wirklich frei in der Wahl ihrer Sexualpartner? Es ist erstaunlich, wie wenig wir über uns selbst wissen.

In meinem vorherigen Beitrag schrieb ich vom Nachteil, „homosexuell" zu sein. Natürlich meinte ich damit nicht, dass sexuelle Kontakte mit gleichgeschlechtlichen Personen nachteilig sind. Vielmehr handelt es sich um eine wissenschaftstheoretische Kritik des Begriffs „Homosexualität", der meiner Ansicht nach theoretisch problematisch ist und auch in der Praxis negative Folgen hat.

Die Mär vom „Schwulengen"

In einer Vorlesung für Psychologiestudierende besprach ich Beispiele zur Wissenschaftskommunikation. Eines davon war das „Schwulengen" (englisch *gay gene*), das angeblich 1993 von Genetikern entdeckt wurde. Der in *Science* publizierte Befund erhielt damals viel öffentliche Aufmerksamkeit (Hamer et al., 1993). Die Medienwissenschaftlerin Kate O'Riordan von der University of Sussex untersuchte nun dessen Leben in Wissenschaft und Gesellschaft (O'Riordan, 2012).

O'Riordan wies nach, dass das „Schwulengen" ein Eigenleben entwickelt hat: Obwohl der 1993 berichtete Befund nie repliziert werden konnte und die Studie unter Forschern kritisch diskutiert wurde, lebte die Idee in der

Gesellschaft fort. Teilweise wurde sie sogar von der Schwulenbewegung aufgegriffen, etwa durch T-Shirts mit der Aufschrift: „Xq28 – danke für die Gene, Mama". Xq28 ist die Bezeichnung für den Ort, an dem das „Schwulengen" lokalisiert wurde.

In meiner Vorlesung ließ ich die Studierenden darüber abstimmen, ob Homosexualität eher angeboren („genetisch determiniert") oder erlernt beziehungsweise selbst gewählt ist. Die Ergebnisse deuteten stark in die genetische Richtung. O'Riordan vermutet, dass der Hype um die Genetik – man denke vor allem an das Humangenomprojekt – seit den 1990ern zur Verbreitung der Ansicht geführt habe, die geschlechtliche Präferenz sei angeboren. Starke wissenschaftliche Befunde gebe es dafür aber keine. Nach einer Diskussion mit einem Kollegen aus der Philosophie der Biologie machte ich mich selbst auf die Suche nach dem Stand der Forschung.

Anteil der Umwelt überwiegt deutlich

In diesem Zusammenhang ist eine großangelegte Zwillingsstudie (mit N = 3826 Zwillingspaaren) schwedischer Forscher wichtig (Långström et al., 2010). Diese schätzen die Determination gleichgeschlechtlicher sexueller Handlungen der Gene gegenüber der Umwelt auf ca. 40:60 für Männer und ca. 20:80 für Frauen.[1]

Das widerspricht nicht nur dem Bild meiner Studierenden, sondern wahrscheinlich auch dem vieler Leserinnen und Leser: Geschlechtliche Vorlieben, zumindest vom Sexualverhalten aus gesehen, sind weniger angeboren als angelernt. Das wirft die Frage auf, wie stark gesellschaftliche Strukturen unser Sexualleben beeinflussen – und zwar nicht nur das von Menschen, die Kontakte mit gleichgeschlechtlichen Partnerinnen oder Partnern pflegen. Wenn das stimmt, dann sollten wir eine deutliche Variabilität im Vorkommen gleichgeschlechtlicher Handlungen im Laufe der Zeit und im Vergleich verschiedener Kulturen erkennen. Genau das belegen wissenschaftliche Studien seit Jahrzehnten.

Ein Klassiker aus der Anthropologie ist die Untersuchung von Clellan Ford und Frank Beach aus dem Jahr 1951 (Ford & Beach, 1951). In ihrem Buch „Patterns of Sexual Behavior" beschreiben sie die Ergebnisse aus der Erforschung 190 verschiedener Kulturkreise. In 76 davon fanden sich

---

[1] Eine ausführlichere Diskussion dieser Studie folgt in Kap. 36: Was noch zur sexuellen Orientierung gesagt werden muss.

Informationen über gleichgeschlechtliche Akte von Männern. In den 27 mit der niedrigsten Häufigkeit wurde dieses Verhalten bestraft. Strafen konnten sein, dass man sich damit bloß lächerlich machte, bis hin zur Tötung. In den übrigen 49 Kulturkreisen waren die gleichgeschlechtlichen Akte in irgendeiner Form anerkannt. Zum Beispiel ging man in einigen afrikanischen Stämmen davon aus, dass Jungen dadurch ihre Männlichkeit entwickeln.[2]

Wildes Sexleben im prüden Amerika

Ein Klassiker sind ebenfalls die „Kinsey Reports" über Sexualverhalten von Männern (Kinsey et al., 1948) und Frauen (Kinsey, 1953) in den USA. Das nach Alfred Kinsey (1894–1956) benannte Institut zur Sexualforschung an der *Indiana University* gibt es bis heute. Die auf mehr als zehntausend Interviews basierenden Berichte erschütterten damals das prüde Nachkriegsamerika. Denn laut Kinsey masturbierten etwa 62 % der Frauen sowie 92 % der Männer, was damals verpönt war. Zum tabuisierten Oralverkehr (in der Ehe) bekannten sich 46 % der Frauen und 49 % der Männer.

Gleichgeschlechtlicher Sex weit verbreitet

37 % der Männer und 13 % der Frauen gaben schließlich an, dass sie schon einmal gleichgeschlechtlichen Verkehr bis zum Orgasmus hatten. 10 % aller Männer waren überwiegend homosexuell. In einem Artikel in den angesehenen *Annals of the New York Academy of Sciences* schrieb Kinsey 1947:

> „Es ist jetzt deutlich, dass sich die sexuellen Einstellungen in einer frühen Periode entwickeln und zwar deutlich bevor sich das Kind spezifisches Faktenwissen aneignet. Einstellungen werden sowohl durch die jungen Umgangspersonen des Kindes geprägt als auch durch die Reaktionen der Eltern und anderer Erwachsener. Das Kind wird sich in einem frühen Alter der Tatsache bewusst, dass bestimmte soziale Werte mit sexuellen Fragen verbunden sind – und dass bestimmte Verhaltensweisen akzeptiert und andere verurteilt werden."[3]

---

[2]Diese Zusammenfassung beruht auf der Darstellung von Butler (@@@), auf die ich gleich noch kommen werde.
[3]Kinsey (1947), S. 635; meine Übersetzung.

Schon bevor sich Kinder spezifisches Faktenwissen aneigneten, würden sich durch die Reaktionen anderer Kinder, der Eltern und anderer Erwachsener sexuelle Haltungen entwickeln. Diese würden schließlich unbewusst übernommen: „Der Erwachsene denkt, dass er sich für eine bestimmte Handlungsoption entschieden hat, doch in Wirklichkeit hat er bloß die Urteile seiner Bekannten und ein altbekanntes Muster aus seiner Umgebung übernommen."[4]

Für Kinsey war es ein Rätsel, warum so viele Menschen ihre „biologisch normalen Reaktionen" vermeiden und unterdrücken: „Die zu beantwortende Frage ist nicht, warum so etwas [wie gleichgeschlechtliche Neigungen; Anm. St. S.] im Menschen fortbesteht, sondern warum so viele Individuen ihre normalen biologischen Reaktionen vermeiden und einschränken."[5] Dem Sexualforscher wurden zwar methodische Mängel vorgeworfen, doch eine neuere Analyse von Paul Gebhard und Alan Johnson aus dem Jahr 1979, Ersterer wurde nach Kinsey Direktor des Instituts, bestätigten die früheren Ergebnisse mit nur kleinen Abweichungen (Gebhard & Johnson, 1979).

Sexualverhalten kaum erforscht

Als ich mich auf die Suche nach neueren Ergebnissen machte, war ich überrascht: So listet die große Datenbank *Web of Science* bloß drei Treffer für eine Titelsuche zur Häufigkeit von Homosexualität (englisch *prevalence* und *homosexuality*). Davon kann man nur eine einzige als irgendwie repräsentativ bezeichnen, nämlich die Publikation von Bagley und Tremblay über die Befragung von 750 jungen Männern (18 bis 27 Jahre) im kanadischen Calgary aus dem Jahr 1998. Die Forscher kommen zum Ergebnis, dass 15 % davon – in unterschiedlich starker Ausprägung – homosexuell waren (Bagley & Tremblay, 1998). Wenn man den auch von mir kritisierten Begriff „Homosexualität" vermeidet und stattdessen nach „gleichgeschlechtlichem Sex" sucht, finden sich zwar ein paar zusätzliche Treffer, doch die Ausbeute bleibt mager. Damit muss man zum Ergebnis kommen, dass das menschliche Sexualverhalten in der gegenwärtigen Mainstream-Wissenschaft kaum erforscht wird.

---

[4]Ebenda, S. 636; meine Übersetzung.
[5]Ebenda, S. 637; meine Übersetzung.

Situation in den heutigen USA

Zum Glück gibt es auch andere öffentliche Institutionen. So berichtet der US-amerikanische *National Health Statistics Report* aus dem Jahr 2011 andere Ergebnisse – die Daten wurden in den Jahren 2006 bis 2008 erhoben.[6] Demzufolge hatten nur 6 % der befragten Männer aber 12 % der befragten Frauen im Alter von 25 bis 44 Jahren schon einmal sexuellen Kontakt mit einem gleichgeschlechtlichen Partner. Der neueste Bericht mit den Zahlen für 2011 bis 2013 ist gerade erst erschienen: Bei den Frauen stieg die Häufigkeit innerhalb kurzer Zeit auf 17 %, bei den Männern blieb sie bei 6 %.

Amy Butler von der University of Iowa beschäftigte sich genauer mit diesen Unterschieden zwischen den Geschlechtern und im Laufe der Zeit, jedenfalls für die USA und für die Jahre 1988 bis 2002. Für diesen Zeitraum findet sie zwar für beide Geschlechter einen Anstieg. Besonders ausgeprägt war dieser aber bei den Frauen (Butler, 2005). Diese Veränderung erklärt sie über ein sich änderndes normatives Klima gegenüber Homosexualität. Die Haltung gegenüber Schwulen sei jedoch negativer als die gegenüber Lesben, was vor allem auf der Feindseligkeit unter heterosexuellen Männern basiere. Die Zahlen für die Jahre 1988 (Frauen: 0,2 %, Männer: 2,4 %) bis 2002 (3,5 beziehungsweise 2,9 %) waren noch deutlich geringer als die erwähnten für die Jahre 2006 bis 2013.

Wieder anders verhält es sich in den Niederlanden, die sich sehr früh für Toleranz gleichgeschlechtlicher Kontakte einsetzten. So berichten Lisette Kuyper und Ine van Wesenbeeck vom Rutgers-Institut in Utrecht, dass 12,3 % der befragten Frauen und 12,7 % der Männer schon einmal gleichgeschlechtlichen Sex hatten. Diese Zahlen beruhen auf den Antworten von 4170 repräsentativen Teilnehmerinnen und Teilnehmern einer Befragung (Kuyper & Vanwesenbeeck, 2009).

Sowohl im Zeit- wie im Ländervergleich konstatieren sie große Unterschiede. 1989 hatten nur 4 % (Frauen) beziehungsweise 12 % (Männer) solche Sexkontakte angegeben. In Großbritannien, Frankreich, Australien und den USA waren die Zahlen meist deutlich niedriger. Die einzige Ausnahme bildeten, wie oben dargestellt, die Frauen in den USA. Australien liegt mit 9 % für die Frauen nur leicht darunter.

---

[6]https://www.cdc.gov/nchs/data/nhsr/nhsr036.pdf

Homosexualität als Krankheit oder Verbrechen

Denken wir daran, dass noch bis in die 1970er Jahre in den meisten Ländern Homosexualität als psychische Störung angesehen wurde. Psychologen suchten nach Möglichkeiten, durch Belohnung oder Bestrafung das Sexualverhalten von Versuchspersonen so zu ändern, dass sie die „gewünschte Heterosexualität" zeigten. Die Entkriminalisierung und Gleichberechtigung anderer Lebensformen ist ein anhaltender und bis heute nicht unumstrittener Prozess.[7]

Wie wir hier gesehen haben, ist die Wahl der Sexualpartner ein gesellschaftlich bedingter Prozess. In den Schulen bemüht man sich jetzt zwar um Sexualaufklärung, in der verschiedene Lebensformen und Kontakte als gleichwertig beschrieben werden. Das ändert aber nichts daran, dass diese Alternativen – vielleicht mit Ausnahme von lesbischem Sex in den USA – immer noch implizit abgelehnt werden.

Wie frei ist unsere Wahl?

Was die Leserin oder der Leser auch von dem Gedanken an gleichgeschlechtlichem Sex hält: Fest steht, dass auch dieses Denken gesellschaftlich beeinflusst ist. In einer Welt mit sexueller Freiheit hätten wir alle wahrscheinlich andere Erfahrungen gemacht.

Es ist auch nicht ausgemacht, dass es zu keiner Gegenbewegung mehr kommen wird. Sexualität wird zurzeit in den Mainstreammedien sowieso sehr häufig im Kontext von Verbrechen behandelt, nicht als Möglichkeit der Erfahrung und Selbstentfaltung. Die Gesellschaft kann schnell wieder repressiv werden. Das ist ein ernüchterndes Ergebnis.

Literatur

Bagley, C., & Tremblay, P. (1998). On the prevalence of homosexuality and bisexuality, in a random community survey of 750 men aged 18 to 27. *Journal of Homosexuality, 36*(2), 1–18.

Butler, A. C. (2005). Gender differences in the prevalence of same-sex sexual partnering: 1988–2002. *Social Forces, 84*(1), 421–449.

---

[7]Siehe hierzu auch Kap. 24: Das Einmaleins psychischer Störungen.

Ford, C. S., & Beach, F. A. (1951). *Patterns of sexual behavior*. New York: Harper.

Gebhard, P., & Johnson, A. (1979). The Kinsey Daia: marginaliabulations of the 1938–1963 interviews conducted by the institute forsex research: Philadelphia.

Hamer, D. H., Hu, S., Magnuson, V. L., Hu, N., & Pattatucci, A. M. (1993). A linkage between DNA markers on the X chromosome and male sexual orientation. *Science, 261*(5119), 321–327.

Kinsey, A. C. (1947). Sex behavior in the human animal. *Annals of the New York Academy of Sciences, 47*(5), 635–637.

Kinsey, A. C. (1953). Sexual behavior in the human female. Philadelphia,: Saunders.

Kinsey, A. C., Pomeroy, W. B., & Martin, C. E. (1948). Sexual behavior in the human male. Philadelphia,: W. B. Saunders Co.

von Krafft-Ebing, R. (1898). *Psychopathia sexualis: mit besonderer Berücksichtigung der conträren Sexualempfindung*. Eine klinisch-forensische Studie: Enke.

Kuyper, L., & Vanwesenbeeck, I. (2009). High levels of same-sex experiences in the Netherlands: prevalences of same-sex experiences in historical and international perspective. *Journal of Homosexuality, 56*(8), 993–1010.

Långström, N., Rahman, Q., Carlström, E., & Lichtenstein, P. (2010). Genetic and Environmental Effects on Same-sex Sexual Behavior: A Population Study of Twins in Sweden. *Archives of Sexual Behavior, 39*(1), 75–80. https://doi.org/10.1007/s10508-008-9386-1.

O'Riordan, K. (2012). The Life of the Gay Gene: From Hypothetical Genetic Marker to Social Reality. *The Journal of Sex Research, 49*(4), 362–368. https://doi.org/10.1080/00224499.2012.663420.

35

Science: Genetik kann Sexualverhalten nicht erklären

In den letzten Jahrzehnten scheint sich der Gedanke durchgesetzt zu haben, die sexuelle Orientierung sei angeboren, ob es sich nun um Hetero-, Bi-, Homo- oder was auch immer für eine Sexualität handelt. Man müsse im Zweifelsfalle nur seine richtige Identität entdecken. Doch woher wissen wir das eigentlich? Die Daten von einer halben Million Menschen widerlegen nun ein Dogma der Verhaltensgenetik.

Bei meinen Psychologiestudierenden, die freilich nicht für die Gesamtbevölkerung repräsentativ sind, ergaben informelle Befragungen über die Jahre hinweg immer wieder dieses Bild: Die Persönlichkeit insgesamt sei im Wesentlichen nicht angeboren, sondern eher erworben. Wenn ich aber spezifisch nach der *sexuellen Orientierung* fragte, dann war die Antwort umgedreht, dann wurde der genetische Einfluss als etwa zwei- bis dreimal so stark angesehen wie der Umwelteinfluss.

Der Mythos vom „Schwulengen"

Die amerikanische *Science,* die in ihrer heutigen Ausgabe eine einschlägige Studie zum Thema veröffentlichte, hatte bei diesem Thema in der Vergangenheit eine eher unrühmliche Rolle. Sie veröffentlichte 1993 die Studie von Dean Hamer und Kollegen von den US-amerikanischen *National Institutes of Heath,* die 40 homosexuelle Bruderpaare genetisch untersucht hatten (Hamer et al., 1993). Die Forscher hüteten sich zwar davor, ihren vorläufigen Befund als „Schwulengen" zu bezeichnen. Doch der von der

Science-Redaktion mitveröffentlichte Kommentar sprach bereits im Titel von „Hinweisen auf ein Homosexualitätsgen."[1] Dass es sich dabei um ein Gen auf dem X-Chromosom handelte, befeuerte natürlich das Stereotyp, dass schwule Männer irgendwie femininer seien. Wie die Medien den Fund aufgriffen, kann man sich leicht vorstellen.

Systematisch hat das die Medienforscherin Kate O'Riordan von der britischen University of Sussex erforscht. In Ihrer Publikation über das „Leben des Schwulengens" zeichnet sie nach, wie aus dem hypothetischen Fund eine soziale Realität wurde (O'Riordan, 2012). Dass das genetische Ergebnis in den Folgejahren nicht repliziert werden konnte, interessierte kaum jemanden. Die Idee war und ist fest in den Köpfen verankert.

Skurrilerweise griff sogar die Schwulenbewegung selbst bereitwillig den Gedanken auf. So gab es aktivistische T-Shirts mit der Aufschrift Xq28, wie der fragliche Ort auf dem X-Chromosom hieß. Der Name tauchte auch in Songtexten auf.[2] Die Idee, dass das Gen die sexuelle Orientierung festlegt, hatte Befreiungspotenzial, auch wenn sie wissenschaftlich gar nicht stimmte. Denn was biologisch festgelegt ist, daran können die Betroffenen ja nichts ändern. Oder?

O'Riordan selbst vermutet, dass durch das Humangenomprojekt und den Hype um die Genetik der Gedanke immer natürlicher wurde, dieses oder jenes sei eben angeboren, genetisch festgelegt. Warum also nicht auch die sexuelle Orientierung? Die Forscherin weist aber nach, dass Homosexualität dadurch immer wieder in Beziehung zu Krankheiten gesetzt wurde. So waren auch die Entdecker von Xq28 eigentlich Krebsforscher.

Außerdem sei die Frage nach der sexuellen Orientierung so aus dem gesellschaftlich-politischen in den biomedizinischen Raum verschoben worden. Soziologen nennen das „Dekontextualisierung" und „Depolitisierung". Tatsachen werden als gegeben und unveränderlich dargestellt. Darüber brauchen wir nicht mehr zu reden. Es ist eben so.

Halbe Million Versuchspersonen

Jetzt sind wir 26 Jahre weiter. Die nun erschienene Studie basiert nicht wie 1993 auf den Daten von 40 Bruderpaaren, sondern von – das muss man sich auf der Zunge zergehen lassen – sage und schreibe 492.678 Menschen

---

[1] Siehe: https://science.sciencemag.org/content/261/5119/291.long
[2] Siehe auch die Diskussion im vorherigen Kapitel.

(Ganna et al., 2019). Diese stammen im Wesentlichen aus der britischen UK Biobank und von der amerikanischen Firma 23andMe, die Interessierten für bare Münze allerlei Gentests anbietet.

Bei dem heutigen Ansatz wird nicht nur ein Chromosom oder ein Gen untersucht, sondern gleich das gesamte Genom nach statistischen Zusammenhängen abgescant. Das nennt man dann „genomweite Assoziationsstudie" (GWAS). Nicht geändert hat sich hingegen die medizinische Beheimatung der Forschung: In der langen Autorenliste haben wir es mit Psychiatern, Epidemiologen und anderen Vertretern aus den Gesundheitswissenschaften zu tun.

Da die Verhaltensgenetik ihre vollmundigen Versprechungen der letzten Jahrzehnte nicht einlösen konnte, sang man viele Jahre lang das Klagelied von der Gruppengröße: Die menschlichen Charakterzüge und Verhaltensweisen aber auch Störungen und Erkrankungen seien nun einmal so komplex, dass man zehn- oder gar hunderttausende Versuchspersonen brauche, um die Interaktionen vieler verschiedener Gene zu untersuchen.

Das ist einerseits Wunschdenken, andererseits aber ein Offenbarungseid: Denn wären die genetischen Effekte von großer Bedeutung, dann müsste man sie auch in kleineren Gruppen finden. Das ist schlicht Mathematik. Und die Sozialwissenschaften kommen in aller Regel mit einigen hundert Versuchspersonen aus und finden damit statistisch robuste Ergebnisse; natürlich unter der Voraussetzung, dass die übrige wissenschaftliche Methodik stimmt. Dass das leider nicht immer der Fall ist und Forscher aller Disziplinen mitunter schlicht publizieren, um zu überleben (englisch *publish or perish*), wissen wir seit Langem.

Mit der GWAS-Methode lässt sich Genetik jedenfalls im industriellen Maßstab skalieren und werden folglich immer mehr „Risikogene" gefunden. Allein für Schizophrenie gibt es derer mehr als tausend. Was das Patientinnen und Patienten bringt, weiß bisher keiner. Immerhin füllen die Funde aber die wissenschaftlichen Fachzeitschriften. Dabei wissen wir bereits im Voraus, dass die so gewonnenen Ergebnisse aus prinzipiellen Gründen keine große Bedeutung haben können.

Neue Studie in Science

Was nun Andrea Ganna vom Zentrum für Genmedizin am Massachusetts General Hospital in Boston und Kollegen in der *Science* berichten, ist, um es vorsichtig zu nennen, *äußerst bescheiden*. Der ganze Aufwand mit der halben Million Versuchspersonen führte nun dazu, dass man fünf über das Genom verteilte Orte gefunden hat, die etwas mit der sexuellen Orientierung zu tun haben könnten.

Nennen wir die Stars der heutigen Vorstellung ruhig mal beim Namen: rs11114975- 12q21.31 und rs10261857-7q31.2 für sowohl Frauen als Männer. Bei Männern fanden sich noch zusätzlich rs28371400-15q21.3 und rs34730029-11q12.1. Und bei den Frauen rs13135637-4p14. Alles klar, oder? Daten von Trans- oder Intersexuellen wurden aus der Analyse übrigens ausgeschlossen. Warum, das verraten die Forscher nicht. Vielleicht waren die Ergebnisse dann nicht mehr statistisch signifikant?

Es tut mir leid, meine Leser wieder einmal mit dem Thema *Effektgrößen* langweilen zu müssen. Um zu verstehen, was die Studie aussagt, kommen wir nicht darum herum. Vorher müssen wir aber erst noch wissen, wie sexuelle Orientierung hier überhaupt gemessen – in Fachsprache: operationalisiert – wurde.

Gleichgeschlechtlicher Sex

Der kleinste gemeinsame Nenner für alle Daten war die Angabe, ob eine Person schon einmal Geschlechtsverkehr mit einer anderen Person vom selben Geschlecht hatte. Also *mindestens einmal*. Daran ist nichts falsch und die Forscher kommunizieren das auch sehr deutlich.

Bei sexueller Orientierung kann man nun einmal mindestens die drei folgenden Ebenen unterscheiden: 1) mit wem jemand, salopp gesagt, ins Bett geht; 2) zu welchem Geschlecht sich jemand (primär) hingezogen fühlt; und 3) ob jemand seine sexuelle Vorliebe als Teil seiner Identität ausdrückt und, wenn ja, wie.

Bei (3) denke ich zum Beispiel an die jährliche Amsterdamer *Gay Pride*. Ich ging einmal auf so eine Parade und sah auf den bunt geschmückten Booten, die dem Kölner Karneval in nichts nachstehen, unzählige Muskelmänner (aber auch Frauen) in Badehöschen ihre Körper und Community zelebrieren. Das ist persönlich zwar nicht so mein Geschmack. Ich finde es aber gut, dass es das gibt. Nach all der Unterdrückung möchten lesbische, schwule, bisexuelle und wie auch immer orientierte Menschen mit allem Stolz zeigen, dass sie auch da sind, dass sie viele sind und dass sie sich in der Gesellschaft ihren Raum nehmen.

Der wichtige Punkt für unser Thema ist nun: Nicht jeder, der sich zu Menschen vom gleichen Geschlecht angezogen fühlt und/oder mit ihnen ins Bett geht, muss das als wesentlichen Teil seiner Identität ansehen. Es handelt sich psychologisch und kulturell also um verschiedene Dinge. Ich könnte beispielsweise Männer sexuell anziehend finden, doch trotzdem die Identität, wie sie manche Schwule in der Öffentlichkeit ausleben, als „nicht mein Fall" ansehen.

Nützlicher Geschlechtsvekehr

Es ist aber auch vorstellbar, dass jemand, der Menschen eines bestimmten Geschlechts nicht sexuell anziehend findet, trotzdem mit solchen Menschen ins Bett geht. Wie wir seit Jahrzehnten aus der klinischen Psychologie wissen, kann Sexualität genauso wie Arbeit, Essen, Genussmittel- oder Drogenkonsum, Spielen, Sport und vieles Andere mehr eine Bewältigungsstrategie dafür sein, wie wir durchs Leben kommen (Buchtipp: „Andere Wege gehen: Lebensmuster verstehen und verändern" von Jacob et al., 2011). Oder aber jemand hat in der Umgebung schlicht keine Menschen vom anderen Geschlecht, will aber trotzdem gerne sexuellen Kontakt, denken wir an die Armee, Gefängnisse oder Klostergemeinschaften.

Folgerichtig sprechen die Autoren der neuen Studie dann auch nicht von Homo- oder Bisexualität. Es wird interessant sein zu beobachten, ob die Medien, die darüber berichten, sich daran halten werden. In der Publikation ist lediglich von „heterosexuell" gegenüber „nicht-heterosexuell" in die Rede.

Letzteres wirkt allerdings etwas gekünstelt, wo es um Personen geht, die vielleicht nur einen einzigen gleichgeschlechtlichen Kontakt in ihrem Leben gehabt haben. Dürfte man sich etwa auch nie wieder Vegetarier nennen, nur weil man einmal Fleisch auf dem Teller hatte? Irgendwie müssen die Forscher das untersuchte Phänomen aber benennen.

Zu den Effektgrößen

Mit diesem Vorwissen können wir uns jetzt etwas genauer mit den Daten beschäftigen. Nun ist es so, dass für den zuvor genannten Genort rs347…, der nur bei den Männern statistisch signifikant mit dem Sexualverhalten in Zusammenhang stand, nicht-heterosexuelles Verhalten um 0,4 % häufiger vorkam, wenn ein bestimmtes Genmerkmal vorlag. Oder formulieren wir es anders: Diejenigen, die hier den Genotyp TT (also zweimal die Base Thymin) haben, hatten in 3,6 % der Fälle angegeben, *mindestens einen* nicht-heterosexuellen Kontakt gehabt zu haben. Beim Genotyp GT (Guanin/Thymin) waren es 4,0 %.

Mit meiner Forscherintuition gehe ich nun davon aus, dass die Autoren hier eher ihre besseren Funde hervorheben, die Unterschiede für die anderen vier Orte also wahrscheinlich eher kleiner sind. Solche kleinen Effekte werden eben statistisch signifikant, wenn die untersuchte Gruppe groß genug ist. Das ist Mathematik.

Die Wissenschaftler berichten zwar, dass sie bei Kombination aller Merkmale acht bis 25 % der Unterschiede im Sexualverhalten erklären können. Das ist aber erstens eine Schätzung, zweitens eine große Spannweite, drittens selbst im Optimalfall nicht die Welt und viertens, das wissen oder verstehen leider auch viele Mediziner nicht, kein Maß für die Stärke der genetischen Determination, da diese Schätzung selbst von der konkreten Umwelt abhängt, in der die Daten erhoben wurden.

Seriöserweise räumen die Forscher dann auch ein, aufgrund ihrer Ergebnisse niemals vom Genom auf das Sexualverhalten einer Einzelperson schließen zu können. Doch auch die Erklärung des Mechanismus, mit dem die Genorte in Verbindung stehen, ist eher holprig. Dafür heben die Autoren die beiden Funde hervor, die nur bei den Männern statistisch signifikant waren.

Erklärung der genetischen Funde

Konkret sei rs283… in früheren Studien mit typisch-männlichem Haarausfall in Zusammenhang gebracht worden und befinde es sich in der Nähe des Gens TCF12, das bei der Geschlechtsentwicklung eine Rolle spiele. Womöglich beeinflusst dieser Genabschnitt also irgendetwas bei den Sexualhormonen. Der andere Kandidat, rs347…, hat vielleicht etwas mit dem Riechen zu tun. Harte Erklärungen hören sich anders an.

Interessanter sind andere Daten aus der Studie, die dem genetischen Einfluss auf das Sexualverhalten widersprechen: So waren die Probanden tendenziell älter, in der großen britischen Datenbank 40 bis 70 Jahre alt, während der Altersdurchschnitt bei den Teilnehmern von 23andMe 51,3 Jahre betrug.

Schaut man nun auf die Geburtsjahrgänge, dann sieht man, dass bei den um 1940 geborenen unter 0,5 % (Frauen) oder rund 2 % (Männer) als nicht-heterosexuell im oben genannten Sinne galten. Bei den um 1970 geborenen waren es aber schon über 6 beziehungsweise 7 %.

Sozialer Einfluss viel größer

Das heißt konkret: Wo ein bestimmter Genotyp die Wahrscheinlichkeit für nicht-heterosexuelles Verhalten gerade einmal um den Faktor 1,1 erhöht, nämlich von den erwähnten 3,6 auf 4,0 %, erhöht das Geburtsjahr das Verhalten um den Faktor 3,5 (Männer) bis 12 (Frauen). Wann jemand geboren ist, bestimmt also in dieser Untersuchung das gemessene Sexualverhalten um ein Vielfaches mehr als die gefundenen genetischen Unterschiede.

Da wir mit ziemlicher Sicherheit ausschließen können, dass sich die Gene innerhalb von nur dreißig Jahren so gravierend geändert haben, unterstreicht das die Rolle von Umwelt- beziehungsweise Kultureffekten. Dazu kommt, dass sich genetische Einflüsse im Laufe des Lebens desto stärker auswirken, je älter man wird. Wenn also die 70-Jährigen das Verhalten seltener angeben als die 40-Jährigen, dann spricht auch das gegen eine genetische Festlegung.

Zum Verständnis der gefundenen Genabschnitte dürften auch von den Forschern berichtete Zusammenhänge mit früheren Studien mehr beitragen als die genannten Spekulationen über Haarausfall oder das Riechen. So gibt es nämlich statistische Verbindungen zu allgemeinem Risikoverhalten, Rauchen (nur bei den Frauen signifikant), Cannabiskonsum, Einsamkeit (denken wir an das zurück, was ich über Bewältigungsstrategien schrieb), Offenheit für neue Erfahrungen (wieder nur bei den Frauen signifikant) und vor allem der Anzahl der Sexpartner.

Anstatt dass die Gene das Sexualverhalten oder gar die sexuelle Orientierung direkt bestimmen, scheinen sie vielmehr im Zusammenhang mit Neugier und sexuellem Verlangen zu stehen, unabhängig vom Geschlecht des Partners. Oder anders gesagt: Wer sowieso mit mehr Menschen ins Bett geht und mehr ausprobiert, wer offener ist oder sich einsamer fühlt, der versucht es auch eher einmal mit jemandem vom eigenen Geschlecht.

Bescheidener Beitrag der Genetik

Vor diesem Hintergrund ist es doch recht bescheiden, was uns das Beste der modernen Verhaltensgenetik Anno 2019 übers menschliche Sexualverhalten erklären kann – und das schon bei so einem trivialen Merkmal wie dem, ob jemand mindestens einmal im Leben gleichgeschlechtlichen Verkehr hatte. An die wesentlich komplexeren psychosozialen Phänomene wie die sexuelle Orientierung oder die sexuelle Identität ist dabei noch gar nicht gedacht. Jeder mag selbst bewerten, ob solche nichtssagende Erkenntnisse die Milliarden rechtfertigen, die dieser Forschungszweig Jahr für Jahr verschlingt.

Und was soll das überhaupt, dass Psychiater sich – wieder beziehungsweise immer noch – mit gesundem Sexualverhalten beschäftigen? Die Autoren der Studie geben sich zwar Mühe, stigmatisierende oder diskriminierende Beschreibungen zu vermeiden. Es bleibt aber doch so ein „Geschmäckle", wenn Psychiater und andere Mediziner solche Studien veröffentlichen, wie auch die Medienforscherin O'Riordan aufzeigte.

Dazu die Soziologieprofessorin Melinda Mills von der Oxford Universität, die in *Science* einen begleitenden Kommentar veröffentlichte:

„Es gibt die Neigung, Sexualität auf einen genetischen Determinismus zu reduzieren oder jemandem diese Reduktion übel zu nehmen. Es könnte Bürgerrechte verbessern oder das Stigma verringern, die gleichgeschlechtliche Orientierung den Genen zuzuschreiben. Im Gegensatz dazu gibt es Befürchtungen, dass dies ein Werkzeug für eine Intervention oder 'Heilung' liefert. Die gleichgeschlechtliche Orientierung wurde früher als krankhaft oder verboten angesehen und ist noch heute in über 70 Ländern kriminalisiert, in manchen droht sogar die Todesstrafe."[3]

Toleranz von Konservativen

Dass der genetische Ansatz die Stigmatisierung reduziert, wird seit vielen Jahren von Biologischen Psychiatern gepredigt, ist heute aber empirisch widerlegt. Dass der Andere sogar *genetisch* anders ist, scheint die soziale Distanz nämlich zu vergrößern, auch wenn man demjenigen dann weniger Schuld für seinen Zustand gibt.

Interessant sind in diesem Sinne auch Funde aus der Homosexualitätsforschung, die zeigen, dass konservative Menschen Homosexuellen gegenüber toleranter sind, wenn das Phänomen als biologisch beschrieben wird (Overby, 2014). Das scheint aber damit zusammenzuhängen, dass diese Gruppe Homosexualität dann als weniger „ansteckend" auffasst, wenn sie genetisch bedingt ist. Ob es der Toleranz also wirklich hilft, die Mär vom „Schwulengen" zu verbreiten, wenn dabei doch mitschwingt, dass Homosexualität irgendwie unnormal ist, halte ich für fraglich.

---

[3]Mills (2019), S. 870; meine Übersetzung.

Aus wissenschaftlicher Sicht finde ich, dass die Studie von Andrea Ganna und Kollegen den verhaltensgenetischen Ansatz ein für alle Mal widerlegt: Verhalten lässt sich nicht genetisch erklären, sondern bestimmte Gene erhöhen bloß minimal die Wahrscheinlichkeit dafür. Mit einem Bruchteil der Investitionen könnte man mit sozialwissenschaftlichen Studien viel mehr und viel bessere Erklärungen des Sexualverhaltens erzielen; und das schreibe ich als jemand, der solche Studien gar nicht selbst ausführen würde, daran also auch kein finanzielles Interesse hat.

Wie viele Menschen auch einmal gleichgeschlechtliche Kontakte ausprobieren, hängt viel stärker mit der Offenheit der Gesellschaft zusammen als mit irgendwelchen Genen. Man könnte sich vorstellen, dass solche „Experimente" mit Ablehnung oder gar Strafen aktiv unterdrückt werden, dass eine Gesellschaft ihnen neutral gegenüber steht oder dass sie sogar aktiv gefördert werden. Im letzteren Fall würden manche Menschen feststellen, dass das nicht so ihr Ding ist, andere würden es als nette Abwechslung kennenlernen und wieder andere als ihre große Vorliebe.[4]

Langer Weg zur offenen Gesellschaft

Vorläufige Funde deuten darauf hin, dass gleichgeschlechtliche Kontakte heute – zumindest unter Frauen – an manchen US-amerikanischen Colleges als „schick" gelten. Dazu dürfte die Medien- und Filmindustrie ihren Teil beitragen. So ist etwa unvergesslich, wie Madonna bei den MTV Video Music Awards 2003 vor laufender Kamera Britney Spears und Christina Aguilera Zungenküsse gab. Trotzdem gibt es auch heute noch Jugendliche, die lieber behaupten, transsexuell zu sein, als sich und vor anderen eine gleichgeschlechtliche Vorliebe einzugestehen. Deshalb werden auch nicht jedem gleich Hormonblocker verschrieben, der in der Pubertät meint, im falschen Körper zu sein. Doch darüber ein anderes Mal mehr.

Unsere Gesellschaft scheint noch einen langen Weg vor sich zu haben, wenn es um die freie Entfaltung der Sexualität geht. Heutzutage lassen sich sogar vermehrt gegenläufige Trends feststellen, was etwa Verbote von Nacktheit oder die Kriminalisierung sexueller Kontakte angeht. Nur so viel steht schon fest: Die Verhaltensgenetik wird den Menschen weder befreien noch erklären; sie gehört endlich in die Mottenkiste der Wissenschaftsgeschichte.

---

[4]Siehe dazu auch die Diskussion der Funde des renommierten Sexuologen Kinsey im vorherigen Kapitel.

Literatur

Ganna, A., Verweij, K. J. H., Nivard, M. G., Maier, R., Wedow, R., Busch, A. S., ... Zietsch, B. P. (2019). Large-scale GWAS reveals insights into the genetic architecture of same-sex sexual behavior. Science, 365(6456), eaat7693. doi: https://doi.org/10.1126/science.aat7693

Hamer, D. H., Hu, S., Magnuson, V. L., Hu, N., & Pattatucci, A. M. (1993). A linkage between DNA markers on the X chromosome and male sexual orientation. *Science, 261*(5119), 321–327.

Jacob, G., Van Genderen, H., & Seebauer, L. (2011). *Andere Wege gehen: Lebensmuster verstehen und verändern.* Weinheim: Beltz.

Mills, M. C. (2019). How do genes affect same-sex behavior? *Science, 365*(6456), 869–870. https://doi.org/10.1126/science.aay2726.

O'Riordan, K. (2012). The Life of the Gay Gene: From Hypothetical Genetic Marker to Social Reality. *The Journal of Sex Research, 49*(4), 362–368. https://doi.org/10.1080/00224499.2012.663420.

Overby, L. M. (2014). Etiology and Attitudes: Beliefs About the Origins of Homosexuality and Their Implications for Public Policy. *Journal of Homosexuality, 61*(4), 568–587. https://doi.org/10.1080/00918369.2013.806175.

36

Was noch zur sexuellen Orientierung gesagt werden muss

Meine Artikel zur sexuellen Orientierung führten zu einer Vielzahl von Fragen: Sind unsere sexuellen Vorlieben doch nicht angeboren? Heißt das, bestimmte Formen ließen sich therapieren? Ein Folgeartikel schien mir dringend nötig. Hier lesen Sie, was mit Blick auf die neuesten biologischen und sozialwissenschaftlichen Studien aus der Perspektive des politischen Liberalismus noch zur sexuellen Orientierung gesagt werden muss.

Am 30. August 2019 erschien eine neue Forschungsarbeit über die Genetik der sexuellen Orientierung sowie mein begleitender Kommentar.[1] Kurz gesagt ergab die Untersuchung von rund einer halben Million Briten und US-Amerikanern, dass Gene nur einen moderaten Einfluss darauf haben, ob wir ausschließlich mit anders- oder auch mit gleichgeschlechtlichen Partnern Sex haben.

Das widerlegt wohlgemerkt nicht nur die Idee eines spezifischen „Schwulen-" oder „Lesbengens", die seit den 1990ern in unserer Kultur herumgeistert. Denn selbst wenn man die Effekte aller von den Forschern gefundenen Genabschnitte – es waren zwei für Frauen und Männer, zwei nur für Männer und einer nur für Frauen – zusammennimmt, erklärt die Genetik nur einen kleinen Teil.

---

[1] Siehe das vorherige Kapitel.

Der genetische Forschungsansatz

Wie zu erwarten war, sangen Verfechter des verhaltensgenetischen Ansatzes das alte Lied von der Gruppengröße: Man brauche eben die Daten von *noch mehr* Menschen, um das Phänomen genetisch zu erklären. Das setzt aber erstens voraus, dass eine starke genetische Erklärung wahrscheinlich ist. Dem widersprechen andere Daten, auf die ich noch eingehen werde. Und auch bei anderen Fragestellungen hat die Verhaltensgenetik nicht halten können, was vor und seit dem Humangenomprojekt versprochen wurde und wofür seit Jahrzehnten Milliardengelder fließen.

Zweitens werden noch größere Versuchsgruppen vor allem zum Fund immer kleinerer Effekte führen. Das ist schlicht Mathematik. Das heißt, die Liste der Genabschnitte, die man mit dem Sexualverhalten in Zusammenhang bringt, würde dann zwar immer länger. Diese neuen Funde würden aber für sich genommen immer weniger erklären. Dass die heute verbreiteten Verfahren zum Durchbruch führen, ist daher so gut wie ausgeschlossen. Deshalb bezeichnete ich diesen Forschungsansatz als widerlegt.

Fragen von Leserinnen und Lesern

Ich war dann aber doch über manche Fragen überrascht, die in der Diskussion des Artikels aufkamen: Ist Homosexualität nun angeboren oder nicht? Ist die gleichgeschlechtliche sexuelle Orientierung vielleicht doch eine Störung? Bedeuten die Forschungsdaten nicht, dass Homosexualität therapierbar ist? Und was besagen biologische Erklärungen im Vergleich zur Pädophilie?

Diese Fragen sind wichtig, weil auch im 21. Jahrhundert die Diskussion über Toleranz und Regulierung gleichgeschlechtlicher Beziehungen (Stichwort: „Homo-Ehe") noch nicht vom Tisch ist. Die gute Nachricht: Auf die meisten genannten Fragen gibt es zwar keine genetischen, wohl aber philosophische, psychologische oder soziologische Antworten – oder zumindest vielversprechende Ansätze zur Beantwortung. Eigens für diesen Artikel habe ich mir die neuesten Forschungsarbeiten der letzten zehn Jahre noch einmal näher angeschaut.

Warum Homosexualität keine psychische Störung ist

Am einfachsten lässt sich begründen, dass Homosexualität keine psychische Störung ist. Bis in die 1970er Jahre dachte man in Psychologie und Psychiatrie darüber noch anders. Zusammen mit der Einführung der Begriffe Hetero- und Homosexualität pathologisierten überhaupt erst gegen Ende des 19. Jahrhunderts Mediziner die gleichgeschlechtliche Liebe. Entkriminalisiert wurde sie darum aber nicht.

Aus Gründen, deren Erklärung hier zu weit führen würde, halte ich selbst nicht so viel von der Unterteilung der Menschen in die Kategorien homo-, bi- oder heterosexuell.[2] Dem Verständnis halber will ich sie hier aber verwenden. Außerdem passt es zu unserem Zeitgeist, allem einen Stempel aufzudrücken. (Zu nennen wären dann noch: a-, metro-, pan-, sapio- oder wasauchimmersexuell.)

Unter dem Druck von Aktivisten überdachten führende Psychiater in den 1970ern ihre Ansichten. Eine neue Definition von „psychische Störung" sah in den USA zunächst – und bis heute – vor, dass subjektives Leiden oder ein eingeschränktes Funktionieren hierfür wesentlich sind.[3] Im nächsten Schritt musste man dann einräumen, dass dort, wo Homo- oder Bisexuelle leiden oder eingeschränkt sind, das an der Ausgrenzung durch die Gesellschaft lag.

So entschied die Führungsriege der *American Psychiatric Association* im November/Dezember 1973, Homosexualität nicht länger als psychische Störung anzusehen (Zachar & Kendler, 2012). Ein Mitgliederentscheid im Mai des Folgejahres bestätigte dies mehrheitlich. Es gab jedoch auch inneren Widerstand, zumal einige Psychiater mit Therapieversuchen viel Geld verdienten.

Menschengemachte Kategorien

Allgemeiner muss man sagen, dass sich naturwissenschaftlich überhaupt keine Grenze zwischen „gesund" und „krank" oder „normal" und „abnormal" ziehen lässt. Diese Unterscheidung treffen nur Menschen. Selbst wenn man die Frage rein statistisch beantworten will, muss man erst Normen setzen. Umgekehrt wird ein Schuh draus: Wenn man schon

---

[2] Siehe meine Ausführungen in Kap. 33: Vom Nachteil, „Homosexuell" zu sein.
[3] Siehe hierzu auch Kap. 24: Das Einmaleins psychischer Störungen.

weiß, was „krank" ist, dann kann man im Körper nach entsprechenden Merkmalen suchen. Bei psychischen Störungen seit über 170 Jahren übrigens ohne durchschlagenden Erfolg.

Doch ich schweife ab. Wichtig ist noch die Feststellung, dass für die Frage, ob Hetero-, Homo- oder Wasauchimmersexualität eine Krankheit oder eine psychische Störung ist, der genetische Befund irrelevant ist. Das heißt: Ob es nun „Schwulengene" gibt oder nicht, ändert nichts an der Antwort auf die Frage. Oder schauen Sie einmal in den Spiegel. Was für eine Augenfarbe sehen Sie da? Die ist wahrscheinlich stark genetisch determiniert. Trotzdem sind blaue, braune oder wasauchimmer Augen keine Krankheit.

Kann man Homosexualität nun therapieren?

Auf den Befund, dass es keine „Schwulengene" gibt, reagieren manche mit der Frage: Heißt das nicht, dass man Homosexualität nun doch therapieren kann?

Zunächst sei noch einmal daran erinnert, dass die neue Studie gar nicht spezifisch Homosexualität untersucht hat. Es ging schlicht darum, ob die Teilnehmer mindestens einmal im Leben gleichgeschlechtlichen Sex gehabt hatten. Diese Personen nannten die Forscher dann etwas umständlich „nicht-heterosexuell".

Man kann Laien dieses Missverständnis aber kaum verübeln, wenn gar *Nature News* titelte „Kein ‚Schwulengen': Mega-Studie nähert sich der genetischen Basis menschlicher Sexualität."[4] Oder *Forbes*: „Das ‚Schwulengen' ist ein Mythos, aber schwul sein ist ‚natürlich', berichten Forscher."[5] Oder *BBC News,* immerhin etwas weniger peinlich: „Kein Gen für sich hängt damit zusammen, schwul zu sein."[6]

Aus einer Studie, die nicht einmal Homosexualität untersucht hat, lässt sich prinzipiell nichts über „Homosexualitätsgene" herausfinden. Lang lebe der Wissenschaftsjournalismus! Dass ein einzelnes Gen keinen Effekt hat, stimmt so auch nicht. Für den Abschnitt rs34730029-11q12.1 errechneten die Forscher beispielsweise, dass eine von zwei Ausprägungen

---

[4]https://www.nature.com/articles/d41586-019-02585-6

[5]https://www.forbes.com/sites/dawnstaceyennis/2019/08/30/the-gay-gene-is-a-myth-but-being-gay-is-natural-say-scientists/

[6]https://www.bbc.com/news/health-49484490

die Wahrscheinlichkeit für gleichgeschlechtliche Kontakte (allerdings nur bei den Männern) von 3,6 % auf 4,0 % erhöhte.

Zudem übersehen viele, dass die Redeweise vom „Schwulengen" genauso ein „Hetero-Gen" impliziert. Bleiben wir beim Beispiel rs347… Bei der Ausprägung Guanin/Thymin an diesem Ort waren gleichgeschlechtliche Kontakte etwas wahrscheinlicher. Komplementär dazu waren aber bei der alternativen Ausprägung Thymin/Thymin andersgeschlechtliche Kontakte wahrscheinlicher.

Dass man nur Presseberichte über angebliche Schwulen- aber keine Hetero-Gene las, hängt wohl damit zusammen, dass wir Homosexualität immer noch als das Andere ansehen. Damit transportieren aber die dem Anschein nach so toleranten Berichte auch die Botschaft, Homosexualität sei nicht normal. Dazu später mehr.

Stattdessen zurück zur Frage, ob man Homosexualität therapieren kann, wenn es dafür keine (starke) genetische Basis gibt. Gegenfrage: Warum *sollte* man sie therapieren? Warum therapieren wir nicht Heterosexualität? Weil es keine Störung ist? Richtig! Und Homosexualität ist auch keine. Also warum über Therapie reden?

Dem therapeutischen Fehlschluss liegt wohl die Überzeugung zugrunde, dass ein Phänomen, für das es keine (starke) genetische Basis gibt, veränderlicher ist. Das kann man so aber nicht sagen. Wir gehen heute doch von einer großen Plastizität des Gehirns aus und wissen ebenfalls um die Regulierung von Genaktivität durch Umwelteinflüsse, etwa über epigenetische Mechanismen. Oder mit anderen Worten: Wenn prinzipiell alles veränderlich ist, warum dann nicht die sexuelle Orientierung?

Der liberale Rechtsstaat

Das richtige Gegenargument gegen intolerante Kräfte, die einen nicht so akzeptieren, wie man ist, besteht meiner Meinung nach nicht darin, sich ein falsches Argument über genetische Determination aus den Fingern zu saugen. Die richtige Erwiderung kann und muss meiner Meinung nach nur sein:

Wir leben in einem liberalen Rechtsstaat, in dem erlaubt ist, was nicht verboten ist, und man zudem frei ist, das zu tun, was man will, sofern man nicht die Freiheit eines Anderen einschränkt. Ergänzend könnte man noch hinzufügen, dass die freie Entfaltung der Persönlichkeit ein Grundrecht und die Sexualität ein wesentlicher Teil davon ist. Insofern darf der Staat Bi-, Hetero- oder Homosexualität nicht nur nicht verbieten, sondern muss er sogar ermöglichen, dass Menschen diesen Neigungen nachgehen können.

Man hat das Argument von der biologischen oder genetischen Determination der Sexualität mitunter verwendet, um Konservative zur Zustimmung etwa zur „Homo-Ehe" zu bewegen. Der sensibelste Punkt ist dabei das Adoptionsrecht. Gemäß Befragungen scheinen manche Konservative zu denken, dass Homosexualität weniger „ansteckend" ist, wenn sie von Geburt an festgelegt ist (Overby, 2014). Dass diese biologische Rhetorik nach hinten losgehen kann, sehen wir jetzt, wo eine Studie die Vorstellung von „Schwulengenen" unterminiert.

Man sollte ehrlich rechtsstaatlich und rechtsphilosophisch diskutieren, anstatt zu versuchen, seinen Diskussionsgegner mit konstruierten biologischen Argumenten zu überzeugen. Ich bin jedoch optimistischer, dass sich der Gedanke, Homosexualität müsse man therapieren, therapieren lässt. Mitunter reicht das Verständnis eines guten Artikels zum Thema.

Ist Homosexualität nun angeboren?

Wir haben gesehen, dass der genetische Einfluss auf die sexuelle Orientierung beim heutigen Wissen moderat ist und es unwahrscheinlich ist, dass zukünftige Forschung der Verhaltensgenetik an dieser Einsicht rüttelt. Lässt sich damit die Frage beantworten, ob die geschlechtliche Auswahl unserer Sexpartner angeboren ist oder nicht?

„Genetisch" ist nicht dasselbe wie „angeboren". Letzteres bezieht sich auf das, was bei der Geburt feststeht. Und dafür können eben auch biopsychosoziale Einflüsse während der Schwangerschaft eine Rolle spielen: Denken wir etwa an ein Umweltgift, Stress oder Armut der Eltern.

Die meines Wissens bisher beste Untersuchung dieser Frage stammt von Niklas Långström vom schwedischen Karolinska Institut und Kollegen. Diese verwendeten die Daten von fast 4000 schwedischen Zwillingspaaren, die zwischen 1959 und 1985 geboren waren, und in einen Online-Fragebogen Angaben über ihr Sexualleben machten. Die 2010 veröffentlichte Studie ist eine der wenigen, die auf repräsentativen Daten beruht und Teilnehmer nicht etwa über Kontaktanzeigen warb, was die Ergebnisse oft verzerrt (Långström et al., 2010).

Umwelt hat größeren Einfluss

Auch für diese Untersuchung wurde kein komplexer Begriff von Homosexualität verwendet, sondern schlicht nach gleichgeschlechtlichen Sexualkontakten gefragt. Diese bejahten 5,6 % der Männer und 7,8 % der Frauen.

Allerdings hatten diese Männer im Mittel 12,9 und die Frauen 3,5 gleichgeschlechtliche Partner gehabt. Damit lässt sich vermuten, dass viele dieser Befragten nicht nur einmal mit jemandem vom gleichen Geschlecht experimentierten, sondern sich davon wirklich angezogen fühlten.

Von den 807 eineiigen männlichen Zwillingspaaren hatte bei 71 mindestens ein Zwilling schon einmal gleichgeschlechtlichen Sex gehabt. Nur bei *sieben* Paaren hatten jedoch beide Zwillinge dies bejaht. Bei den Frauen waren es 26 von 214. Mit anderen Worten: Nur 10 % (Männer) beziehungsweise 12 % (Frauen) der eineiigen Zwillingspaare mit gleichgeschlechtlichem Kontakt stimmten trotz der großen genetischen Ähnlichkeit in ihrem Sexualverhalten überein.

Zusammen mit den Daten für die zweieiigen Paare errechneten die Forscher schließlich, dass sich für die Männer 39 % der Unterschiede im Sexualverhalten durch die Gene, doch 61 % durch die Umwelt erklären ließen. Für die Frauen waren es 19 % und 81 %. Als die Forscher noch die Anzahl der gleichgeschlechtlichen Kontakte miteinbezogen, sank der geschätzte genetische Beitrag noch einmal etwas.

Wie Erblichkeitsschätzungen insgesamt sind auch diese Berechnungen von der konkreten Umwelt abhängig, in der die Personen – hier: die schwedischen Zwillinge – aufwuchsen. Passend zu der eingangs zitierten neuen Studie zeigen aber auch diese Daten, dass die Gene keinen so starken Einfluss auf das Sexualverhalten haben, wie einige (einschließlich einiger Homosexueller) denken.

Der Geburtsfolgeeffekt

Damit ist die Frage, ob Homosexualität (und damit auch Heterosexualität) angeboren ist, aber noch nicht beantwortet. Der meinen Recherchen nach stärkste Effekt auf die sexuelle Orientierung, jedenfalls bei Männern, den die Wissenschaft bisher identifizieren konnte, ist die Geburtsfolge von Brüdern. Das heißt, Schwule haben mit höherer Wahrscheinlichkeit mindestens einen älteren Bruder. Hierzu hat insbesondere der Psychiater Ray Blanchard von der Universität Toronto in Kanada seit mehr als 25 Jahren geforscht.

Für die erst 2018 erschienene Meta-Analyse wertete er die Daten von fast 50.000 Hetero- und Homosexuellen aus 30 Einzelstudien aus. Mit nur einer Ausnahme stützten alle Einzelstudien die von ihm erwartete Hypothese. Im Mittelwert hatten die homosexuellen Männer 31 % mehr ältere Brüder als die heterosexuellen (Blanchard, 2018).

Das kann freilich nicht die sexuelle Orientierung aller Schwulen erklären, schlicht schon aufgrund der Tatsache, dass manche gar keinen älteren Bruder haben. Blanchard schätzt, dass insgesamt rund 15–29 % der homosexuellen Männer ihre Vorliebe für andere Männer auf diesen Effekt zurückführen können. Überraschend ist zudem das Ergebnis des Forschers, dass besonders feminine schwule Männer mehr ältere Brüder als andere Homosexuelle haben. In seinen eigenen Worten:

„Die brüderliche Geburtsfolge ist mit Abstand der am besten belegte Faktor, der die sexuelle Orientierung von Männern beeinflusst. Die Personen, die zu dieser Meta-Analyse beitrugen, stammten von Kanada im Norden bis Brasilien im Süden, vom Iran im Osten bis Samoa im Westen. Sie sind in einer beinahe 150-jährigen Periode geboren, die 1861 begann."[7]

Der Forscher vermutet einen biologischen Mechanismus hinter dem Effekt: Zellen des männlichen Fötus drängen während der Schwangerschaft in den Körper der Mutter ein und würden dort von deren Immunsystem bekämpft. So entstünden Antikörper gegen die männlichen Zellen. Diese würden wiederum in den Körper folgender männlicher Föten derselben Mutter eindringen und dort zu Veränderungen des Nervensystems des heranwachsenden Jungen führen. Das wäre ein angeborener, jedoch nicht genetischer Effekt.

In einem begleitenden Kommentar weisen der Evolutionsbiologe Sergey Gavrilets von der Universität Tennessee und Kollegen auf die Vorläufigkeit dieser Erklärung hin. Diese Autoren favorisieren selbst einen epigenetischen Mechanismus, der näher erforscht werden sollte (Gavrilets et al., 2018). So oder so erklärt der Effekt der Geburtsfolge allenfalls bei einem Teil die sexuelle Orientierung.

Zudem relativiert die aus der schwedischen Studie zitierten geringe Übereinstimmung unter Zwillingen, seien sie ein- oder zweieiig, die sich ja die Umwelt im Mutterleib teilen, die Tragkraft dieser Erklärung. Ich wiederhole noch einmal: „Nur 10 % (Männer) beziehungsweise 12 % (Frauen) der eineiigen Zwillingspaare mit gleichgeschlechtlichem Kontakt stimmten trotz der großen genetischen Übereinstimmung in ihrem Sexualverhalten überein."

---

[7]Blanchard (2018), S. 11; meine Übersetzung.

Soziale Erklärungsversuche

Der Sozialwissenschaftler Menelaos Apostolou von der Universität Nicosia auf Zypern diskutiert den Effekt im Kontext innerfamiliärer Konflikte. Er erinnert daran, dass in vorindustriellen Zeiten Ehen von den Eltern arrangiert worden seien. Dabei hätten die Eltern der Frau vor allem auf das Vermögen des möglichen Bräutigams geachtet (Apostolou, 2013).

Gemäß der typischen Erbfolge erhielt der älteste Sohn den größten Teil des familiären Vermögens. Dadurch hatten die jüngeren Brüder schlechtere Chancen, eine gute Ehefrau zu finden. Apostolou diskutiert nun, dass die Homosexualität jüngerer Brüder den innerfamiliären Konflikt aufgelöst und so zum Fortpflanzungserfolg des Erstgeborenen beigetragen haben könne.

Unabhängig von der Frage, inwiefern diese Erklärung für die Vergangenheit zutrifft, ergibt sich das Problem, inwieweit sie sich auf die heutige Zeit übertragen lässt: Ehen werden in der Regel nicht mehr arrangiert. Und eine sexuelle Präferenz äußert sich wahrscheinlich schon lange vor der Hochzeit des ältesten Bruders. Außerdem gilt auch hier: Was, wenn der erstgeborene oder einzige Sohn homosexuelle Neigungen hat?

Ich kann auf diese Fragen keine abschließenden Antworten geben. Klar sollte aber nun geworden sein, dass die Gene nur einen kleinen Teil unserer sexuellen Orientierung erklären und darüber hinaus unklar ist, ob diese angeboren oder erst im Laufe des Lebens erworben ist. Die Zwillingsdaten sprechen eher für eine Festlegung nach der Geburt. Eine weitere soziale Erklärung werde ich im folgenden Abschnitt vorstellen.

Ist Homosexualität natürlich?

Eine andere beliebte Frage ist die, ob Homosexualität natürlich ist. Oder in einer Variante: Wie kann die Vorliebe fürs eigene Geschlecht im evolutionären Wettkampf um die meisten Nachkommen bestehen bleiben? Zuerst einmal ein paar allgemeine Dinge: Sie sitzen aller Wahrscheinlichkeit nach gerade auf einem Stuhl, Sessel oder Sofa und starren auf schwarze Buchstaben auf einem weißen Hintergrund. Wie natürlich ist das?

Und wenn Fortpflanzungserfolg etwas über Natürlichkeit aussagt, dann wären also Länder wie Niger, Mali und Burundi mit durchschnittlich 6,6, 6,4 und 6,0 Kindern pro Frau die natürlichsten. Deutschland, Schweden oder die Niederlande mit nur 1,4, 1,9 oder 1,7 Kindern pro Frau wären hingegen eher unnatürlich.

Wenn man nun noch Natürlichkeit mit einem positiven Wert verbindet, dann würden die afrikanischen Länder ganz Europa in den Schatten stellen. Entweder schluckt man diese Kröte – und was ist dann eigentlich mit Sex, der nur zum Spaß dient? -, um Homosexualität als „unnatürlich" zu geißeln. Lasst uns also wie die Afrikaner leben! Oder man gibt zu, dass vieles in unserem „hochentwickelten" Leben nicht natürlich ist, dass das aber normal ist und man daher Homosexuellen auch keine Unnatürlichkeit vorwerfen kann.

Homosexualität in der Evolution

Zur Frage, wie Homosexualität in der Evolution entstehen kann, sei erst einmal angemerkt, dass man sich das bei Radios, Fernsehern, Computern und Mondraketen auch nicht unbedingt vorstellen könnte, es all diese Dinge aber trotzdem gibt. Der Mensch ist eben nicht nur ein Natur-, sondern auch ein Kulturwesen.

Für biologisch denkende Leser seien aber kurz zwei Hypothesen erwähnt: Die eine geht davon aus, dass Homosexuelle für ihre Neffen und Nichten sorgen, so deren Überlebenschancen erhöhen und damit auf familiärem Niveau zur Selektion geteilter Gene beitragen.

Der zweiten zufolge gibt es ein Gen auf dem X-Chromosom, das gleichzeitig Frauen fruchtbarer macht und Männer, die ja auch ein X-Chromosom haben, homosexuell werden lässt. Dann wäre der Fortpflanzungsnachteil der Schwulen im Mittel durch den Vorteil ihrer überdurchschnittlich fruchtbaren Schwestern kompensiert. Wenn es so ein Gen gäbe, dann hätte es aber wohl schon längst gefunden werden müssen, siehe oben.

Gleichgeschlechtlicher Sex im Tierreich

Eine Variante der Frage nach der Natürlichkeit von Homosexualität zielt nicht so sehr auf die Evolution, sondern vielmehr auf die Frage, ob es sie schon immer gegeben hat oder auch Tiere gleichgeschlechtlichen Geschlechtsverkehr haben. Letztere lässt sich eindeutig bejahen:

Der Evolutionsbiologe Julien Barthes von der Universität Montpellier in Frankreich und Kollegen führen an, dass in fast 450 Spezies gleichgeschlechtlicher Sex belegt ist (Barthes et al., 2015). Die Forscher betonen allerdings, dass das keine sexuelle Vorliebe in einem bedeutungsvolleren

Sinn von „Homosexualität" beweist. Diese sei bisher nur beim Menschen beobachtet worden.

Homosexualität in der Geschichte

Die französischen Biologen haben auch angeblichen prähistorischen Belegen dafür, dass es menschliche Homosexualität schon immer gegeben habe, auf den Zahn gefühlt. Dabei ziehen sie das Fazit, dass die häufig angeführten Beispiele, meistens geht es um Höhlenmalereien, nicht schlüssig seien:

Oftmals sei das Geschlecht der abgebildeten Figuren nicht einmal eindeutig zuzuordnen. Ohne begleitenden Text sei zudem nicht entscheidbar, ob es schlicht um gleichgeschlechtlichen Sex oder wirklich eine homosexuelle Vorliebe ging. Für Letztere stammten die ältesten Belege aus Ägypten (ca. 2400 v. Chr.). Zudem habe es im antiken Griechenland, Rom und auch im alten China gleichgeschlechtliche Vorlieben in einem reicheren Sinne gegeben. Das nannte man aber noch nicht „Homosexualität", eine Bezeichnung, die, wie gesagt, erst im 19. Jahrhundert von Medizinern verbreitet wurde.

Auch im Interview mit dem Islamwissenschaftler Ali Ghandour wurde erst kürzlich besprochen, dass in islamischen Kulturen Liebe unter Männern durchaus als schicklich galt, auch wenn Analverkehr mitunter verpönt gewesen sei.[8] Die Homophobie, wie wir sie heute kennen, hätten vielmehr erst westliche Kolonialmächte in diese Länder exportiert.

Hierarchische Gesellschaften

Die französischen Evolutionsbiologen haben nun eine eigene, für den Laien vielleicht erst einmal komisch klingende Erklärung dafür, wie Homosexualität in menschlichen Kulturen entstehen konnte: Sie vermuten, dass in Gesellschaften, die stärker in wohlhabende Ober- und ärmere Unterschichten unterteilt („stratifiziert") seien, fruchtbare Frauen aus den unteren Schichten in die oberen heiraten und dort die Nachkommenzahl erhöhen würden. Das wiege den reproduktiven Nachteil Homosexueller auf.

Zur Überprüfung ihrer These untersuchten sie anthropologische Berichte aus über 107 Gesellschaften weltweit, die auf das Vorhandensein

---

[8]https://www.heise.de/tp/features/Erotik-im-Islam-Wir-brauchen-mehr-Differenzierung-4516229.html

Abb. 36.1 Julien Barthes und Kollegen haben anthropologische Berichte aus über 107 Gesellschaften ausgewertet. Homosexualität gibt es höchstwahrscheinlich rund um den Globus (gefüllte Kreise). Es gibt allerdings auch Gesellschaften, in denen das Phänomen aller Wahrscheinlichkeit nach unbekannt ist (leere Kreise). (Quelle: Barthes und Kollegen (2015). Lizenz: CC BY 4.0)

oder die Abwesenheit homosexueller Vorlieben schließen ließen. Das erste interessante Ergebnis ist, dass Homosexualität aller Wahrscheinlichkeit nach zwar über alle Regionen der Welt verbreitet ist, es aber auch Gesellschaften gibt, die das Phänomen gar nicht zu kennen scheinen (Abb. 36.1).

Ein aktuelles Beispiel stammt von den Aka, Jägern und Sammlern aus der Zentralafrikanischen Republik. Über diese heißt es:

„Die Aka … hatten Schwierigkeiten damit, das Konzept und das Vorgehen gleichgeschlechtlicher sexueller Beziehungen zu verstehen. Sie hatten dafür kein Wort und es war notwendig, den sexuellen Akt wiederholt zu beschreiben. Einige erwähnten, dass Kinder des gleichen Geschlechts (zwei Jungen oder zwei Mädchen) manchmal den Geschlechtsakt ihrer Eltern imitierten, während sie im Zeltlager spielten, und auch wir konnten diese spielerischen Interaktionen beobachten."[9]

Gemäß der Analyse der Forscher ist Homosexualität in geschichteten Gesellschaften tatsächlich viel häufiger als in anderen Gesellschaften. Das legt nahe, dass die Vorliebe für das eigene Geschlecht auch von sozialen Faktoren abhängig ist.

Es sei auch noch einmal daran erinnert, dass gemäß der genetischen Studie mit der halben Million Teilnehmer die um 1970 geborenen rund

---

[9] Zitiert nach Barthes und Kollegen (2015); meine Übersetzung.

vier- (Männer) bis zwölfmal (Frauen) so häufig gleichgeschlechtliche sexuelle Erfahrungen angegeben hatten als die um 1940 geborenen. Das ist ein immenser Anstieg in nur 30 Jahren, der sicher nicht genetisch zu erklären ist.

Fazit

Der Genetiker Khytam Dawood von der Pennsylvania State University und Kollegen kamen in einem Artikel über genetische und Umwelteinflüsse auf die sexuelle Orientierung aus dem Jahr 2009 zu folgendem Ergebnis:

„Während der letzten beiden Jahrzehnte wurden zunehmend Evidenzen gesammelt, dass sowohl familiäre als genetische Faktoren die sexuelle Orientierung von Männern und Frauen beeinflussen. ... Zum jetzigen Zeitpunkt können über die genetischen oder umweltbedingten Determinanten der sexuellen Orientierung wenige Schlussfolgerungen mit Sicherheit gezogen werden."[10]

Zu den „wenigen sicheren Schlussfolgerungen" würde ich aber diejenigen ziehen, dass es, erstens, keine starke genetische Basis für die sexuelle Orientierung gibt (siehe die neue Studie mit der halben Million Teilnehmern), und sie, zweitens, auch nur eingeschränkt angeboren ist (siehe die große Studie mit den schwedischen Zwillingen). Zudem ist gleichgeschlechtlicher Sex in dem Sinne natürlich, dass er auch im Tierreich verbreitet ist, und sind homosexuelle Vorlieben in dem Sinne normal, dass es sie seit langer Zeit und in vielen verschiedenen Gesellschaften rund um die ganze Welt gibt.

Der in der Diskussion manchmal gezogene Vergleich mit der Pädophilie, die in diesem Sinne auch natürlich und normal sei, ist deplatziert: Wer seinen pädophilen Neigungen nachgeht oder Kinder schlicht sexuell missbraucht, um das Machtgefälle auszunutzen, schadet der Entwicklung dieser Menschen. Darum sind sexuelle Kontakte von Erwachsenen mit Kindern nachvollziehbarerweise verboten.

Einvernehmliche gleichgeschlechtliche Kontakte oder Beziehungen unter Erwachsenen schaden aber niemanden und sind im Gegenteil für viele Menschen normaler wie wichtiger Bestandteil der Persönlichkeitsentfaltung. Als solche verdienen sie ebenso staatlichen Schutz, wie andere Formen menschlichen Zusammenseins. Die Frage nach der Therapie stellt sich erst

---

[10] Dawood und Kollegen (2009), S. 277; meine Übersetzung.

gar nicht, da Homosexualität weder eine Krankheit noch eine psychische Störung ist.

Freie und tolerante Gesellschaft

Abschließend möchte ich erwähnen, dass ich an dem Thema kein anderes Interesse habe, als in einer toleranten, inklusiven, friedlichen und zivilen Gesellschaft zu leben. Wären die besten mir zur Verfügung stehenden Daten anders, dann wäre auch mein Artikel anders. Versuche, Opponenten aus dem konservativen Lager mit konstruierten biologischen Argumenten zu überzeugen, lehne ich nicht nur als unredlich ab, sondern auch, weil diese über kurz oder lang auf einen selbst zurückfallen.

Das Wissen, das die Medien und das Bildungswesen über das Thema sexuelle Orientierung verbreiten, finde ich enttäuschend. Was ich hier zusammengetragen habe, steht jedem Studenten über seine Universitätsbibliothek zur Verfügung. Für alle Internetnutzer auf der ganzen Welt sind zumindest die Zusammenfassungen (Abstracts) mit den wesentlichen Fakten zugänglich. Diesen Artikel konnte ich an einem Tag recherchieren und schreiben.

In den Schulen haben wir Projekt- und Orientierungswochen für das Berufsleben. Warum gibt es nichts Vergleichbares zur sexuellen Orientierung, wenn man bedenkt, welch ein wesentlicher Teil der Persönlichkeitsentfaltung dies im Laufe eines Menschenlebens ist? Ist es etwa besser, Jugendliche den Pornofilmchen im Internet zu überlassen?

Die rechtlichen und medizinischen Veränderungen, die mit dem Thema „Homosexualität" zusammenhängen, sind gerade einmal ein bis zwei Generationen alt. In manchen Bereichen setzen sie sich noch heute fort (Beispiel „Homo-Ehe"), ganz zu schweigen von Ländern, in denen heute noch Verbote oder überholte medizinische Sichtweisen bestehen.

Ich behaupte, dass wir noch so manche Überraschung erleben werden, wenn die Gesellschaft freier und toleranter wird. Und wieso sollten wir uns eine andere Gesellschaft wünschen?

Literatur

Apostolou, M. (2013). Interfamily Conflict, Reproductive Success, and the Evolution of Male Homosexuality. *Review of General Psychology, 17*(3), 288–296. https://doi.org/10.1037/a0031521.

Barthes, J., Crochet, P. A., & Raymond, M. (2015). Male Homosexual Preference: Where, When, Why? *PLoS ONE, 10*(8), e0134817. https://doi.org/10.1371/journal.pone.0134817.

Blanchard, R. (2018). Fraternal Birth Order, Family Size, and Male Homosexuality: Meta-Analysis of Studies Spanning 25 Years. *Archives of Sexual Behavior, 47*(1), 1–15. https://doi.org/10.1007/s10508-017-1007-4.

Dawood, K., Bailey, J. M., & Martin, N. G. (2009). *Genetic and environmental influences on sexual orientation.* Handbook of behavior genetics (S. 269–279): Springer.

Gavrilets, S., Friberg, U., & Rice, W. R. (2018). Understanding Homosexuality: Moving on from Patterns to Mechanisms. *Archives of Sexual Behavior, 47*(1), 27–31. https://doi.org/10.1007/s10508-017-1092-4.

Långström, N., Rahman, Q., Carlström, E., & Lichtenstein, P. (2010). Genetic and Environmental Effects on Same-sex Sexual Behavior: A Population Study of Twins in Sweden. *Archives of Sexual Behavior, 39*(1), 75–80. https://doi.org/10.1007/s10508-008-9386-1.

Overby, L. M. (2014). Etiology and Attitudes: Beliefs About the Origins of Homosexuality and Their Implications for Public Policy. *Journal of Homosexuality, 61*(4), 568–587. https://doi.org/10.1080/00918369.2013.806175.

Zachar, P., & Kendler, K. S. (2012). The removal of Pluto from the class of planets and homosexuality from the class of psychiatric disorders: a comparison. *Philos Ethics Humanit Med, 7,* 4. https://doi.org/10.1186/1747-5341-7-4.

37

Ausblick und Schluss

Auch im sechsten und letzten Teil dieses Buches kamen verschiedene Faktoren, die sich wie ein roter Faden durch die Kapitel ziehen, wieder zum Tragen: Einerseits die sprachliche Analyse mit viel Aufmerksamkeit dafür, wie Forscherinnen und Forscher ein Phänomen untersuchen. Andererseits eine kritische Untersuchung des genetischen Beitrags und der Vergleich verschiedener Erklärungsmöglichkeiten.

Diese Artikel sind im Laufe der Jahre entstanden und es war nicht von vornherein geplant, dass sie diese Wendung nehmen würden. Im Laufe der Zeit ist auch mein Ton schärfer geworden, da ich immer wieder die Erfahrung gemacht habe, dass wenig aussagekräftige Studien erst in bestimmten führenden wissenschaftlichen Zeitschriften aufgeblasen werden und diese Botschaften dann von vielen Medien kritiklos übernommen werden. Ich finde es frustrierend, mitansehen zu müssen, wie Menschen im Namen der Wissenschaft immer wieder Bären aufgebunden werden: Die Ergebnisse genetischer Studien sind oft um ein Vielfaches kleiner als andere biologische oder psychosoziale Effekte. Trotzdem werden die winzigen Gen-Effekte in den Studien und Medien verabsolutiert. Warum? Wahrscheinlich vor allem aus dem Grund, dass man nach der „Dekade des Gehirns" und dem Humangenomprojekt große Erwartungen an diese und verwandte Disziplinen hatte – und ja auch sehr viel Geld in diese Bereiche gepumpt wurde. Wirklich *sehr viel* Geld! Das heißt aber auch, dass viele Wissenschaftler ihre Karrieren auf der Annahme aufgebaut haben, dass der neurobiologische Ansatz gute Erklärungen liefert.

Dabei ist es heute dank des Internets sogar für Laien möglich, mit ein paar Klicks zumindest einen Teil der Daten selbst einzusehen. Und wie wir gesehen haben, war zum Beispiel bei Depressionen der Einfluss schwerer Lebensereignisse um ein Vielfaches größer als der Einfluss aller bisher gefundener Gene. Was berichtete aber die Stiftung Deutsche Depressionshilfe nach ihrer Bevölkerungsbefragung? Die Menschen müssten *biologische* Faktoren stärker gewichten.[1]

Oder denken wir an das Beispiel mit den gleichgeschlechtlichen Sexualkontakten aus diesem Teil zurück: Eine Studie, die in einer führenden wissenschaftlichen Zeitschrift publiziert wurde und die Daten von rund einer halben Million Menschen genetisch auswertete, fand einen Anstieg von 3,6 auf 4,0 % für das Vorhandensein mindestens eines gleichgeschlechtlichen Kontakts – und das auch nur bei den männlichen Probanden. Das ist ein Anstieg auf einem niedrigen Niveau um 11 %. Dieselbe Studie fand einen starken Einfluss des Geburtsjahrgangs auf das Phänomen: Je später die Menschen geboren waren, desto größer war die Wahrscheinlichkeit für gleichgeschlechtliche Sexualkontakte. Das ist eindeutig ein sozialer oder kultureller Einfluss. Konkret ging es hier um den Faktor 3,5 (Männer) bis 12 (Frauen). Oder anders formuliert: um einen Anstieg zwischen 250 % bis 1100 %. Das sind völlig andere Dimensionen als das, was die Genetik ergab! Was wird in der Folge aber so gut wie ausschließlich diskutiert? Der mögliche *genetische* Einfluss auf unser Sexualverhalten.

Mein Beitrag ist es, zu einer neutraleren Sichtweise auf die Themen dieses Buches und letztlich „die Wissenschaften vom Menschen" zu liefern. Ich habe bei den hier diskutierten Themen keine finanziellen Interessen und meine akademische Karriere hängt auch nicht davon ab. Es wird so oft gesagt, die Hirnforschung, die molekulare Biologie und die Genetik würden *evidenzbasierte Verfahren* stützen und dazu harte Daten beisteuern. Nach meinem Eindruck ist „evidenzbasiert" eher ein Marketingtrick geworden und werden die härtesten Daten gar nicht wahrgenommen, wenn sie nicht zum eigenen Ansatz passen. Es ist wahr, dass auch bei psychologischer und sozialwissenschaftlicher Forschung in den letzten Jahren größere Probleme aufgedeckt wurden. Auch dort ist gutes wissenschaftliches Arbeiten erforderlich, insbesondere dann, wie ich es am Ende des fünften Teils formulierte, wenn die gewonnenen Erkenntnisse eines Tages das Leben der Menschen verbessern sollen.

---

[1] Siehe Kap. 20, 21 und 24.

Mir ist klar, dass sich die Geschichte oft wie ein Pendel bewegt und das auch für die Wissenschaft gilt: Mal gilt der eine Ansatz für vielversprechend und dann wird sehr viel in dieser Richtung geforscht und entdeckt; mal wird der Andere als überzeugender angesehen und sind die Bemühungen dort größer. Die Zeiten werden sich auch wieder ändern. Wenn Sie sich zu den Themen „Gehirn, Psyche und Gesellschaft" eine eigene Meinung bilden, dann tun Sie mir damit einen großen Gefallen; und wenn meine Artikel Sie dabei unterstützten, dann war meine Arbeit nicht vergebens.

Epilog: Gehirn, Psyche und Gesellschaft: Was es für unsere Gesundheit bedeutet

Zum Abschluss des Buches, das während der Coronaviruspandemie 2020 entstand, lade ich Sie zu einem Selbstversuch zum Thema Gesundheit ein. Im Folgenden zähle ich acht Faktoren alphabetisch auf, die in einer großangelegten Studie mit unserer Sterblichkeit in Zusammenhang gebracht wurden (nach Holt-Lunstad et al. 2010).

In der Kurzfassung des Selbstversuchs können Sie sich überlegen, welcher Faktor den größten Einfluss auf unsere Gesundheit hat. Wenn Sie sich etwas mehr Zeit nehmen wollen, ordnen Sie auf einer Liste alle acht gemäß ihrer Bedeutung: am Anfang die mit dem größten Einfluss auf unsere Sterblichkeit, am Ende die mit dem kleinsten Beitrag. Denken Sie dabei an die Frage: Welcher Faktor hat die größte Bedeutung für unsere Lebenserwartung?

Die acht Faktoren sind: Bewegung bzw. Sport; Grippeimpfung; kein Übergewicht; Luftverschmutzung; nicht rauchen bzw. mit dem Rauchen aufhören; soziale Integration; Verfügbarkeit von Medikamenten; wenig Alkohol trinken. Wenn Sie möchten, machen Sie jetzt den Selbstversuch. Da wir Menschen gerne Recht haben, verrate ich die Ergebnisse nicht gleich. Sonst würden Sie jetzt vielleicht schon spicken. (Das passiert bei mir automatisch, selbst wenn ich es gar nicht will.)

Bevor ich auf die Ergebnisse eingehe, diskutiere ich ein paar allgemeine Aspekte zur Gesundheit. Es lässt sich nämlich noch nicht einmal sagen, was das überhaupt ist, Gesundheit. Die berühmte Definition aus dem Statut der Weltgesundheitsorganisation von 1946 haben Sie vielleicht schon einmal gehört: „Gesundheit ist ein Zustand des vollständigen körperlichen, geistigen und sozialen Wohlergehens und nicht nur das Fehlen von Krankheit oder Gebrechen."

Niemals gesund?

Auffallend sind hieran zwei Dinge: Erstens bezieht sich die Definition – ganz wie der Titel dieses Buchs – auf die drei Ebenen Körper (Gehirn), Psyche und Gesellschaft; zweitens wird mit dem *vollständigen* Wohlergehen die Latte sehr hoch gelegt. Manche kritisieren darum, anhand dieses Maßstabs könne man gar nicht oder allenfalls ausnahmsweise gesund sein. Ist „vollständiges soziales Wohlergehen" mit Blick auf ständige Bedrohungen und Krisen überhaupt möglich? War es das jemals? Behalten wir diese Fragen im Hinterkopf.

Eine etwas praktischeres Verständnis von Gesundheit wird dem Philosophen Friedrich Nietzsche (1844–1900) zugeschrieben: „Gesundheit ist dasjenige Maß an Krankheit, das es mir noch erlaubt, meinen wesentlichen Beschäftigungen nachzugehen." Meinen eigenen Recherchen nach[1] hat er das so zwar nie wörtlich geschrieben. Doch wir wissen, dass Nietzsche seit seiner Kindheit mit schweren Gesundheitsproblemen zu schaffen hatte.

Gesichert ist, dass er im Alter von nur 55 Jahren starb und die letzten Jahre ein Pflegefall war. Als Ursache für seinen geistigen Verfall und frühen Tod vermutet man heute die Spätfolgen einer Syphilis-Infektion. Erst Jahrzehnte später fand man heraus, dass man diese Geschlechtskrankheit gut mit Antibiotika behandeln kann. Aus heutiger Sicht würde man den berühmten Philosophen wohl als „chronisch Kranken" bezeichnen. Gemäß der WHO-Definition kann man sich leicht vorstellen, dass Nietzsche es schwer gehabt hätte, jemals als gesund zu gelten.

Seine Variante mit dem Schwerpunkt auf die wesentlichen Beschäftigungen des eigenen Lebens verschiebt die Frage: Was will ich aus meinem Leben machen und wie schaffe ich das? Klar, bei einer bakteriellen Infektion können Antibiotika helfen; bei einer Grippe kuriert man sich am besten ein paar Tage oder, wenn es sein muss, Wochen im Bett aus; ein großer Gallenstein, da spreche ich aus eigener Erfahrung, kann einen chirurgischen Eingriff erfordern; und bei einem Knochenbruch können eine Schiene oder ein Gipsverband helfen.

---

[1]Dank hierfür an meinen alten Studienfreund Dr. Christian Wollek, der zu Nietzsche promovierte.

Ein sinnvolles Leben

Bei chronischen Erkrankungen lässt sich die Krankheitsursache aber nicht so leicht beheben. Ein immerwährender Fokus auf die eigene Krankheit und damit einhergehende Einschränkungen können dann zusätzlich frustrieren. Nietzsches alternative Definition hebt mehr auf das ab, was auch unter minder günstigen Umständen noch möglich ist. Ein *sinnvolles* Leben ist nicht nur allgemein für uns alle von Bedeutung, sondern es spielt insbesondere auch dort eine wichtige Rolle, wo ein *vollständig gesundes* Leben nicht mehr möglich ist.

Diese Überlegungen sind vor dem Hintergrund stets steigender Diagnosen chronischer Erkrankungen – und auch der hier im Buch ausführlich besprochenen psychischen Störungen – hochrelevant. Allergien, Diabetes, Alzheimer, Parkinson und viele andere Erkrankungen nehmen zu. Ob das nur am Älterwerden der Menschen liegt oder auch auf Umweltgifte oder sozialpolitische Veränderungen zurückzuführen ist, übersteigt den Rahmen dieses Kapitels.

Aus den bisherigen Überlegungen folgt aber, dass vollständige Gesundheit für immer mehr Menschen, vielleicht sogar für alle, ein unerreichbares Ziel ist. Stattdessen spielt für unser Wohlergehen eine zunehmende Rolle, wie man mit Einschränkungen möglichst gut lebt. Im Niederländischen hat sich hierfür die Bezeichnung „Sinngebung" *(zingeving)* eingebürgert. Und auch eine von einer niederländischen Gesundheitswissenschaftlerin geführte internationale Forschungsinitiative hat sich aus diesem Gesichtspunkt mit dem Gesundheitsbegriff beschäftigt.

Ein neuer Gesundheitsbegriff

Gemeint ist Mechteld Huber, die das in Utrecht ansässige Institut für Positive Gesundheit[2] gründete, das inzwischen aus der Forschungswelt und Politik viel Zuspruch erhält. Ein Meilenstein war für sie, als im Jahr 2011 das angesehene *British Medical Journal* mit der Frage titelte: „Gesundheit – Zeit für eine neue Definition?" Der unter Hubers Federführung verfasste Hauptartikel beschäftigt sich damit, was ein Gesundheitsbegriff im 21. Jahrhundert leisten muss (Huber et al. 2011).

---

[2]https://iph.nl/positieve-gezondheid/hoe-is-het-ontstaan/

Die neue Definition von Gesundheit als „Fähigkeit, sich anzupassen und sein Leben zu bewältigen", mutet auf den ersten Blick merkwürdig an. Tatsächlich verbirgt sich dahinter aber eine gute Portion Nietzsche: Die Forscherinnen und Forscher merken nämlich an, dass die alte WHO-Definition eher zu akuten, doch nicht chronischen Erkrankungen passt; zudem würde sie die aktive Rolle der Patienten minimieren, ihr Leben selbst in die Hand zu nehmen. Der neue Ansatz betont hingegen, wie wir Menschen die Herausforderungen des Lebens auf körperlichem, emotionalen sowie sozialem Niveau meistern, um erfüllt und zufrieden zu sein.

Unter der konkreter ausformulierten „positiven Gesundheit" versteht Huber ein Sammelsurium von sechs Faktoren. Die eher herkömmlichen körperlichen und psychischen Funktionen sind davon nur zwei. Dazu kommt das tägliche Funktionieren mit unseren üblichen Aktivitäten und der Arbeitsfähigkeit; die Lebensqualität mit unter anderem Lebensfreude und Ausgeglichenheit; gesellschaftliche Partizipation mit bedeutsamen Beziehungen und dem Gefühl, dazu zu gehören; und schließlich die spirituell-existenzielle Dimension mit dem Lebenssinn, Zielen und Idealen.

Diese Kriterien haben sich die Wissenschaftler nicht selbst ausgedacht, sondern in Interviews mit Vertretern verschiedener Interessengruppen erhoben: Ärzten, Forschern, Gesundheitspolitikern, Krankenversicherern, Patienten, Pflegern, Physiotherapeuten und anderen Bürgern (Huber et al. 2016). In einer zweiten, so repräsentativ wie möglich zusammengestellten Befragung von knapp 2000 Personen wurde anschließend die Bedeutung der Faktoren bewertet. Je nach Gruppe unterschieden sich die Ergebnisse zum Teil enorm.

So waren für die Patientinnen und Patienten alle sechs Domänen in etwa gleich wichtig. Die Expertinnen und Experten (Ärzte, Politiker, Versicherer) bewerteten hingegen viele der Faktoren niedriger als die körperlichen Funktionen. Vor allem die spirituelle Dimension und die gesellschaftliche Partizipation bekamen von ihnen relativ niedrige Werte. Dabei erinnern wir uns, dass das soziale Wohlbefinden schon seit 1946 zur offiziellen WHO-Definition gehört! Wie man es auch dreht und wendet: Die geäußerten Bedürfnisse von denen, die das Gesundheitssystem in Anspruch nehmen, und denen, die es einrichten und aufrechterhalten, gehen zum Teil deutlich auseinander.

Bedeutende Gesundheitsfaktoren

Damit komme ich nun zum Selbstversuch vom Anfang dieses Kapitels zurück. Wissen Sie noch, welchen der acht eingangs genannten Faktoren Sie für am wichtigsten hielten? Oder haben Sie ihre Liste gar aufgeschrieben? Dann kommen wir jetzt zur Auflösung.

In der folgenden Tabelle sehen Sie links die Ergebnisse aus der großangelegten Studie (Holt-Lunstad et al. 2010). In der Spalte rechts daneben sehen sie die Ergebnisse einer vom Team um den australischen Sozialpsychologen Alexander Haslam durchgeführte Befragung von rund 500 Personen aus dem englischsprachigen Raum (Haslam et al. 2018), die ähnlich vorgehen sollten wie Sie bei dem Selbstversuch. In der letzten Spalte ist schließlich der Unterschied zwischen der Forschung und der Selbsteinschätzung angegeben:

Platz	Gesundheitsforschung	Selbsteinschätzung	Unterschied
1	Soziale Integraiton	Bewegung/Sport	+4
2	Nicht rauchen	Kein Übergewicht	+4
3	Wenig Alkohol	Nicht rauchen	−1
4	Grippeimpfung	Wenig Alkohol	−1
5	Bewegung/Sport	Medikamente	+2
6	Kein Übergewicht	Luftverschmutzung	+2
7	Medikamente	Soziale Integration	−6
8	Luftverschmutzung	Grippeimpfung	−4

Ich habe die Darstellung hier zwar etwas vereinfacht,[3] doch die Schlussfolgerung bleibt so deutlich wie gleich: Die eher körperlichen Faktoren wie Sport oder Gewicht wurden durch die befragten Personen stark überbewertet; der wichtigste Faktor, soziale Integration, aber stark unterbewertet. Mit anderen Worten: Wer gut sozial integriert ist, lebt statistisch gesehen deutlich länger. Dabei ist dieser Effekt größer als der von Bewegung oder dem Körpergewicht. Das scheint vielen Menschen aber gar nicht bewusst zu sein.

Die Ergebnisse von Mechteld Huber und ihren Kollegen machten deutlich, dass es Patienten nicht nur um die körperliche und psychische, sondern auch die soziale und sogar spirituelle Dimension geht. Dazu passend zeigen Daten aus der Gesundheitsforschung, dass soziale Integration ein wichtiger, wenn nicht gar der wichtigste Faktor für ein langes Leben ist.

---

[3]So hatten die Forscher ursprünglich etwa soziale Integration und soziale Unterstützung unterschieden oder überhaupt nicht rauchen und mit dem Rauchen aufhören; auch waren die rund 500 Befragten nicht vollständig repräsentativ ausgewählt, sondern entsprachen sie nur grob einer repräsentativen Stichprobe aus der Bevölkerung.

Umfassendes Gesundheitsmodell

Das passt ebenfalls gut zum Biopsychosozialen Modell, das der amerikanische Internist und Psychiater George Engel (1913–1999) ab den 1950ern entwickelte. 1977 mündete seine Forschung sogar in einem Artikel in der angesehenen Zeitschrift *Science* (Engel 1977). Darin zeigt er auf, dass die biomedizinische Alternative, die die Gesundheit des Menschen im Wesentlichen auf die biochemischen Vorgänge im Körper reduziert, viel zu kurz greift. Vom Molekül über zwischenmenschliche Beziehungen bis hin zur Kultur umfasst sein Ansatz so gut wie alles – was ihm dann auch den Vorwurf einhandelte, er sei zu unspezifisch.

Engel verfügte aus seiner jahrzehntelangen ärztlichen Praxis aber über reichhaltige Erfahrungen, die sich nicht von der Hand weisen lassen. Beispielhaft sei der Fall eines Mannes genannt, der bereits einen Herzinfarkt überlebt hatte. Dieser habe sich gefreut, als er endlich wieder arbeiten konnte. Eines Tages habe er am Arbeitsplatz dann wieder Symptome erfahren, die auf einen neuen Infarkt hindeuten könnten. Aus Angst vor einem „falschen Alarm" und sozialer Scham habe er diese Eindrücke aber erst beiseitegeschoben und sich von Kolleginnen und Kollegen zurückgezogen, die eigentlich wichtige Ansprechpartner für ihn gewesen wären (Engel 1981).

Beispiele wie diese zeigen, dass es in der Medizin immer auch um ein Subjekt in einem sozialen Kontext geht. Die Überzeugungen eines Menschen über sich selbst, seine Beziehungen zu anderen und das soziale Umfeld beeinflussen dessen Fühlen, Denken und Handeln. Außerdem beeinflussen das Arzt-Patient-Verhältnis und auch die ärztliche Ausbildung sowie institutionelle Strukturen und Richtlinien den Austausch vertraulicher Informationen und die Möglichkeiten zur Hilfe.

Wir glauben mitunter so an die schier unbegrenzten Möglichkeiten der Medikamente und Gerätemedizin, dass wir das Netzwerk sozialer Interaktionen übersehen, das diesen Behandlungsmöglichkeiten vorgeschaltet ist. Wenn wir aufgrund psychosozialer Vorgänge zu spät oder unpassende Hilfe erhalten, dann kann aber auch die beste Technologie nichts mehr bewirken.

Rettung nach Herzstillstand

Ein bewegendes Beispiel hierfür teilte Fokke Obbema mit seinen Leserinnen und Lesern: Der aktive Radsportler und Wirtschaftsredakteur einer großen niederländischen Tageszeitung stand mitten im Leben. Eines Nachts fiel seiner Frau, die nicht direkt einschlafen konnte, ein lautes, schnarchendes Geräusch ihres Manns auf – und danach nur noch Stille. Sie habe sofort gespürt, dass hier etwas nicht stimme. Ein Kardiologe im Krankenhaus würde später vom „sechsten Sinn der Frauen" sprechen.

Tatsächlich hatte Obbema in einer Samstagnacht des Jahres 2017 einen Herzstillstand. Nur dank der schnellen Reaktion seiner Frau, die ohne langes Zögern die Notrufnummer anrief und so schon telefonisch zu Hilfsmaßnahmen angeleitet wurde, sowie einer abenteuerlichen Rettungsaktion unter Beteiligung von Feuerwehr, Polizei, medizinischem Personal und sogar einem Kran konnte er erst stabilisiert und schließlich aus dem vierten Stock geborgen und ins Krankenhaus gebracht werden.

Von alledem erlebte er selbst übrigens nichts. Erst nach der Wiederbelebung im Krankenhaus kam er zu Bewusstsein. Nach einer langen Rehabilitationsmaßnahme begann er schließlich eine Interviewserie mit Persönlichkeiten aus verschiedenen gesellschaftlichen Bereichen über den Sinn des Lebens. Das daraus zusammengestellte Buch schaffte es auf die Bestsellerliste (Obbema 2018). Wäre er in jener Nacht allein gewesen, hätte seine Frau anders reagiert oder wären die Rettungsdienste nicht verfügbar gewesen, dann würde es ihn und die Interviews heute nicht geben.

Bedeutung des Psychosozialen

Solche Beispiele veranschaulichen die Bedeutung des Psychosozialen sehr deutlich. Kommen wir noch einmal auf die Befragung der australischen Psychologen über die Gesundheitsfaktoren zurück. Die meisten Menschen überschätzten also die Bedeutung von Bewegung/Sport und dem richtigen Körpergewicht für die Gesundheit, während sie den Beitrag der sozialen Integration unterschätzten. Dieser Befund erfordert natürlich weitere Forschung zu den Ursachen, wirft aber doch die Frage auf, ob wir optimal über Gesundheit informiert werden.

Überall heißt es, man müsse sich ausreichend bewegen, sich gesund ernähren, am besten nicht rauchen und wenig Alkohol trinken. Diese Ratschläge haben natürlich einen wahren Kern. Sie zielen aber alle aufs Individuum. Und leichter gesagt als getan: Wenn man beispielsweise durch die Arbeit den größten Teil des Tages an den Schreibtisch gefesselt ist und in einer dicht besiedelten Stadt mit viel Lärm und wenigen Grünflächen wohnt, dann ist das nicht sehr motivierend.

Zigarettenautomaten gab es in meiner Jugend noch an jeder Straßenecke. Wer groß genug war und ein 5 Mark-Stück hatte, konnte sich dort rund um die Uhr „Kippen" kaufen. Alkohol ist nach wie vor leicht zugänglich – und wird überall beworben oder gar mit Rabattaktionen angepriesen, die einen dazu anspornen, immer mehr zu kaufen.

Was gute Ernährung ist, darüber streiten sich übrigens seit jeher die Experten. Die Studienlage ist undeutlich und versuchen Sie einmal, im Supermarkt wirklich gesundes Essen zu finden! Die meisten Produkte werden mit viel Fett, Zucker, Salz, Aromen und Geschmacksverstärkern massentauglich gemacht. Das ist billig – aber ist es auch gesund? In den Medien wird uns dann immer wieder vorgeworfen, wir seien zu dick und hätten einen ungesunden Lebenswandel.

Aus psychologischer Sicht können die genannten Konsum- und Verhaltensweisen – (viel) essen, rauchen, trinken oder Sport treiben – übrigens auch Bewältigungsstrategien für psychische Probleme sein (Jacob et al. 2011). Um etwas Unangenehmes nicht fühlen zu müssen, lenken wir uns ab oder tun wir etwas, das ein angenehmes Gefühl erzeugt. Viel Arbeiten, Computerspiele spielen, Sex, Shopping und viele andere Tätigkeiten dienen als weitere Beispiele.

Im gewissen Rahmen sind Bewältigungsstrategien natürlich normal. Tragischerweise lösen sie aber in aller Regel Probleme nicht, sondern verdecken sie nur. Zu einem späteren Zeitpunkt kommen sie dann zurück, vielleicht stärker oder gar zusammen mit neuen Problemen. So entsteht ein Teufelskreis: Wer sich etwa wegen sozialer Probleme in eine Computerwelt zurückzieht oder die unangenehmen Gefühle von Einsamkeit nur mit Alkohol oder anderen Drogen betäubt, wird so selten sein Sozialleben nachhaltig verbessern.

Individuum und Gesellschaft

Die Appelle ans Individuum, sich um seine Gesundheit zu kümmern, stehen leider oft genug im Widerspruch zu den Angeboten unserer Umwelt. Ich kann es nicht beweisen, doch sehe hierin eine der Hauptursachen für die stetige Zunahme verschiedener „Zivilisationserkrankungen".[4] Im Vereinigten Königreich, wo unter der Regierung von Margaret Thatcher mit ihrem beflügelten Wort „so etwas wie die Gesellschaft gibt es nicht" („There

---

[4]Zur Vertiefung in meinem Blog u. a. „Die Deutschen sind kränker denn je" https://scilogs.spektrum.de/menschen-bilder/die-deutschen-sind-kraenker-denn-je/ sowie die Reflexion unserer Konsumgesellschaft „Mensch in Körper und Gesellschaft: Was heißt Freiheit?" https://scilogs.spektrum.de/menschen-bilder/mensch-in-koerper-und-gesellschaft-was-heisst-freiheit/.

is no such thing as society.") schon in den 1980ern der Sozialstaat abgebaut und den Einzelnen immer mehr Verantwortlichkeit für ihr Leben zugespielt wurde, berief man 2018 schließlich eine Ministerin für Einsamkeit. Zu deutlich waren die negativen gesellschaftlichen wie individuellen Folgen sozialer Isolation geworden.

Dabei formulierte schon Aristoteles, dass der Mensch ein „Gemeinschaftstier" *(zoon politikon)* ist. Wie bedauerlich, dass solche offensichtlichen wie alten Weisheiten immer wieder in Vergessenheit geraten. Absurderweise ist unser Gesundheitswesen inzwischen dank betriebswirtschaftlichen Denkens und kapitalistischer Anreize so ausgerichtet, dass Ärzte, Kliniken und andere Gesundheitsdienstleister immer mehr verdienen, je *kränker* wir werden. Chronische Erkrankungen, die uns zu permanenten „Kunden" der Gesundheitsberufe machen, sind marktwirtschaftlich besonders lukrativ. Ist es reiner Zufall, dass gerade solche Krankheiten immer häufiger diagnostiziert werden?

Engels Biopsychosoziales Modell machte deutlich, dass Gesundheit nicht ohne die psychologische und soziale Ebene gedacht werden kann. Der bereits erwähnte Sozialpsychologe Alexander Haslam dreht den Spieß jetzt um und spricht sogar von einem „Soziopsychobiologischen Modell" (Haslam et al. 2019). Damit will er nicht nur betonen, dass das Psychosoziale mindestens ebenso wichtig ist wie das Biologische, sondern die Ebenen einander sogar strukturieren: Das heißt, die Umwelt in der wir Leben und unser Denken formen unseren Körper (einschließlich des Gehirns) in größerem Maße, als uns das oft bewusst ist.

Neue Disziplinen wie die Psychoonkologie oder Psychoendokrinologie versuchen zusammenzuführen, was überhaupt niemals hätte getrennt werden dürfen: Wie wir denken und fühlen beeinflusst die Aussichten, eine Krebserkrankung zu überstehen, und ganz allgemein unser Immunsystem. Warum wird der Eine permanent krank und bekommt der Andere nicht einmal eine Erkältung? Das liegt auch an unserem psychosozialen Wohlbefinden.

Rätsel Placebo-Effekt

Ein nach wie vor frappierendes wie rätselhaftes Beispiel für die heilende Kraft von Psyche und Umwelt ist der Placebo-Effekt. In guten klinischen Studien werden Behandlungen zwar immer mit einer Placebo-Gruppe verglichen – doch eigentlich dürfte es so etwas wie den Placebo-Effekt laut dem immer noch dominanten Biomedizinischen Modell gar nicht geben:

Dass schlicht eine Begegnung mit jemandem oder der Glaube an eine Behandlung heilende Wirkung haben, wie kann das sein?

Anstatt genauer zu untersuchen, wie sich die natürlich im Menschen angelegten Heilungskräfte ideal nutzen lassen, richtete sich die Forschung jahrzehntelang vor allem darauf, den Placebo-Effekt zu übertreffen. Vielleicht, weil sich mit den so entwickelten Behandlungen am meisten Geld verdienen lässt? Erst in jüngerer Zeit findet zögerlich ein Umdenken statt und spricht man in der Wissenschaft übrigens lieber vom „Kontexteffekt", der die zwischenmenschliche Interaktion und die soziale Situation mitberücksichtigt (Miller und Kaptchuk 2008). Dessen Auswirkungen kann man auch molekular nachvollziehen; dabei ist es trivial, dass jede unserer Begegnungen Spuren im Gehirn hinterlässt.

Vielleicht lässt sich damit eines Tages der so endlose wie unproduktive Streit zwischen Homöopathen und Schulmedizinern auflösen: Nicht wenige schwören auf eine Behandlung, die biomedizinisch gesehen gar nicht wirken dürfte, weil sie wahrscheinlich die psychosoziale Interaktion als bedeutsamer erleben. Ich glaube zwar an keine besondere Heilkraft von Zuckerkügelchen. Doch bin ich davon überzeugt, dass die Erfahrung eines Menschen, vom Gegenüber Verständnis für seine Probleme zu bekommen, heilsam sein kann.

Heilende Berührungen

Während ich die letzten Zeilen für dieses Buch schrieb, wurde in einer führenden neurowissenschaftlichen Zeitschrift eine Studie veröffentlicht, die die von mir vielfach kritisierte Trennung der Welten verdeutlicht: Unter dem Titel „Soziale Berührung befördert die zwischenweibliche Kommunikation über Aktivierung parvozellulärer Oxytocinneuronen" berichten molekular arbeitende Psychiaterinnen und Psychiater aus Deutschland, Frankreich, Israel, den USA und dem Vereinigten Königreich einen angeblichen Durchbruch (Tang et al. 2020). Was steckt dahinter?

Man muss die offiziellen Pressemitteilungen[5] mit vielversprechenden Überschriften wie „Positives Sozialverhalten durch zarte Berührungen" oder „Heilende Berührung: Oxytocin wandelt somatosensorische Signale in soziales Verhalten um" weit lesen, damit einem mitgeteilt wird, dass es hier um ein Experiment mit Versuchstieren ging. Mit einem neuen Ansatz

---

[5] https://idw-online.de/de/news751847 und https://idw-online.de/de/news751827

wurde bei weiblichen Ratten – in der Regel verwendet man für diese Forschung speziell gezüchtete, genetisch veränderte Tiere – die Aktivität von Nervenzellen gemessen, die mit der Ausschüttung des Hormons Oxytocin zusammenhängen.

Dieses Hormon, das im Menschen mit Schwangerschaft und sozialer Bindung in Zusammenhang gebracht wird, steht seit bald 20 Jahren im Zentrum der wissenschaftlichen Aufmerksamkeit; salopp nennt man es auch „Kuschelhormon". Jedenfalls meinen die Studienleiter, aus der Feststellung, dass diese Ratten bei Hautkontakt Oxytocin ausschütten und sich danach „sozialer" Verhalten, was immer das für diese Tiere bedeuten mag, neue therapeutische Ansätze entwickeln zu können. Konkret werden Autismus und posttraumatischer Stress genannt. Diese könne man vielleicht mit Massagen behandeln, bei denen das Hormon über ein Nasenspray verabreicht wird.

Nun muss man wissen, dass die besondere Bedeutung von Berührungen für die Entwicklung und Gesundheit eines Menschen bereits seit Jahrzehnten in der Wissenschaft diskutiert wird (siehe z. B. Blackwell 2000; Carlson und Earls 1997). Schon eine schnelle Literatursuche ergibt, dass Forscher seit mindestens 20 Jahren die Effekte von Massagen auf unter anderem Anorexie (Magersucht), Burn-out, Depressionen, die Eltern-Kind-Bindung, HIV, das Sozialverhalten von Kindern untereinander und Stress erforschen.

Zusammenfassende Überblicksarbeiten kommen aber immer wieder zu dem Ergebnis, dass die Studien wegen unterschiedlicher Standards und qualitativer Mängel kein eindeutiges Bild ergeben (Ernst et al. 1998; Rominov et al. 2016; Trivedi 2015). Beispielsweise fehlten Versuche mit mindestens 120 Teilnehmern und passenden Kontrollgruppen.

Laut den neuen Pressemitteilungen können Wissenschaftler in einer groß angelegten Kooperation der fünf genannten Länder die Gehirnzellen von Ratten auf neue Weise untersuchen – eine qualitativ hochwertige Studie zu den Auswirkungen von Massage an echten Menschen soll aber die Möglichkeiten der Forschung übersteigen? Ich nehme es diesen Wissenschaftlern nicht ab, wirklich an neuen Therapien interessiert zu sein.

Für die Frage, ob diese funktionieren oder nicht, ist übrigens völlig irrelevant, ob die Effekte an Oxytocinzellen oder anderen Mechanismen liegen. Und mit einem Bruchteil des Aufwands hätte man die Auswirkung von Massage auf Patienten tatsächlich messen können, meinetwegen auch mit einer Gruppe, die zusätzlich ein Oxytocin-Nasenspray erhält.

Es ist vielmehr so, dass die Suche nach neuronalen Mechanismen im Sinne des dominanten Biomedizinischen Modells „in" ist; Forschung zur

Verbesserung des Lebens von echten Patienten oder deren Angehörigen gilt hingegen als langweilig. In einem Interview mit mir äußerte erst vor kurzem Ludger Tebartz van Elst, Professor für Neuropsychiatrie an der Universitätsklinik Freiburg, in seltener Offenheit, dass diejenigen, die heute in der Psychiatrie Karriere machen wollten, irgendetwas mit „Neuro" machen müssten (Schleim 2020).

Vorschläge für Gesellschaft und Wissenschaft

Universitätskliniken – ich habe selbst an zweien gearbeitet und geforscht – haben neben dem Versorgungs- auch einen öffentlichen Forschungsauftrag. Dafür zahlen die Steuerzahler Jahr für Jahr viel Geld. Vielfach scheinen bei der Umsetzung dieses Auftrags aber die derzeitigen Moden in der Wissenschaft zentraler zu stehen als die Bedürfnisse der Patientinnen und Patienten.

Meiner Meinung nach wäre es ein großer Gewinn, die Prioritätensetzung zwischen Grundlagen- und angewandter Forschung im medizinischen Bereich noch einmal zu überdenken. Es muss insbesondere für aufstrebende Wissenschaftlerinnen und Wissenschaftler wieder „in" sein, Versuche durchzuführen, die unmittelbar den Patienten zugutekommen. Natürlich braucht Forschung auch Raum für Experimente, die möglicherweise erst nach vielen Zwischenschritten Früchte tragen. Es muss aber doch auch ruhmreich sein, gleich etwas für die Menschen von heute zu tun!

Viele der in diesem Buch zusammengestellten Artikel weisen darauf hin, dass der Enthusiasmus für das Humangenomprojekt und die vielen Gehirnprojekte seit den 1990ern dazu geführt hat, andere vielversprechende Forschungszweige zu vernachlässigen. Es sollte nun deutlich geworden sein, dass die Dominanz des genetischen und neurowissenschaftlichen Denkens auch greifbare Nachteile hat – und zwar in Theorie wie Praxis.

Nicht nur die Philosophie und die Sozialwissenschaften belegen seit Jahrzehnten bis Jahrhunderten die besondere Bedeutung der psychosozialen Dimension für uns Menschen. Mit der Epigenetik zeigt auch ein aufstrebender Forschungszweig der Biologie, dass unsere Erfahrungen und unsere Umwelt die Genaktivität steuern können: Ob ein Gen einen positiven oder negativen Effekt auf den Organismus ausüben kann, hängt davon ab, wie es in seiner Umwelt ausgelesen und so in andere Lebensprozesse übertragen wird. Überspitzt könnte man es einmal so formulieren: Die Umwelt ohne das Genom ist – die Umwelt; das Genom ohne die Umwelt aber ist – nichts.

Das Biopsychosoziale Modell Engels oder die Soziopsychobiologische Variante Haslams sind ein Rahmenwerk für die vielfältigen Einflüsse zwischen Körper beziehungsweise Gehirn, Psyche und Gesellschaft. Für ein möglichst vollständiges Bild vom Menschen und ein gutes Zusammenleben müssen die drei Ebenen in Theorie wie Praxis gleichermaßen berücksichtigt werden.

Die Coronavirusepidemie führt uns wieder einmal deutlich vor Augen, wie wichtig die psychosoziale Komponente auch für die Medizin ist. Wenn sich Bürgerinnen und Bürger nämlich nicht an die Vorschriften zur Eindämmung der Infektionen halten, werden letztlich die Ressourcen des Gesundheitssystems nicht reichen und so unnötig Menschen sterben oder an einem schwereren Krankheitsverlauf leiden. Dass immer lautstärkere Gruppen hinter Hinweisen auf Impfungen oder Schutzmaßnahmen gleich Verschwörungen vermuten, ist auch ein Symptom mangelnder sozialer Integration.

In diesem Buch habe ich viele Beispiele dafür zusammengetragen, warum Wissen um Gehirn, Psyche und Gesellschaft nicht nur für ein umfassendes Verständnis des Menschen, sondern auch ein besseres Zusammenleben wichtig ist. So komme ich abschließend zu einigen konkreten Empfehlungen:

- Die strikte disziplinäre Trennung von Natur-, Sozial- und Geisteswissenschaften gehört auf den Prüfstand; es kann keine vollständige „Wissenschaft vom Menschen" geben, die Teile dieser Forschungsgebiete vernachlässigt.
- Aufklärungskampagnen für ein besseres oder gesünderes Leben dürfen nicht nur auf die individuelle Verantwortung zielen; Aufklärung über die Bedeutung der gesellschaftlichen Rahmenbedingungen gehört zwingend dazu.
- Dementsprechend muss auch die soziale Praxis positive Anreize für ein besseres Leben bieten; maßgeblich ist hier neben einem gesunden und langen Leben insbesondere die Ausübung der individuellen Freiheiten im Rahmen des politischen Liberalismus, also mit der Grenze der Freiheit der Anderen.
- Die Balance zwischen angewandter und Grundlagenforschung muss ausgewogen sein; insbesondere darf angewandte Forschung nicht als minderwertig gelten und Grundlagenforschung die praktische Komponente nicht gänzlich aus den Augen verlieren.

- Das gilt umso mehr für die Gesundheits- und Lebenswissenschaften im weiten Sinne: Das Wohl der Menschen und insbesondere der Patientinnen und Patienten muss stärker wiegen als vorübergehende wissenschaftliche Moden.
- Allgemeiner gesagt brauchen wir ein breites wie attraktives Bildungsangebot für alle Bevölkerungsschichten und Gruppen, bei dem niemand strukturell auf der Strecke bleibt; das stärkt die soziale Integration und verringert die Anfälligkeit für extremistisches Denken.

Literatur

Blackwell, P. L. (2000). The influence of touch on child development: Implications for intervention. *Infants & Young Children, 13*(1), 25–39. https://dx.doi.org/10.1097/00001163-200013010-00006.

Carlson, M., & Earls, F. (1997). Psychological and neuroendocrinological sequelae of early social deprivation in institutionalized children in Romania. In C. S. Carter, Lederhendler, & B. Kirkpatrick (Hrsg.), *Integrative neurobiology of affiliation* (Bd. 807, S. 419–428). New York: New York Acad Sciences.

Engel, G. (1977). The need for a new medical model: A challenge for biomedicine. *Science, 196*(4286), 129–136. https://dx.doi.org/10.1126/science.847460.

Engel, G. L. (1981). The clinical application of the biopsychosocial model. *Journal of Medicine and Philosophy, 6*(2), 101–123. https://dx.doi.org/10.1093/jmp/6.2.101.

Ernst, E., Rand, J. I., & Stevinson, C. (1998). Complementary therapies for depression – An overview. *Archives of General Psychiatry, 55*(11), 1026–1032. https://dx.doi.org/10.1001/archpsyc.55.11.1026.

Haslam, S. A., Haslam, C., Jetten, J., Cruwys, T., & Bentley, S. (2019). Group life shapes the psychology and biology of health: The case for a sociopsychobio model. *Social and Personality Psychology Compass, 13*(8), 16. https://dx.doi.org/10.1111/spc3.12490.

Haslam, S. A., McMahon, C., Cruwys, T., Haslam, C., Jetten, J., & Steffens, N. K. (2018). Social cure, what social cure? The propensity to underestimate the importance of social factors for health. *Social Science & Medicine, 198,* 14–21. https://dx.doi.org/10.1016/j.socscimed.2017.12.020.

Holt-Lunstad, J., Smith, T. B., & Layton, J. B. (2010). Social relationships and mortality risk: A meta-analytic review. *PLoS Medicine, 7*(7), 20. https://dx.doi.org/10.1371/journal.pmed.1000316.

Huber, M., Knottnerus, J. A., Green, L., van der Horst, H., Jadad, A. R., Kromhout, D., & Smid, H. (2011). How should we define health? *British Medical Journal, 343,* 3. https://dx.doi.org/10.1136/bmj.d4163.

Huber, M., van Vliet, M., Giezenberg, M., Winkens, B., Heerkens, Y., Dagnelie, P. C., & Knottnerus, J. A. (2016). Towards a 'patient-centred' operationalisation of the new dynamic concept of health: A mixed methods study. *British Medical Journal Open, 6*(1), 11. https://dx.doi.org/10.1136/bmjopen-2015-010091.

Jacob, G., Van Genderen, H., & Seebauer, L. (2011). *Andere Wege gehen: Lebensmuster verstehen und verändern.* Weinheim: Beltz.

Miller, F. G., & Kaptchuk, T. J. (2008). The power of context: Reconceptualizing the placebo effect. *Journal of the Royal Society of Medicine, 101*(5), 222–225. https://dx.doi.org/10.1258/jrsm.2008.070466.

Obbema, F. (2018). *De zin van het leven: gesprekken over de essentie van ons bestaan.* Amsterdam: Atlas Contact.

Rominov, H., Pilkington, P. D., Giallo, R., & Whelan, T. A. (2016). A systematic review of interventions targeting paternal mental health in the perinatal period. *Infant Mental Health Journal, 37*(3), 289–301. https://dx.doi.org/10.1002/imhj.21560.

Schleim, S. (2020). *Psyche & psychische Gesundheit (Telepolis): Philosophen, Psychologen und Psychiater im Gespräch.* Hannover: Heise.

Tang, Y., Benusiglio, D., Lefevre, A., Hilfiger, L., Althammer, F., Bludau, A., & Grinevich, V. (2020). Social touch promotes interfemale communication via activation of parvocellular oxytocin neurons. *Nature neuroscience.* https://dx.doi.org/10.1038/s41593-020-0674-y.

Trivedi, D. (2015). Cochrane Review Summary: Massage for promoting mental and physical health in typically developing infants under the age of six months. *Primary Health Care Research and Development, 16*(1), 3–4. https://dx.doi.org/10.1017/s1463423614000462.

GPSR Compliance
The European Union's (EU) General Product Safety Regulation (GPSR) is a set
of rules that requires consumer products to be safe and our obligations to
ensure this.

If you have any concerns about our products, you can contact us on

ProductSafety@springernature.com

In case Publisher is established outside the EU, the EU authorized
representative is:

Springer Nature Customer Service Center GmbH
Europaplatz 3
69115 Heidelberg, Germany